王道考研系列

2014年操作系统联考复习指导

Review Guide of Operating Systems Entrance Exam

王道论坛　组编

電子工業出版社
Publishing House of Electronics Industry
北京・BEIJING

内 容 简 介

《2014年操作系统联考复习指导》严格按照最新计算机考研大纲的操作系统部分，对大纲所涉及的知识点进行集中梳理，力求内容精炼、重点突出、深入浅出。本书精选名校历年考研真题，并给出详细的解题思路，力求达到讲练结合、灵活掌握、举一反三的功效。创新的“书本＋在线”的学习方式，网上答疑，通过本书可大大提高考生的复习效果，达到事半功倍的复习效率。

本书可作为考生参加计算机专业研究生入学考试的备考复习用书，也可作为计算机专业的学生学习操作系统课程的辅导用书。

图书在版编目（CIP）数据

2014年操作系统联考复习指导/王道论坛组编. —北京：电子工业出版社，2013.7
（王道考研系列）
ISBN 978-7-121-20527-9

Ⅰ. ①2…　Ⅱ. ①王…　Ⅲ. ①操作系统－研究生－入学考试－自学参考资料　Ⅳ. ①TP316

中国版本图书馆 CIP 数据核字（2013）第110624号

策划编辑：谭海平
责任编辑：郝黎明　　文字编辑：裴　杰
印　　刷：北京天宇星印刷厂
装　　订：三河市皇庄路通装订厂
出版发行：电子工业出版社
　　　　　北京市海淀区万寿路173信箱　邮编　100036
开　　本：787×1 092　1/16　印张：18　字数：460.8千字
印　　次：2013年7月第1次印刷
定　　价：39.00元

凡所购买电子工业出版社图书有缺损问题，请向购买书店调换。若书店售缺，请与本社发行部联系，联系及邮购电话：（010）88254888。

质量投诉请发邮件至 zlts@phei.com.cn，盗版侵权举报请发邮件至 dbqq@phei.com.cn。

服务热线：（010）88258888。

序 言

当前，随着我国经济和科技高速发展，特别是计算机科学突飞猛进的发展，对计算机相关人才，尤其是中高端人才的需求也将不断增长。硕士研究生入学考试可视为人生的第二次大考试，它是改变命运、实现自我理想的又一次机会，而计算机专业一直是高校考研的热门专业之一。

自计算机专业研究生入学考试实行统一命题以来，初试科目包含了最重要的四门基础课程（数据结构、计算机组成原理、操作系统、计算机网络），很多学生普遍反映找不到方向，复习也无从下手。倘若有一本能够指导考生如何复习的好书，必将对考生的帮助匪浅。我的学生风华他们策划和编写了这一系列的计算机专业考研辅导书，重点突出，层次分明。他们结合了自身的复习经验、理解深度以及对大纲把握程度的体会，对考生而言是很有启发和指导意义的。

计算机这门学科，任何机械式的死记硬背都是收效甚微的。在全面深入复习之后，首先对诸多知识点分清主次，并结合做题，灵活运用所掌握的知识点，再选择一些高质量的模拟试题来检测自己理解和掌握的程度，查漏补缺。这符合我执教 40 余年来一直坚持“教材—习题集—试题库”的教学体系。

从风华他们策划并组建编写团队到初稿成形，直至最后定稿，我能体会到风华和他的团队确实倾注了大量的精力。这套书的出版一定会受到广大考研学生的欢迎，它会使你在考研的路上得到强有力的帮助。

2013 年 5 月

前 言

2011 年，由王道论坛（www.cskaoyan.com）组织名校高分选手，编写了 4 本单科辅导书。单科书是基于王道之前作品的二代作品，不论是编排方式，还是内容质量都较前一版本的王道书有了较大的提升。这套书也参考了同类优秀的教材和辅导书，更是结合了高分选手们自己的复习经验。无论是对考点的讲解，还是对习题的选择和解析，都结合了他们对专业课复习的独特见解。“王道考研系列”单科书，一共 4 本：

- 《2014 年数据结构联考复习指导》
- 《2014 年计算机组成原理联考复习指导》
- 《2014 年操作系统联考复习指导》
- 《2014 年计算机网络联考复习指导》

2012 版的单科书由于是第一年出版，时间较为仓促，小错误相对较多，给读者的复习带来了一些不便。近 2 年，我们不仅修正了发现的全部错误，还对考点讲解做出了尽可能的优化，也重新审视了论坛交流帖，针对大家提出的疑问对本书做出了针对性的优化；此外还重新筛选了部分习题，尤其是对习题的解析做出了更好的改进。

对于报考名校的考生，尤其是跨专业的考生来说，普遍会认为计算机专业课范围广、难度大、考题灵活，因此考取高分的难度也大。而对于一个想继续在计算机专业领域深造的考生来说，认真学习和扎实掌握这 4 门计算机专业中最基础的专业课，是最基本的前提。

当然，深入掌握专业课内容没有捷径可言，考生也不应怀有任何侥幸心理，扎扎实实打好基础、踏踏实实做题巩固，最后灵活致用才是高分的保障。我们只希望这套书能够指导大家复习考研，但学习还是得靠自己，高分不是建立在任何空中楼阁之上的。

“王道考研系列”的特色是“书本+在线”，你在复习中遇到的任何困难，都可以在王道论坛上发帖，论坛的热心道友，以及辅导员都会积极参与并与你交流。你的参与就是对我们最大的鼓舞，任何一个建议，我们都会认真考虑，也会针对大家的意见对本书进行修订。

我们虽然尽最大努力来保证本书质量，但由于编写的时间仓促，以及编者的水平有限，书中如有错误或任何不当之处，望广大读者指正，我们将及时改正。

目前已有越来越多的名校采用上机的形式，来考查考生的动手编程能力。为了方便大家复习机试，王道组织高手编写了《机试指南》，并搭建了编程平台——九度 OJ（ac.jobdu.com），收集了全国各大高校的复试上机真题，希望能给考生复习上机提供强有力的支持。

予人玫瑰，手有余香，王道论坛伴你一路同行！

风华漫舞

2013 年 5 月

致 2014 版读者

——王道单科使用方法的道友建议

我是二战考生，2012 年第一次考研成绩 333 分（专业代码：408，成绩 81 分），痛定思痛后决心再战。潜心复习了半年后终于以 392 分（专业代码：408，成绩 124 分）考入上海交通大学计算机科学与工程系，这半年里我的专业课成绩提高了 43 分，成了提分主力。从不达线到比较满意的成绩；从闷头乱撞到有了自己明确的复习思路，我想这也是为什么风华哥从诸多高分选手中选我给大家介绍经验的一个原因吧。

整个专业课的复习是围绕王道材料展开的，从一遍、两遍、三遍看单科书的积累提升，到做 8 套模拟题时的强化巩固，再到看思路分析时的醍醐灌顶。王道书能两次押中原题固然有运气成分，但这也从侧面说明他们的编写思路和选题方向与真题很接近。

下面说说我的具体复习过程：

每天划给专业课的时间是 3～4 小时。第一遍细看课本，看完一章做一章单科书（红笔标注错题），这一遍共持续 2 个月。第二遍主攻单科书（红笔标注重难点），辅看课本。第二遍看单科书和课本的速度快了很多，但感觉收获更多，常有温故知新的感觉，理解更深刻（风华注，建议这里再速看第三遍，特别针对错题和重难点。模拟题完后再跳看第四遍）。

以上是打基础阶段，注意单科书和课本我仔细精读了两遍，弄懂每个知识点和习题。大概 11 月上旬开始做模拟题和思路分析，期间遇到不熟悉的地方不断回头查阅单科书和课本。8 套模拟题的考点覆盖得很全面，所以大家做题时如果忘记了某个知识点，千万不要慌张，赶紧回去看这个知识盲点，最后的模拟就是查漏补缺。模拟题一定要严格按考试时间去做（14:00～17:00），注意应试技巧，做完试题后再回头研究错题。算法题的最优解法不太好想，如果实在没思路，建议直接“暴力”解决，结果正确也能有 10 分，总比苦拼出 15 分来而将后面比较好拿分的题耽误了好（这是我第一年的切身教训！）。最后剩了几天看标注的错题，第三遍跳看单科书，考前一夜浏览完网络，踏实地睡着了……

考完专业课，走出考场终于长舒一口气，考试情况也胸中有数。回想这半年的复习，耐住了寂寞和诱惑，雨雪风霜从未间断跑去自习，考研这一人生一站终归没有辜负我的用心良苦。佛教徒说世间万物生来平等，都要落入春华秋实的代谢中去，辩证唯物主义认为事物作为过程存在，凡是存在的终归要结束，你不去为活得多姿多彩拼搏，真到了和青春说再见时你是否会可惜虚枉了青春？风华哥说过我们都是有梦的“屌丝”，我们正在逆袭，你呢？

感谢风华大哥的信任，给我这个机会分享专业课复习经验给大家，作为一个铁杆道友在王道受益匪浅，也借此机会回报王道论坛。祝大家金榜题名！

ccg1990@SJTU

目　录

第 1 章

操作系统概述

【考纲内容】

（一）操作系统的概念、特征、功能和提供的服务

（二）操作系统的发展与分类

（三）操作系统的运行环境

1．内核态与用户态

2．中断、异常

3．系统调用

（四）操作系统体系结构

【考题分布】

年份	单选题/分	综合题/分	考 查 内 容
2010 年	1 题×2	0	系统调用作为应用程序的接口
2011 年	1 题×2	0	运行在用户态的程序
2012 年	1 题×2	0	内核态与用户态发生的事件
2013 年	1 题×2	0	用户态和内核态的转换

【知识框架】

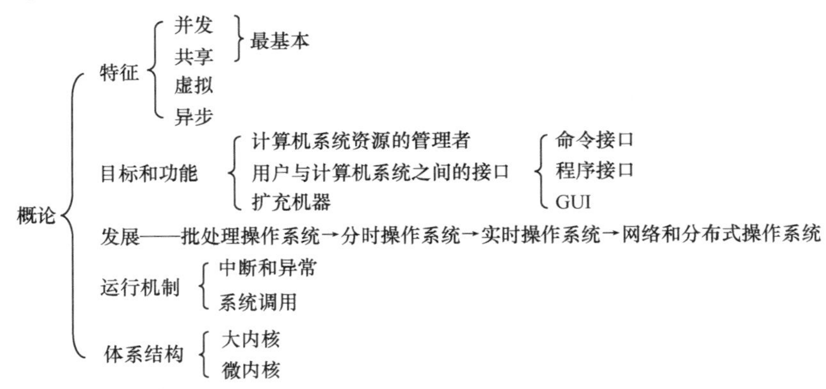

【复习提示】

本章是操作系统的概述，简单地介绍了本书所涉及的内容，读者应通过对本章的学习初步了解操作系统课程的框架。本章内容通常以选择题的形式考查，操作系统的功能、运行环境和提供的服务是考查的重点，要求在理解的基础上熟练掌握。

1.1 操作系统的基本概念

1.1.1 操作系统的概念

在信息化时代，软件被称为计算机系统的灵魂。而作为软件核心的操作系统，已经与现代计算机系统密不可分、融为一体。计算机系统自下而上可粗分为四个部分：硬件、操作系统、应用程序和用户（这里的划分与计算机组成原理的分层不同）。操作系统管理各种计算机硬件，为应用程序提供基础，并充当计算机硬件与用户之间的中介。

硬件，如中央处理器、内存、输入/输出设备等，提供了基本的计算资源。应用程序，如字处理程序、电子制表软件、编译器、网络浏览器等，规定了按何种方式使用这些资源来解决用户的计算问题。操作系统控制和协调各用户的应用程序对硬件的分配与使用。

在计算机系统的运行过程中，操作系统提供了正确使用这些资源的方法。

综上所述，**操作系统**（Operating System，OS）是指控制和管理整个计算机系统的硬件和软件资源，并合理地组织调度计算机的工作和资源的分配，以提供给用户和其他软件方便的接口和环境的程序集合。计算机操作系统是随着计算机研究和应用的发展逐步形成并发展起来的，它是计算机系统中最基本的系统软件。

1.1.2 操作系统的特征

操作系统是一种系统软件，但与其他的系统软件和应用软件有很大的不同，它有自己的特殊性即基本特征。操作系统的基本特征包括并发、共享、虚拟和异步。这些概念对理解和掌握操作系统的核心至关重要，将一直贯穿于各个章节中。

1. 并发（Concurrence）

并发是指两个或多个事件在**同一时间间隔**内发生。操作系统的并发性是指计算机系统中同时存在多个运行着的程序，因此它具有处理和调度多个程序同时执行的能力。在操作系统中，**引入进程的目的**是使程序能并发执行。

注意同一时间间隔（并发）和同一时刻（并行）的区别。在多道程序环境下，一段时间内，宏观上有多道程序在同时执行，而在每一时刻，单处理机环境下实际仅能有一道程序执行，故**微观上这些程序还是在分时地交替执行**。操作系统的并发性是通过**分时**得以实现的。

注意，并行性是指系统具有可以同时进行运算或操作的特性，在同一时刻完成两种或两种以上的工作。并行性需要有相关硬件的支持，如多流水线或多处理机硬件环境。

2. 共享（Sharing）

资源共享即共享，是指系统中的资源可供内存中多个并发执行的进程共同使用。共享可分为以下两种资源共享方式：

（1）互斥共享方式

系统中的某些资源，如打印机、磁带机，虽然它们可以提供给多个进程使用，但为使所打印或记录的结果不致造成混淆，应规定在一段时间内只允许一个进程访问该资源。

为此，当进程 A 访问某资源时，必须先提出请求，如果此时该资源空闲，系统便可将之分配给进程 A 使用，此后若再有其他进程也要访问该资源时（只要 A 未用完）则必须等待。仅当进程 A 访问完并释放该资源后，才允许另一进程对该资源进行访问。我们把这种资源共享方式称为互斥式共享，而把在一段时间内只允许一个进程访问的资源称为临界资源或独占资源。计算机系统中的大多数物理设备，以及某些软件中所用的栈、变量和表格，都属于临界资源，它们都要求被互斥地共享。

（2）同时访问方式

系统中还有另一类资源，允许在一段时间内由多个进程“同时”对它们进行访问。这里所谓的“同时”往往是宏观上的，而在微观上，这些进程可能是交替地对该资源进行访问即“分时共享”。典型的可供多个进程“同时”访问的资源是磁盘设备，一些用重入码编写的文件也可以被“同时”共享，即若干个用户同时访问该文件。

并发和共享是操作系统两个最基本的特征，这两者之间又是互为存在条件的：①资源共享是以程序的并发为条件的，若系统不允许程序并发执行，则自然不存在资源共享问题；②若系统不能对资源共享实施有效的管理，也必将影响到程序的并发执行，甚至根本无法并发执行。

3．虚拟（Virtual）

虚拟是指把一个物理上的实体变为若干个逻辑上的对应物。物理实体（前者）是实的，即实际存在的；而后者是虚的，是用户感觉上的事物。用于实现虚拟的技术，称为虚拟技术。在操作系统中利用了多种虚拟技术，分别用来实现虚拟处理器、虚拟内存和虚拟外部设备等。

在虚拟处理器技术中，是通过多道程序设计技术，让多道程序并发执行的方法，来分时使用一个处理器的。此时，虽然只有一个处理器，但它能同时为多个用户服务，使每个终端用户都感觉有一个中央处理器（CPU）在专门为它服务。利用多道程序设计技术，把一个物理上的 CPU 虚拟为多个逻辑上的 CPU，称为虚拟处理器。

类似地，可以通过虚拟存储器技术，将一台机器的物理存储器变为虚拟存储器，以便从逻辑上来扩充存储器的容量。当然，这时用户所感觉到的内存容量是虚的。我们把用户所感觉到的存储器（实际是不存在的）称为虚拟存储器。

还可以通过虚拟设备技术，将一台物理 I/O 设备虚拟为多台逻辑上的 I/O 设备，并允许每个用户占用一台逻辑上的 I/O 设备，这样便可以使原来仅允许在一段时间内由一个用户访问的设备（即临界资源），变为在一段时间内允许多个用户同时访问的共享设备。

因此，操作系统的虚拟技术可归纳为：时分复用技术，如处理器的分时共享；空分复用技术，如虚拟存储器（注：学到后续内容再慢慢领悟）。

4．异步（Asynchronism）

在多道程序环境下，允许多个程序并发执行，但由于资源有限，进程的执行不是一贯到底，而是走走停停，以不可预知的速度向前推进，这就是进程的异步性。

异步性使得操作系统运行在一种随机的环境下，可能导致进程产生与时间有关的错误（就像对全局变量的访问顺序不当会导致程序出错一样）。但是只要运行环境相同，操作系统必须保证多次运行进程，都获得相同的结果。这在第 2 章中会深入讨论。

1.1.3 操作系统的目标和功能

为了给多道程序提供良好的运行环境，操作系统应具有以下几方面的功能：处理机管理、存储器管理、设备管理和文件管理。为了方便用户使用操作系统，还必须向用户提供接口。同时操作系统可用来扩充机器，以提供更方便的服务、更高的资源利用率。

1．操作系统作为计算机系统资源的管理者

（1）处理机管理

在多道程序环境下，处理机的分配和运行都以进程（或线程）为基本单位，因而对处理机的管理可归结为对进程的管理。并发时在计算机内同时运行多个进程，所以，进程何时创建、何时撤销、如何管理、如何避免冲突、合理共享就是进程管理的最主要的任务。进程管理的主要功能有：进程控制、进程同步、进程通信、死锁处理、处理机调度等。

（2）存储器管理

存储器管理是为了给多道程序的运行提供良好的环境，方便用户使用以及提高内存的利用率，主要包括内存分配、地址映射、内存保护与共享和内存扩充等功能。

（3）文件管理

计算机中的信息都是以文件的形式存在的，操作系统中负责文件管理的部分称为文件系统。文件管理包括文件存储空间的管理、目录管理及文件读写管理和保护等。

（4）设备管理

设备管理的主要任务是完成用户的I/O请求，方便用户使用各种设备，并提高设备的利用率，主要包括缓冲管理、设备分配、设备处理和虚拟设备等功能。

2．操作系统作为用户与计算机硬件系统之间的接口

为方便用户使用计算机，操作系统还提供了用户接口。操作系统提供的接口主要分为两类：一类是命令接口，用户利用这些操作命令来组织和控制作业的执行；另一类是程序接口，编程人员可以使用它们来请求操作系统服务。

（1）命令接口

使用命令接口进行作业控制的主要方式有两种，即联机控制方式和脱机控制方式。按作业控制方式的不同，可以将命令接口分为联机命令接口和脱机命令接口。

联机命令接口又称**交互式命令接口**，适用于**分时或实时系统**的接口。它由一组键盘操作命令组成。用户通过控制台或终端输入操作命令，向系统提出各种服务要求。用户每输入完一条命令，控制权就转入操作系统的命令解释程序，然后由命令解释程序对输入的命令解释并执行，完成指定的功能。之后，控制权又转回到控制台或终端，此时用户又可以输入下一条命令。

脱机命令接口又称**批处理命令接口**，即适用于**批处理系统**，它由一组作业控制命令（或称作业控制语句）组成。脱机用户不能直接干预作业的运行，应事先用相应的作业控制命令写成一份作业操作说明书，连同作业一起提交给系统。当系统调度到该作业时，由系统中的命令解释程序对作业说明书上的命令或作业控制语句逐条解释执行，从而间接地控制作业的运行。

（2）程序接口

程序接口由一组**系统调用命令**（简称系统调用，也称广义指令）组成。用户通过在程序中使用这些系统调用命令来请求操作系统为其提供服务。用户在程序中可以直接使用这组系统调用命令向系统提出各种服务要求，如使用各种外部设备，进行有关磁盘文件的操作，申请分配和回收内存以及其他各种控制要求。

而当前最为流行的是图形用户界面（GUI）即图形接口，用户通过鼠标和键盘，在图形界面上单击或使用快捷键就能很方便地使用操作系统。有些系统提供了上述三种接口，但 GUI 最终是通过调用程序接口实现的，严格地说它不属于操作系统的一部分。

3．操作系统用做扩充机器

没有任何软件支持的计算机称为裸机，它仅构成计算机系统的物质基础，而实际呈现在用户面前的计算机系统是经过若干层软件改造的计算机。裸机在最里层，它的外面是操作系统，由操作系统提供的资源管理功能和方便用户的各种服务功能，将裸机改造成功能更强、使用更方便的机器，通常把覆盖了软件的机器称为扩充机器，又称之为**虚拟机**。

1.1.4　本节习题精选

一、单项选择题

1．操作系统是一种（　　）。
A．通用软件　B．系统软件　C．应用软件　D．软件包

2．操作系统是对（　　）进行管理的软件。
A．软件　B．硬件　C．计算机资源　D．应用程序

3．下面哪个资源不是操作系统应该管理的？（　　）
A．CPU　B．内存　C．外存　D．源程序

4．下列选项中，（　　）不是操作系统关心的问题。
A．管理计算机裸机
B．设计、提供用户程序与硬件系统的界面
C．管理计算机系统资源
D．高级程序设计语言的编译器

5．操作系统的基本功能是（　　）。
A．提供功能强大的网络管理工具　B．提供用户界面方便用户使用
C．提供方便的可视化编辑程序　D．控制和管理系统内的各种资源

6．现代操作系统中最基本的两个特征是（　　）。
A．并发和不确定　B．并发和共享
C．共享和虚拟　D．虚拟和不确定

7．下列关于并发性的叙述中正确的是（　　）。
A．并发性是指若干事件在同一时刻发生
B．并发性是指若干事件在不同时刻发生
C．并发性是指若干事件在同一时间间隔内发生
D．并发性是指若干事件在不同时间间隔内发生

8．【2009 年计算机联考真题】
单处理机系统中，可并行的是（　　）。

Ⅰ. 进程与进程　Ⅱ. 处理机与设备　Ⅲ. 处理机与通道　Ⅳ. 设备与设备

A. Ⅰ、Ⅱ、Ⅲ　B. Ⅰ、Ⅱ、Ⅳ　C. Ⅰ、Ⅲ、Ⅳ　D. Ⅱ、Ⅲ、Ⅳ

9. 用户可以通过（　　）两种方式来使用计算机。

A. 命令接口和函数　B. 命令接口和系统调用

C. 命令接口和文件管理　D. 设备管理方式和系统调用

10. 系统调用是由操作系统提供给用户的，它（　　）。

A. 直接通过键盘交互方式使用　B. 只能通过用户程序间接使用

C. 是命令接口中的命令　D. 与系统的命令一样

11.【2010年计算机联考真题】

下列选项中，操作系统提供给应用程序的接口是（　　）。

A. 系统调用　B. 中断　C. 库函数　D. 原语

12. 操作系统提供给编程人员的接口是（　　）。

A. 库函数　B. 高级语言　C. 系统调用　D. 子程序

13. 系统调用的目的是（　　）。

A. 请求系统服务　B. 中止系统服务

C. 申请系统资源　D. 释放系统资源

14. 为了方便用户直接或间接地控制自己的作业，操作系统向用户提供了命令接口，该接口又可进一步分为（　　）。

A. 联机用户接口和脱机用户接口　B. 程序接口和图形接口

C. 联机用户接口和程序接口　D. 脱机用户接口和图形接口

15. 用户在程序中试图读某文件的第100个逻辑块，使用操作系统提供的（　　）接口。

A. 系统调用　B. 键盘命令

C. 原语　D. 图形用户接口

16. 操作系统与用户通信接口通常不包括（　　）。

A. shell　B. 命令解释器

C. 广义指令　D. 缓存管理指令

17. 下列选项中，不属于多道程序设计的基本特征是（　　）。

A. 制约性　B. 间断性　C. 顺序性　D. 共享性

二、综合应用题

说明库函数与系统调用的区别和联系。

1.1.5　答案与解析

一、单项选择题

1. B

系统软件包括操作系统、数据库管理系统、语言处理程序、服务性程序、标准库程序等。

2. C

操作系统管理计算机的硬件和软件资源，这些资源统称为计算机资源。

3. D

源程序是一种计算机的代码，是用程序设计语言编写的程序，经编译或解释后形成具有一定功能的可执行文件，它是直接面向程序员用户的，而不是操作系统的管理内容。

4．D

操作系统管理计算机软、硬件资源，扩充裸机以提供功能更强大的扩充机器，并充当用户与硬件交互的中介。高级程序设计语言的编译器显然不是操作系统关心的问题。

5．D

操作系统是指控制和管理整个计算机系统的硬件和软件资源，并合理地组织调度计算机的工作和资源的分配，以提供给用户和其他软件方便的接口和环境的程序集合。

6．B

操作系统最基本的特征是并发和共享，两者互为存在条件。

7．C

并发性是指若干事件在同一时间间隔内发生，而并行性是指若干事件在同一时刻发生。

8．D

在单处理机系统（不包含多核的情况）中，同一时刻只能有一个进程占用处理机，因此进程之间不能并行执行。通道是独立于 CPU 的控制输入/输出的设备，两者可以并行，显然，处理器与设备、设备与设备也是可以并行的。

9．B

操作系统主要向用户提供命令接口和程序接口（系统调用），此外还有图形接口。

10．B

系统调用是操作系统提供给应用程序使用内核功能的接口。

11．A

操作系统接口主要有命令接口和程序接口（也称系统调用）。库函数是高级语言中提供的与系统调用对应的函数（也有些库函数与系统调用无关），目的是隐藏“访管”指令的细节，使系统调用更为方便、抽象。但是，库函数属于用户程序而非系统调用，是系统调用的上层。

12．C

操作系统提供给编程人员的接口是程序接口，也就是系统调用。

13．A

操作系统不允许用户直接操作各种硬件资源，因此用户程序只能通过系统调用的方式来请求内核为其服务，间接地使用各种资源。

14．A

程序接口、图形接口与命令接口三者并没有从属关系。按命令控制方式不同，命令接口分为联机用户接口和脱机用户接口。

15．A

操作系统通过系统调用向用户程序提供服务，文件 I/O 需要在内核态运行。

16．D

广义指令就是系统调用命令，而命令解释器属于命令接口，shell 指命令解析器，也属于命令接口。系统中的缓存全部由操作系统管理，对用户是透明的，操作系统不提供管理系统缓存的系统调用。

17．C

引入多道程序设计后，程序的执行就失去了封闭性和顺序性。程序执行因为共享资源以及相互协同的原因产生了竞争，相互制约。考虑到竞争的公平性，程序的执行是断续的。顺序性是单道程序设计的基本特征。

二、综合应用题

库函数是语言或应用程序的一部分，可以运行在用户空间中。而系统调用是操作系统的一部分，是内核提供给用户的程序接口，运行在内核空间中，而且许多库函数都会使用系统调用来实现功能。没有使用系统调用的库函数，执行效率通常比系统调用高。因为使用系统调用时，需要上下文的切换以及状态的转换（由用户态转向核心态）。

1.2 操作系统的发展与分类

1.2.1 手工操作阶段（此阶段无操作系统）

用户在计算机上算题的所有工作都要人工干预，如程序的装入、运行、结果的输出等。随着计算机硬件的发展，人机矛盾（速度和资源利用）越来越大，必须寻求新的解决办法。

手工操作阶段有两个突出的缺点：①用户独占全机。不会出现因资源已被其他用户占用而等待的现象，但资源利用率低。②CPU 等待手工操作，CPU 的利用不充分。

唯一的解决办法就是用高速的机器代替相对较慢的手工操作来对作业进行控制。

1.2.2 批处理阶段（操作系统开始出现）

为了解决人机矛盾及 CPU 和 I/O 设备之间速度不匹配的矛盾，出现了批处理系统。它按发展历程又分为单道批处理系统、多道批处理系统（多道程序设计技术出现以后）。

1. 单道批处理系统

系统对作业的处理是成批进行的，但内存中始终保持一道作业。该系统是在解决人机矛盾和 CPU 与 I/O 设备速率不匹配的矛盾中形成的。单道批处理系统的主要特征如下：

1）自动性。在顺利的情况下，在磁带上的一批作业能自动地逐个依次运行，而无需人工干预。

2）顺序性。磁带上的各道作业是顺序地进入内存，各道作业的完成顺序与它们进入内存的顺序，在正常情况下应完全相同，亦即先调入内存的作业先完成。

3）单道性。内存中仅有一道程序运行，即监督程序每次从磁带上只调入一道程序进入内存运行，当该程序完成或发生异常情况时，才换入其后继程序进入内存运行。

此时面临的问题是：每次主机内存中仅存放一道作业，每当它运行期间（注意这里是“运行时”，并不是“完成后”）发出输入/输出请求后，高速的 CPU 便处于等待低速的 I/O 完成状态。为了进一步提高资源的利用率和系统的吞吐量，引入了多道程序技术。

2. 多道批处理系统

多道程序设计技术允许多个程序同时进入内存并运行。即同时把多个程序放入内存，并允许它们交替在 CPU 中运行，它们共享系统中的各种硬、软件资源。当一道程序因 I/O 请求而暂停运行时，CPU 便立即转去运行另一道程序。它没有用某些机制提高某一技术方面的瓶颈问题，而是让系统的各个组成部分都尽量去“忙”，花费很少时间去切换任务，达到了系统各部件之间的并行工作，使其整体在单位时间内的效率翻倍。

多道程序设计的特点有：**多道、宏观上并行、微观上串行**。

1）多道：计算机内存中同时存放多道相互独立的程序。

2）宏观上并行：同时进入系统的多道程序都处于运行过程中，即它们先后开始了各自的运行，但都未运行完毕。

3）微观上串行：内存中的多道程序轮流占有 CPU，交替执行。

多道程序设计技术的实现需要解决下列问题：

1）如何分配处理器。

2）多道程序的内存分配问题。

3）I/O 设备如何分配。

4）如何组织和存放大量的程序和数据，以便于用户使用和保证其安全性与一致性。

在批处理系统中采用多道程序设计技术，就形成了多道批处理操作系统。该系统把用户提交的作业成批地送入计算机内存，然后由作业调度程序自动地选择作业运行。

优点是资源利用率高，多道程序共享计算机资源，从而使各种资源得到充分利用；系统吞吐量大，CPU 和其他资源保持“忙碌”状态。缺点是用户响应的时间较长。不提供人机交互能力，用户既不能了解自己程序的运行情况，也不能控制计算机。

1.2.3　分时操作系统

在操作系统中采用分时技术就形成了分时系统。所谓分时技术就是把处理器的运行时间分成很短的时间片，按时间片轮流把处理器分配给各联机作业使用。若某个作业在分配给它的时间片内不能完成其计算，则该作业暂时停止运行，把处理器让给其他作业使用，等待下一轮再继续运行。由于计算机速度很快，作业运行轮转得很快，给每个用户的感觉好像是自己独占一台计算机。

分时操作系统是多个用户通过终端同时共享一台主机，这些终端连接在主机上，用户可以同时与主机进行交互操作而互不干扰。所以，**实现分时系统最关键的问题**是如何使用户能与自己的作业进行交互，即当用户在自己的终端上键入命令时，系统应能及时接收并及时处理该命令，再将结果返回用户。分时系统也是支持多道程序设计的系统，但它不同于多道批处理系统。多道批处理是实现作业自动控制而无需人工干预的系统，而分时系统是实现人机交互的系统，这使得分时系统具有与批处理系统不同的特征，其主要特征如下：

1）同时性。同时性也称多路性，指允许多个终端用户同时使用一台计算机，即一台计算机与若干台终端相连接，终端上的这些用户可以同时或基本同时使用计算机。

2）交互性。用户能够方便地与系统进行人–机对话，即用户通过终端采用人-机对话的方式直接控制程序运行，与同程序进行交互。

3）独立性。系统中多个用户可以彼此独立地进行操作，互不干扰，单个用户感觉不到别人也在使用这台计算机，好像只有自己单独使用这台计算机一样。

4）及时性。用户请求能在很短时间内获得响应。分时系统采用时间片轮转方式使一台计算机同时为多个终端服务，使用户能够对系统的及时响应感到满意。

虽然分时操作系统比较好地解决了人机交互问题，但是在一些应用场合，需要系统能对外部的信息在规定的时间（比时间片的时间还短）内作出处理（比如飞机订票系统或导弹制导系统）。因此，实时系统应运而生。

1.2.4 实时操作系统

为了能在某个时间限制内完成某些紧急任务而不需时间片排队，诞生了实时操作系统。这里的时间限制可以分为两种情况：如果某个动作必须绝对地在规定的时刻（或规定的时间范围）发生，则称为硬实时系统。例如，飞行器的飞行自动控制系统，这类系统必须提供绝对保证，让某个特定的动作在规定的时间内完成。如果能够接受偶尔违反时间规定，并且不会引起任何永久性的损害，则称为软实时系统，如飞机订票系统、银行管理系统。

在实时操作系统的控制下，计算机系统接收到外部信号后及时进行处理，并且要在严格的时限内处理完接收的事件。**实时操作系统的主要特点是及时性和可靠性。**

1.2.5 网络操作系统和分布式计算机系统

网络操作系统把计算机网络中的各台计算机有机地结合起来，提供一种统一、经济而有效的使用各台计算机的方法，实现各个计算机之间的互相传送数据。网络操作系统最主要的特点是网络中各种资源的共享以及各台计算机之间的通信。

分布式计算机系统是由多台计算机组成并满足下列条件的系统：系统中任意两台计算机通过通信方式交换信息；系统中的每一台计算机都具有同等的地位，即没有主机也没有从机；每台计算机上的资源为所有用户共享；系统中的任意若干台计算机都可以构成一个子系统，并且还能重构；任何工作都可以分布在几台计算机上，由它们并行工作、协同完成。用于管理分布式计算机系统的操作系统称为分布式计算机系统。该系统的主要特点是：分布性和并行性。**分布式操作系统与网络操作系统本质上的不同之处在于分布式操作系统中，若干台计算机相互协同完成同一任务。**

1.2.6 个人计算机操作系统

个人计算机操作系统是目前使用最广泛的操作系统，广泛应用于文字处理、电子表格、游戏等。常见的有 Windows、Linux 和 Macintosh 等，操作系统的发展历程如图 1-1 所示。

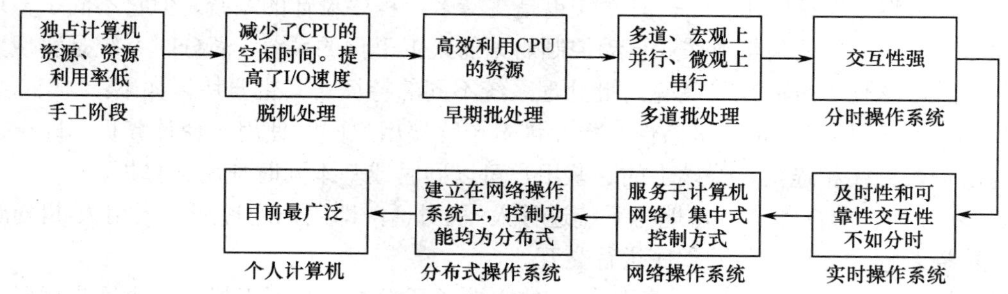

图 1-1 操作系统的发展历程

此外还有嵌入式操作系统、服务器操作系统、多处理器操作系统等。

1.2.7 本节习题精选

一、单项选择题

1. 提高单机资源利用率的关键技术是（ ）。
   A. 脱机技术　　B. 虚拟技术
   C. 交换技术　　D. 多道程序设计技术

2. 批处理系统的主要缺点是（ ）。
   A. 系统吞吐量小　　B. CPU 利用率不高
   C. 资源利用率低　　D. 无交互能力

3. 下列选项中，不属于多道程序设计的基本特征的是（ ）。
   A. 制约性　　B. 间断性　　C. 顺序性　　D. 共享性

4. 操作系统的基本类型主要有（ ）。
   A. 批处理操作系统、分时操作系统和多任务系统
   B. 批处理操作系统、分时操作系统和实时操作系统
   C. 单用户系统、多用户系统和批处理操作系统
   D. 实时操作系统、分时操作系统和多用户系统

5. 实时操作系统必须在（ ）内处理来自外部的事件。
   A. 一个机器周期　　B. 被控制对象规定时间
   C. 周转时间　　D. 时间片

6. 实时系统的进程调度，通常采用（ ）算法。
   A. 先来先服务　　B. 时间片轮转
   C. 抢占式的优先级高者优先　　D. 高响应比优先

7. （ ）不是设计实时操作系统的主要追求目标。
   A. 安全可靠　　B. 资源利用率　　C. 及时响应　　D. 快速处理

8. 下列（ ）应用工作最好采用实时操作系统平台。
   Ⅰ. 航空订票　　Ⅱ. 办公自动化　　Ⅲ. 机床控制
   Ⅳ. AutoCAD　　Ⅴ. 工资管理系统　　Ⅵ. 股票交易系统
   A. Ⅰ、Ⅱ和Ⅲ　　B. Ⅰ、Ⅲ和Ⅳ
   C. Ⅰ、Ⅴ和Ⅳ　　D. Ⅰ、Ⅲ和Ⅵ

9. 分时系统的一个重要性能是系统的响应时间，对操作系统（ ）因素进行改进有利于改善系统的响应时间。
   A. 加大时间片　　B. 采用静态页式管理
   C. 优先级+非抢占式调度算法　　D. 代码可重入

10. 分时系统追求的目标是（ ）。
    A. 充分利用 I/O 设备　　B. 比较快速响应用户
    C. 提高系统吞吐率　　D. 充分利用内存

11. 在分时系统中，为使多个进程能够及时与系统交互，最关键的问题是能在短时间内，使所有就绪进程都能运行。当就绪进程数为 100 时，为保证响应时间不超过 2s，此时的时间片最大应为（ ）。

A．10ms　　B．20ms　　C．50ms　　D．100ms

12．操作系统有多种类型，允许多个用户以交互的方式使用计算机的操作系统，称为（　　）；允许多个用户将若干个作业提交给计算机系统集中处理的操作系统，称为（　　）；在（　　）的控制下，计算机系统能及时处理由过程控制反馈的数据，并及时作出响应；在IBM-PC中，操作系统称为（　　）。

A．批处理系统　　B．分时操作系统

C．实时操作系统　　D．微型计算机操作系统

二、综合应用题

1．批处理操作系统、分时操作系统和实时操作系统各有什么特点？

2．有两个程序，程序A依次使用CPU计10s，使用设备甲计5s，使用CPU计5s，使用设备乙计10s，使用CPU计10s；程序B依次使用设备甲计10s，使用CPU计10s，使用设备乙计5s，使用CPU计5s，使用设备乙计10s。在单道程序环境下先执行程序A再执行程序B，计算CPU的利用率是多少？在多道程序环境下，CPU利用率是多少？

3．设某计算机系统有一个CPU、一台输入设备、一台打印机。现有两个进程同时进入就绪状态，且进程A先得到CPU运行，进程B后运行。进程A的运行轨迹为：计算50ms，打印信息100ms，再计算50ms，打印信息100ms，结束。进程B的运行轨迹为：计算50ms，输入数据80ms，再计算100ms，结束。试画出它们的时序关系图（可以用甘特图），并说明：

1）开始运行后，CPU有无空闲等待？若有，在哪段时间内等待？计算CPU的利用率。

2）进程A运行时有无等待现象？若有，在什么时候发生等待现象？

3）进程B运行时有无等待现象？若有，在什么时候发生等待现象？

1.2.8　答案与解析

一、单项选择题

1．D

脱机技术用于解决独占设备问题。虚拟技术与交换技术以多道程序设计技术为前提。多道程序设计技术由于同时在主存中运行多个程序，在一个程序等待时，可以去执行其他程序，因此提高了系统资源的利用率。

2．D

批处理系统中，作业执行时用户无法干预其运行，只能通过事先编制作业控制说明书来间接干预，缺少交互能力，也因此才有了分时系统的出现。

3．C

多道程序的运行环境比单道程序的运行环境更加复杂。引入多道程序后，程序的执行就失去了封闭性和顺序性。程序执行因为共享资源以及相互协同的原因产生了竞争，相互制约。

考虑到竞争的公平性，程序的执行是断续的。

4．B

操作系统的基本类型主要有批处理系统、分时系统和实时系统。

5．B

实时系统要求能实时处理外部事件，即在规定的时间内完成对外部事件的处理。

6．C

实时系统必须能足够及时地处理某些紧急的外部事件，故普遍用高优先级，并且用“可抢占”来确保实时处理。

7．B

实时性和可靠性是实时操作系统最重要的两个目标，而安全可靠体现了可靠性，快速处理和及时响应体现了实时性。资源利用率不是实时操作系统的主要目标，即为了保证快速处理高优先级任务，允许“浪费”些许的系统资源。

8．D

实时操作系统主要应用在需要对外界输入立即反应的场合，不能有拖延，否则会产生严重后果。上例中，航空订票系统需要实时处理票务，因为票额数据库的数量直接反映了航班的可订机位。机床控制也要实时，不然会出差错。股票交易行情随时在变，若不能实时交易会出现时间差，使交易出现偏差。

9．C

采用优先级+非抢占式调度算法，既可以让重要的作业/进程通过高优先级尽快获得系统响应，也可以保证次要的作用/进程在非抢占式调度下不会迟迟得不到系统响应，这样兼顾的设计有利于改善系统的响应时间。加大时间片会延迟系统响应时间；静态页式管理与代码可重入与系统响应时间无关。

10．B

要求快速响应用户是导致分时系统出现的重要原因。

11．B

响应时间不超过 2s，即在 2s 内必须响应所有进程。所以时间片最大为 2s/100=20ms。

12．B、A、C、D

这是操作系统发展过程中的几种主要类型。

二、综合应用题

1．解答：

1）批处理操作系统的用户脱机使用计算机，作业是成批处理的，系统内多道程序并发执行，交互能力差。

2）分时操作系统可以让多个用户同时使用计算机，人机交互性较强，具有每个用户独立使用计算机的独占性，系统响应及时。

3）实时操作系统能对控制对象作出及时反应，可靠性高，响应及时，但是资源利用率低。

2．解答：

单道环境下，CPU 运行时间为(10+5+10)s+(10+5)s=40s，两个程序运行总时间为 40s+40s=80s，故利用率是 40/80=50%。

多道环境下，运行情况如下图所示，CPU 运行时间为 40s，两个程序运行总时间为 45s，故利用率为 40/45=88.9%。

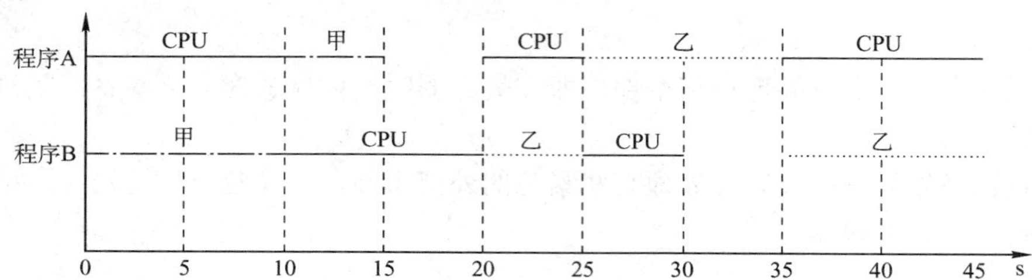

注意：此图为甘特图，甘特图又叫横道图，它是以图示的方式通过活动列表和时间刻度形象地表示出任意特定项目的活动顺序与持续时间。

3．解答：

进程运行情况如下图所示。

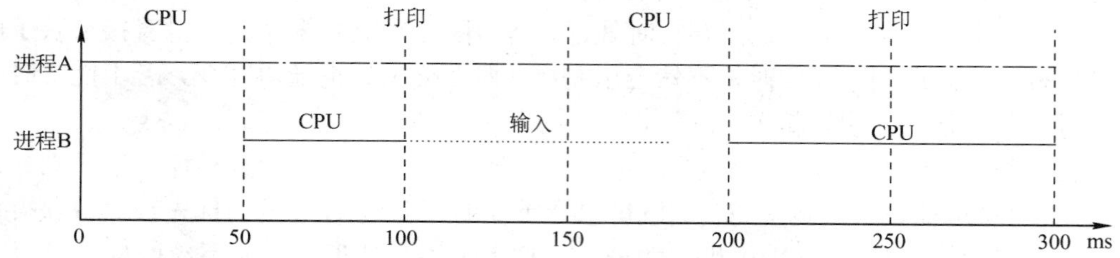

1）CPU 在 100～150ms 时间段内空闲，利用率为 250/300=83.3%。

2）进程 A 为无等待现象。

3）进程 B 为有等待现象，0～50ms，180～200ms。

1.3　操作系统的运行环境

1.3.1　操作系统的运行机制

计算机系统中，通常 CPU 执行两种不同性质的程序：一种是操作系统内核程序；另一种是用户自编程序或系统外层的应用程序。对操作系统而言，这两种程序的作用不同，前者是后者的管理者，因此**“管理程序”要执行一些特权指令**，而“被管理程序”出于安全考虑不能执行这些指令。所谓特权指令，是指计算机中不允许用户直接使用的指令，如 I/O 指令、置中断指令，存取用于内存保护的寄存器、送程序状态字到程序状态字寄存器等指令。操作系统在具体实现上划分了**用户态**（目态）和**核心态**（管态），以严格区分两类程序。

在软件工程思想和结构程序设计方法的影响下诞生的现代操作系统，几乎都是层次式的结构。操作系统的各项功能分别被设置在不同的层次上。一些与硬件关联较紧密的模块，诸如时钟管理、中断处理、设备驱动等处于最底层。其次是运行频率较高的程序，诸如进程管理、存储器管理和设备管理等。这两部分内容构成了操作系统的内核。这部分内容的指令操作工作在核心态。

内核是计算机上配置的底层软件，是计算机功能的延伸。不同系统对内核的定义稍有区别，大多数操作系统内核包括四个方面的内容。

1．时钟管理

在计算机的各种部件中，时钟是最关键的设备。时钟的第一功能是计时，操作系统需要通过时钟管理，向用户提供标准的系统时间。另外，通过时钟中断的管理，可以实现进程的切换。诸如，在分时操作系统中，采用时间片轮转调度的实现；在实时系统中，按截止时间控制运行的实现；在批处理系统中，通过时钟管理来衡量一个作业的运行程度等。因此，系统管理的方方面面无不依赖于时钟。

2．中断机制

引入中断技术的初衷是提高多道程序运行环境中 CPU 的利用率，而且主要是针对外部设备的。后来逐步得到发展，形成了多种类型，成为操作系统各项操作的基础。例如，键盘或鼠标信息的输入、进程的管理和调度、系统功能的调用、设备驱动、文件访问等，无不依赖于中断机制。可以说，现代操作系统是靠中断驱动的软件。

中断机制中，只有一小部分功能属于内核，负责保护和恢复中断现场的信息，转移控制权到相关的处理程序。这样可以减少中断的处理时间，提高系统的并行处理能力。

3．原语

按层次结构设计的操作系统，底层必然是一些可被调用的公用小程序，它们各自完成一个规定的操作。其特点是：

1）它们处于操作系统的最底层，是最接近硬件的部分。

2）这些程序的运行具有原子性——其操作只能一气呵成（这主要是从系统的安全性和便于管理考虑的）。

3）这些程序的运行时间都较短，而且调用频繁。

通常把具有这些特点的程序称为**原语**（Atomic Operation）。定义原语的直接方法是关闭中断，让它的所有动作不可分割地进行完再打开中断。

系统中的设备驱动、CPU 切换、进程通信等功能中的部分操作都可以定义为原语，使它们成为内核的组成部分。

4．系统控制的数据结构及处理

系统中用来登记状态信息的数据结构很多，比如作业控制块、进程控制块（PCB）、设备控制块、各类链表、消息队列、缓冲区、空闲区登记表、内存分配表等。为了实现有效的管理，系统需要一些基本的操作，常见的操作有以下三种。

1）进程管理：进程状态管理、进程调度和分派、创建与撤销进程控制块等。

2）存储器管理：存储器的空间分配和回收、内存信息保护程序、代码对换程序等。

3）设备管理：缓冲区管理、设备分配和回收等。

从上述内容可以了解，**核心态指令实际上包括系统调用类指令和一些针对时钟、中断和原语的操作指令**。

1.3.2　中断和异常的概念

在操作系统中引入核心态和用户态这两种工作状态后，就需要考虑这两种状态之间如何切换。操作系统内核工作在核心态，而用户程序工作在用户态。但系统不允许用户程序实现核心态的功能，而它们又必须使用这些功能。因此，需要在核心态建立一些“门”，实现从用户态进入核心态。在实际操作系统中，CPU 运行上层程序时唯一能进入这些“门”的途径就是通过中断或异常。当中断或异常发生时，运行用户态的 CPU 会立即进入核心态，这是**通过硬件实现**的（例如，用一个特殊寄存器的一位来表示 CPU 所处的工作状态，0 表示核心态，1 表示用户态。若要进入核心态，只需将该位置 0 即可）。中断是操作系统中非常重要的一个概念，对一个运行在计算机上的实用操作系统而言，缺少了中断机制，将是不可想象的。

中断（Interruption），也称**外中断**，指来自 CPU 执行指令以外的事件的发生，如设备发出的 I/O 结束中断，表示设备输入/输出处理已经完成，希望处理机能够向设备发下一个输入/输出请求，同时让完成输入/输出后的程序继续运行。时钟中断，表示一个固定的时间片已到，让处理机处理计时、启动定时运行的任务等。这一类中断通常是与当前程序运行无关的事件，即它们与当前处理机运行的程序无关。

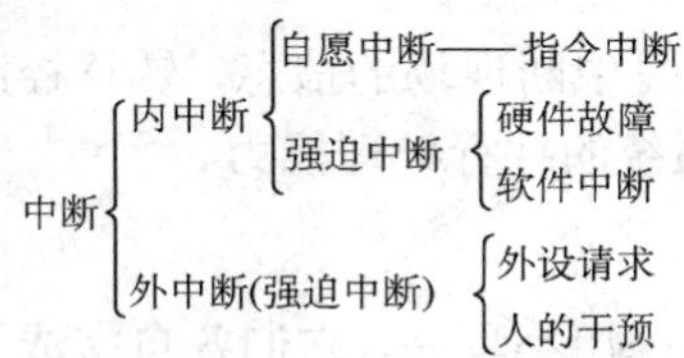

图 1-2　内中断和外中断的联系与区别

异常（Exception），也称**内中断**、例外或陷入（Trap），指源自 CPU 执行指令内部的事件，如程序的非法操作码、地址越界、算术溢出、虚存系统的缺页以及专门的陷入指令等引起的事件。对异常的处理一般要依赖于当前程序的运行现场，而且异常不能被屏蔽，一旦出现应立即处理。关于内中断和外中断的联系与区别如图 1-2 所示。

1.3.3　系统调用

所谓**系统调用**就是用户在程序中调用操作系统所提供的一些子功能，系统调用可以被看做特殊的公共子程序。系统中的各种共享资源都由操作系统统一掌管，因此在用户程序中，凡是与资源有关的操作（如存储分配、进行 I/O 传输以及管理文件等），都必须通过系统调用方式向操作系统提出服务请求，并由操作系统代为完成。通常，一个操作系统提供的系统调用命令有几十乃至上百条之多。这些系统调用按功能大致可分为如下几类：

- **设备管理**。完成设备的请求或释放，以及设备启动等功能。
- **文件管理**。完成文件的读、写、创建及删除等功能。
- **进程控制**。完成进程的创建、撤销、阻塞及唤醒等功能。
- **进程通信**。完成进程之间的消息传递或信号传递等功能。
- **内存管理**。完成内存的分配、回收以及获取作业占用内存区大小及始址等功能。

显然，系统调用运行在系统的**核心态**。通过系统调用的方式来使用系统功能，可以保证系统的稳定性和安全性，防止用户随意更改或访问系统的数据或命令。系统调用命令是由操作系统提供的一个或多个子程序模块实现的。

这样，**操作系统的运行环境可以理解为**：用户通过操作系统运行上层程序（如系统提供的命令解释程序或用户自编程序），而这个上层程序的运行依赖于操作系统的底层管理程序提供服务支持，当需要管理程序服务时，系统则通过硬件中断机制进入核心态，运行管理程序；也可能是程序运行出现异常情况，被动地需要管理程序的服务，这时就通过异常处理来进入核心态。当管理程序运行结束时，用户程序需要继续运行，则通过相应的保存的程序现场退出中断处理程序或异常处理程序，返回断点处继续执行。

在操作系统这一层面上，我们关心的是系统核心态和用户态的软件实现和切换，对于硬件层面的具体理解，可以结合“计算机组成原理”课程中有关中断的内容进行学习。

下面列举一些由用户态转向核心态的例子：

1）用户程序要求操作系统的服务，即系统调用。

2）发生一次中断。

3）用户程序中产生了一个错误状态。

4）用户程序中企图执行一条特权指令。

5）从核心态转向用户态由一条指令实现，这条指令也是特权命令。一般是中断返回指令。

注意：由用户态进入核心态，不仅仅是状态需要切换。而且，所使用的堆栈也可能需要由用户堆栈切换为系统堆栈，但这个系统堆栈也是属于该进程的。

1.3.4　本节习题精选

一、单项选择题

1. 下列关于操作系统的说法中，错误的是（　　）。

   Ⅰ. 在通用操作系统管理下的计算机上运行程序，需要向操作系统预定运行时间

   Ⅱ. 在通用操作系统管理下的计算机上运行程序，需要确定起始地址，并从这个地址开始执行

   Ⅲ. 操作系统需要提供高级程序设计语言的编译器

   Ⅳ. 管理计算机系统资源是操作系统关心的主要问题

   A. Ⅰ、Ⅲ　　B. Ⅱ、Ⅲ

   C. Ⅰ、Ⅱ、Ⅲ、Ⅳ　　D. 以上答案都正确

2. 下列说法正确的是（　　）。

   Ⅰ. 批处理的主要缺点是需要大量内存

   Ⅱ. 当计算机提供了核心态和用户态时，输入/输出指令必须在核心态下执行

   Ⅲ. 操作系统中采用多道程序设计技术的最主要原因是为了提高 CPU 和外部设备的可靠性

   Ⅳ. 操作系统中，通道技术是一种硬件技术

   A. Ⅰ、Ⅱ　　B. Ⅰ、Ⅲ　　C. Ⅱ、Ⅳ　　D. Ⅱ、Ⅲ、Ⅳ

3. 下列关于系统调用的说法正确的是（　　）。

   Ⅰ. 用户程序设计时，使用系统调用命令，该命令经过编译后，形成若干参数和陷入（trap）指令

   Ⅱ. 用户程序设计时，使用系统调用命令，该命令经过编译后，形成若干参数和屏蔽中断指令

   Ⅲ. 系统调用功能是操作系统向用户程序提供的接口

   Ⅳ. 用户及其应用程序和应用系统是通过系统调用提供的支持和服务来使用系统资源完成其操作的

   A. Ⅰ、Ⅲ　　B. Ⅱ、Ⅳ　　C. Ⅰ、Ⅲ、Ⅳ　　D. Ⅱ、Ⅲ、Ⅳ

4. （　　）是操作系统必须提供的功能。

   A. 图形用户界面（GUI）　　B. 为进程提供系统调用命令

C．中断处理　　D．编译源程序

5．用户程序在用户态下要使用特权指令引起的中断属于（　　）。

A．硬件故障中断　　B．程序中断　　C．外部中断　　D．访管中断

6．处理器执行的指令被分为两类，其中有一类称为特权指令，它只允许（　　）使用。

A．操作员　　B．联机用户　　C．目标程序　　D．操作系统

7．下列操作系统的各个功能组成部分中，（　　）可不需要硬件的支持。

A．进程调度　　B．时钟管理　　C．地址映射　　D．中断系统

8．在中断发生后，进入中断处理的程序属于（　　）。

A．用户程序

B．可能是应用程序，也可能是操作系统程序

C．操作系统程序

D．既不是应用程序，也不是操作系统程序

9．当计算机区分了核心态和用户态指令之后，从核心态到用户态的转换是由操作系统程序执行后完成的，而用户态到核心态的转换则是由（　　）完成的。

A．硬件　　B．核心态程序

C．用户程序　　D．中断处理程序

10．【2011 年计算机联考真题】

下列选项中，在用户态执行的是（　　）。

A．命令解释程序　　B．缺页处理程序

C．进程调度程序　　D．时钟中断处理程序

11．【2012 年计算机联考真题】

下列选项中，不可能在用户态发生的事件是（　　）。

A．系统调用　　B．外部中断　　C．进程切换　　D．缺页

12．只能在核心态下运行的指令是（　　）。

A．读时钟指令　　B．置时钟指令　　C．取数指令　　D．寄存器清零

13．“访管”指令（　　）使用。

A．仅在用户态下　　B．仅在核心态下

C．在规定时间内　　D．在调度时间内

14．当 CPU 执行操作系统代码时，处理器处于（　　）。

A．自由态　　B．用户态　　C．核心态　　D．就绪态

15．在操作系统中，只能在核心态下执行的指令是（　　）。

A．读时钟　　B．取数　　C．广义指令　　D．寄存器清“0”

16．下列选项中，必须在核心态下执行的指令是（　　）。

A．从内存中取数　　B．将运算结果装入内存

C．算术运算　　D．输入/输出

17．当 CPU 处于核心态时，它可以执行的指令是（　　）。

A．只有特权指令　　B．只有非特权指令

C．只有“访管”指令　　D．除访管指令的全部指令

18．【2012 年计算机联考真题】

中断处理和子程序调用都需要压栈以保护现场，中断处理一定会保存而子程序调用不需要保存其内容的是（　　）。

A．程序计数器　　B．程序状态字寄存器
C．通用数据寄存器　　D．通用地址寄存器

二、综合应用题

1．处理器为什么要区分核心态和用户态两种操作方式？在什么情况下进行两种方式的切换？

2．为什么说直到出现中断和通道技术后，多道程序概念才变为有用的？

1.3.5　答案与解析

一、单项选择题

1．A

Ⅰ：通用操作系统使用时间片轮转调度算法，用户运行程序并不需要预先预定运行时间，故Ⅰ项错误；Ⅱ：操作系统执行程序时，必须要从起始地址开始执行，故Ⅱ项正确；Ⅲ：编译器是操作系统的上层软件，不是操作系统所需要提供的功能，故Ⅲ项错误；Ⅳ：操作系统是计算机资源的管理者，故管理计算机系统资源是操作系统关心的主要问题，故Ⅳ项正确。综合分析，Ⅰ和Ⅲ是错误项，故选 A。

2．C

Ⅰ错误：批处理的主要缺点是缺少交互性。Ⅱ正确：输入/输出指令需要中断操作，中断必须在核心态下执行。Ⅲ错误：多道性是为了提高系统利用率和吞吐量而提出的。Ⅳ正确：I/O 通道实际上是一种特殊的处理器，它具有执行 I/O 指令的能力，并通过执行通道程序来控制 I/O 操作。综上分析：Ⅱ、Ⅳ正确。

3．C

Ⅰ正确：系统调用需要触发 trap 指令，如基于 x86 的 Linux 系统，该指令为 int 0x80 或 sysenter。Ⅱ是干扰项，程序设计无法形成屏蔽中断指令。Ⅲ正确：系统调用的概念。Ⅳ正确：操作系统是一层接口，对上层提供服务，对下层进行抽象。它通过系统调用向其上层的用户、应用程序和应用系统提供对系统资源的使用。

4．C

中断是操作系统必须提供的功能，因为计算机的各种错误都需要中断处理，核心态与用户态切换也需要中断处理。

5．D

因操作系统不允许用户直接执行某些“危险性高”的指令，故用户态运行这些指令的结果会转成操作系统的核心态去运行。这个过程就是访管中断。

6．D

内核可以执行处理器能执行的任何指令，用户程序只能执行除特权指令以外的指令。所以特权指令只能由内核即操作系统使用。

7．A

中断系统和地址映射显然都需要硬件支持，因为中断指令和地址映射中的重定位都是离

不开硬件支持的。而时钟管理中，重置时钟等是由硬件直接完成的。进程调度由调度算法决定 CPU 使用权，由操作系统实现，无需硬件的支持。

8．C

进入中断处理的程序在核心态执行，是操作系统程序。

9．A

计算机通过硬件中断机制完成由用户态到核心态的转换。B 显然不正确，核心态程序只有在操作系统进入核心态后才可以执行。D 中的中断处理程序一般也在核心态执行，故无法完成“转换成核心态”这一任务。如果由用户程序将操作系统由用户态转换到核心态，那么用户程序中就可以使用核心态指令，也就会威胁到计算机的安全，所以 C 不正确。

计算机通过硬件完成操作系统由用户态到核心态的转换，这是通过中断机制来实现的。发生中断事件时（有可能是用户程序发出的系统调用），触发中断，硬件中断机制将计算机状态置为核心态。

10．A

缺页处理和时钟中断都属于中断，在核心态执行；进程调度是操作系统内核进程，无需用户干预，在核心态执行；命令解释程序属于命令接口，是四个选项中唯一能面对用户的，它在用户态执行。

11．C

本题关键是对“在用户态发生”（与上题的“执行”区分）的理解。对于 A，系统调用是操作系统提供给用户程序的接口，系统调用发生在用户态，被调用程序在核心态下执行。对于 B，外部中断是用户态到核心态的“门”，也发生在用户态，在核心态完成中断过程。对于 C，进程切换属于系统调用执行过程中的事件，只能发生在核心态；对于 D，缺页产生后，在用户态发生缺页中断，然后进入核心态执行缺页中断服务程序。

12．B

若在用户态下执行“置时钟指令”，那么一个用户进程可以在时间片还未到之前把时钟改回去，从而导致时间片永远不会用完，那么该用户进程就可以一直占用 CPU，这显然不合理。

13．A

“访管”指令仅在用户态下使用，执行“访管”指令将用户态转变为核心态。

14．C

运行操作系统代码的状态为核心态。

15．C

广义指令也就是系统调用命令，必然工作在核心态，所以答案为 C 选项。

16．D

输入/输出指令涉及中断操作，而中断处理是由系统内核负责的，工作在核心态。而 A、B、C 选项均可通过使用汇编语言编程来实现，因此它们可在用户态下执行。

17．D

访管指令在用户态下使用，是用户程序“自愿进管”的手段，用户态下不能执行特权指令。在核心态下，CPU 可以执行指令系统中的任何指令。

18．B

子程序调用只需保存程序断点，即该指令的下一条指令的地址；中断调用子程序不仅要保护断点（PC 的内容），还要保护程序状态字寄存器的内容 PSW。在第二篇中已多次强调：在中断处理中，最重要的两个寄存器是 PC 和 PSWR。

二、综合应用题

1. 解答：

区分执行态的主要目的是保护系统程序。用户态到核心态的转换发生在中断产生时，而核心态到用户态的转换则发生在中断返回用户程序时。

2. 解答：

多道程序并发执行是指有的程序正在 CPU 上执行，而另一些程序正在 I/O 设备上进行传输，即通过 CPU 操作与外设传输在时间上的重叠必须有中断和通道技术支持，其原因如下：

1）通道是一种控制一台或多台外部设备的硬件机构，它一旦被启动就独立于 CPU 运行，因而做到了输入/输出操作与 CPU 并行工作。但早期 CPU 与通道的联络方法是由 CPU 向通道发出询问指令来了解通道工作是否完成的。若未完成，则主机就循环询问直到通道工作结束为止。因此，这种询问方式是无法真正做到 CPU 与 I/O 设备并行工作的。

2）在硬件上引入了中断技术。所谓中断，就是在输入/输出结束时，或硬件发生某种故障时，由相应的硬件（即中断机构）向 CPU 发出信号，这时 CPU 立即停下工作而转向处理中断请求，待处理完中断后再继续原来的工作。

因此，通道技术和中断技术结合起来就可以实现 CPU 与 I/O 设备并行工作，即 CPU 启动通道传输数据后便去执行其他程序的计算工作，而通道则进行输入/输出操作；当通道工作结束时，再通过中断机构向 CPU 发出中断请求，CPU 则暂停正在执行的操作，对出现的中断进行处理，处理完后再继续原来的工作。这样，就真正做到了 CPU 与 I/O 设备并行工作。此时，多道程序的概念才变为现实。

1.4　操作系统的体系结构

1.4.1　大内核和微内核

操作系统的体系结构是一个开放的问题。正如上文所述，操作系统在核心态为应用程序提供公共的服务，那么操作系统在核心态应该提供什么服务、怎样提供服务？有关这个问题的回答形成了两种主要的体系结构：大内核和微内核。

大内核系统将操作系统的主要功能模块都作为一个紧密联系的整体运行在核心态，从而为应用提供高性能的系统服务。因为各管理模块之间共享信息，能有效利用相互之间的有效特性，所以具有无可比拟的性能优势。

但随着体系结构和应用需求的不断发展，需要操作系统提供的服务越来越多，而且接口形式越来越复杂，操作系统的设计规模也急剧增长，操作系统也面临着“软件危机”困境。为此，操作系统设计人员试图按照复杂性、时间常数、抽象级别等因素，将操作系统内核分成基本进程管理、虚存、I/O 与设备管理、IPC、文件系统等几个层次，继而定义层次之间的服务结构，提高操作系统内核设计上的模块化。但是由于层次之间的交互关系错综复杂，定义清晰的层次间接口非常困难，复杂的交互关系也使得层次之间的界限极其模糊。

为解决操作系统的内核代码难以维护的问题，于是提出了微内核的体系结构。它将内核中最基本的功能（如进程管理等）保留在内核，而将那些不需要在核心态执行的功能移到用户态执行，从而降低了内核的设计复杂性。而那些移出内核的操作系统代码根据分层的原则被划分成若干服务程序，它们的执行相互独立，交互则都借助于微内核进行通信。

微内核结构有效地分离了内核与服务、服务与服务，使得它们之间的接口更加清晰，维护的代价大大降低，各部分可以独立地优化和演进，从而保证了操作系统的可靠性。

微内核结构的最大问题是性能问题，因为需要频繁地在核心态和用户态之间进行切换，操作系统的执行开销偏大。因此有的操作系统将那些频繁使用的系统服务又移回内核，从而保证系统性能。但是有相当多的实验数据表明，体系结构不是引起性能下降的主要因素，体系结构带来的性能提升足以弥补切换开销带来的缺陷。为减少切换开销，也有人提出将系统服务作为运行库链接到用户程序的一种解决方案，这样的体系结构称为库操作系统。

1.4.2　本节习题精选

单项选择题

相对于传统操作系统结构，采用微内核结构设计和实现操作系统具有诸多好处，下列哪些是微内核结构的特点（　　）。

Ⅰ．使系统更高效　　Ⅱ．添加系统服务时，不必修改内核

Ⅲ．微内核结构没有单一内核稳定　　Ⅳ．使系统更可靠

A．Ⅰ、Ⅲ、Ⅳ　　B．Ⅰ、Ⅱ、Ⅳ　　C．Ⅱ、Ⅳ　　D．Ⅰ、Ⅳ

1.4.3　答案与解析

单项选择题

C

微内核结构将操作系统的很多服务移动到内核以外（如文件系统），且服务之间使用进程间通信机制进行信息交换，这种通过进程间通信机制进行信息交换影响了系统的效率，所以Ⅰ是错误的。由于内核的内服务变少了，且一般来说内核的服务越少内核越稳定，所以Ⅲ是错误的。而Ⅱ、Ⅳ正是微内核结构的优点。

1.5　本章疑难点

1．并行性与并发性的区别和联系

并行性和并发性是既相似又有区别的两个概念。并行性是指两个或多个事件在**同一时刻**发生。并发性是指两个或多个事件在**同一时间间隔**内发生。

在多道程序环境下，并发性是指在一段时间内，宏观上有多个程序在同时运行，但在单处理器系统中每一时刻却仅能有一道程序执行，故微观上这些程序只能是分时地交替执行。倘若在计算机系统中有多个处理器，则这些可以并发执行的程序便被分配到多个处理器上，

实现并行执行，即利用每个处理器来处理一个可并发执行的程序。

2．特权指令与非特权指令

所谓特权指令是指有特殊权限的指令，由于这类指令的权限最大，如果使用不当，将导致整个系统崩溃。比如：清内存、置时钟、分配系统资源、修改虚存的段表或页表、修改用户的访问权限等。如果所有的程序都能使用这些指令，那么你的系统一天死机 n 回就不足为奇了。为了保证系统安全，这类指令只能用于操作系统或其他系统软件，不直接提供给用户使用。因此，特权指令必须在核心态执行。实际上，CPU 在核心态下可以执行指令系统的全集。形象地说，特权指令就是那些儿童不宜的东西，而非特权指令则是老少皆宜。

为了防止用户程序中使用特权指令，用户态下只能使用非特权指令，核心态下可以使用全部指令。当在用户态下使用特权指令时，将产生中断以阻止用户使用特权指令。所以把用户程序放在用户态下运行，而操作系统中必须使用特权指令的那部分程序在核心态下运行，保证了计算机系统的安全可靠。从用户态转换为核心态的唯一途径是中断或异常。

3．访管指令与访管中断

访管指令是一条可以在用户态下执行的指令。在用户程序中，因要求操作系统提供服务而有意识地使用访管指令，从而产生一个中断事件（自愿中断），将操作系统转换为核心态，称为访管中断。访管中断由访管指令产生，程序员使用访管指令向操作系统请求服务。

为什么要在程序中引入访管指令呢？这是因为用户程序只能在用户态下运行，如果用户程序想要完成在用户态下无法完成的工作，该怎么办？解决这个问题要靠访管指令。访管指令本身不是特权指令，其基本功能是让程序拥有“自愿进管”的手段，从而引起访管中断。

当处于用户态的用户程序使用访管指令时，系统根据访管指令的操作数执行访管中断处理程序，访管中断处理程序将按系统调用的操作数和参数转到相应的例行子程序。完成服务功能后，退出中断，返回到用户程序断点继续执行。

第2章

进程管理

【考纲内容】

（一）进程与线程

进程概念；进程的状态与转换

进程控制；进程组织

进程通信；线程概念与多线程模型

（二）处理器调度

调度的基本概念；调度时机、切换与过程

调度的基本准则；调度方式

典型调度算法

（三）进程同步

进程同步的基本概念

实现临界区互斥的基本方法

信号量；管程；经典同步问题

（四）死锁

死锁的概念；死锁处理策略

死锁预防；死锁避免

死锁的检测和解除

【考题分布】

年份	单选题/分	综合题/分	考查内容
2009年	2题×2	1题×7	进程调度算法；死锁产生的条件；信号量机制实现同步和互斥
2010年	4题×2	0	进程创建的原因；信号量机制的原理；改变进程优先级的时机；进程的互斥和“饥饿”现象
2011年	3题×2	1题×8	进程调度算法；多线程系统的特点；安全序列与银行家算法；信号量机制实现进程的同步和互斥
2012年	4题×2	0	安全序列与银行家算法；作业的周转时间；处理机调度的特点；进程与线程的区别与联系
2013年	3题×2	1题×8	进程调度算法；各类进程优先级排序；银行家算法；PV操作

【知识框架】

- 进程管理
  - 进程
    - 概念、与程序的区别
    - 特征：动态性、并发性、独立性、异步性、结构性
    - 状态：运行、就绪、阻塞、创建、结束
    - 控制：创建、终止、阻塞和唤醒、切换
    - 组织：进程控制块PCB、程序段、数据段
    - 通信：共享存储、消息传递、管道通信
  - 线程
    - 概念、与进程的比较、属性
    - 线程的实现方式
  - 处理机调度
    - 概念、三级调度：作业调度、中级调度、进程调度
    - 调度方式：剥夺式、非剥夺式
    - 调度准则：CPU利用率、吞吐量、周转时间、等待时间、响应时间
    - 算法：先来先服务、短作业（SJF）优先、优先级、高响应比优先、时间片轮转、多级反馈队列
  - 进程同步
    - 概念：临界资源、同步、互斥
    - 实现方法：软件实现的几种算法、硬件实现
    - 信号量：整型、记录型
    - 经典问题：生产者-消费者问题、读者-写者问题、哲学家进餐问题、吸烟者问题
  - 死锁
    - 定义
    - 原因：系统资源竞争、进程推进顺序非法
    - 条件：互斥、不剥夺、请求和保持、循环等待
    - 策略：预防死锁、避免死锁、死锁的检测与解除

【复习提示】

进程管理是操作系统的核心，也是每年必考的重点。其中，进程概念、进程调度、信号量机制实现同步和互斥、进程死锁等更是重中之重，必须深入掌握。需要注意的是：除了选择题外，本章还容易出综合题，在最近四年的综合题中有 2 道题考查了本章内容。其中信号量机制实现同步和互斥、进程调度算法和银行家算法都是可能出现的综合题考点。

2.1　进程与线程

2.1.1　进程的概念和特征

1. 进程的概念

在多道程序环境下，允许多个程序并发执行，此时它们将失去封闭性，并具有间断性及不可再现性的特征。为此引入了**进程**（Process）的概念，以便更好地描述和控制程序的并发执行，实现操作系统的并发性和共享性。

为了使参与并发执行的程序（含数据）能独立地运行，必须为之配置一个专门的数据结构，称为**进程控制块**（Process Control Block，PCB）。系统利用 PCB 来描述进程的基本情况和运行状态，进而控制和管理进程。相应地，由程序段、相关数据段和 PCB 三部分构成了**进程映像**（进程实体）。所谓创建进程，实质上是创建进程映像中的 PCB；而撤销进程，实质上是撤销进程的 PCB。值得注意的是，**进程映像是静态的，进程则是动态的。**

注意：PCB 是进程存在的唯一标志！

从不同的角度，进程可以有不同的定义，比较典型的定义有：

1）进程是程序的一次执行过程。

2）进程是一个程序及其数据在处理机上顺序执行时所发生的活动。

3）进程是具有独立功能的程序在一个数据集合上运行的过程，它是系统进行资源分配和调度的一个独立单位。

在引入进程实体的概念后，我们可以把传统操作系统中的**进程定义为**：“进程是进程实体的运行过程，是系统进行资源分配和调度的一个独立单位。”

2．进程的特征

进程是由多程序的并发执行而引出的，它和程序是两个截然不同的概念。进程的基本特征是对比单个程序的顺序执行提出的，也是对进程管理提出的基本要求。

1）**动态性**：进程是程序的一次执行，它有着创建、活动、暂停、终止等过程，具有一定的生命周期，是动态地产生、变化和消亡的。**动态性是进程最基本的特征**。

2）**并发性**：指多个进程实体，同存于内存中，能在一段时间内同时运行，并发性是进程的重要特征，同时也是操作系统的重要特征。引入进程的目的就是为了使程序能与其他进程的程序并发执行，以提高资源利用率。

3）**独立性**：指进程实体是一个能独立运行、独立获得资源和独立接受调度的基本单位。凡未建立 PCB 的程序都不能作为一个独立的单位参与运行。

4）**异步性**：由于进程的相互制约，使进程具有执行的间断性，即进程按各自独立的、不可预知的速度向前推进。异步性会导致执行结果的不可再现性，为此，在操作系统中必须配置相应的进程同步机制。

5）**结构性**：每个进程都配置一个 PCB 对其进行描述。从结构上看，进程实体是由程序段、数据段和进程控制段三部分组成的。

2.1.2 进程的状态与转换

进程在其生命周期内，由于系统中各进程之间的相互制约关系及系统的运行环境的变化，使得进程的状态也在不断地发生变化（一个进程会经历若干种不同状态）。通常进程有以下五种状态，前三种是进程的基本状态。

1）**运行状态**：进程正在处理机上运行。在单处理机环境下，每一时刻最多只有一个进程处于运行状态。

2）**就绪状态**：进程已处于准备运行的状态，即进程获得了除处理机之外的一切所需资源，一旦得到处理机即可运行。

3）**阻塞状态**，又称**等待状态**：进程正在等待某一事件而暂停运行，如等待某资源为可用（不包括处理机）或等待输入/输出完成。即使处理机空闲，该进程也不能运行。

4）**创建状态**：进程正在被创建，尚未转到就绪状态。创建进程通常需要多个步骤：首先申请一个空白的 PCB，并向 PCB 中填写一些控制和管理进程的信息；然后由系统为该进程分配运行时所必需的资源；最后把该进程转入到就绪状态。

5）**结束状态**：进程正从系统中消失，这可能是进程正常结束或其他原因中断退出运行。当进程需要结束运行时，系统首先必须置该进程为结束状态，然后再进一步处理资源释放和回收等工作。

注意区别就绪状态和等待状态：就绪状态是指进程仅缺少处理机，只要获得处理机资源就立即执行；而等待状态是指进程需要其他资源（除了处理机）或等待某一事件。之所以把处理机和其他资源划分开，是因为在分时系统的时间片轮转机制中，每个进程分到的时间片是若干毫秒。也就是说，进程得到处理机的时间很短且非常频繁，进程在运行过程中实际上是频繁地转换到就绪状态的；而其他资源（如外设）的使用和分配或者某一事件的发生（如 I/O 操作的完成）对应的时间相对来说很长，进程转换到等待状态的次数也相对较少。这样来看，就绪状态和等待状态是进程生命周期中两个完全不同的状态，很显然需要加以区分。

图 2-1 说明了五种进程状态的转换，而三种基本状态之间的转换如下：

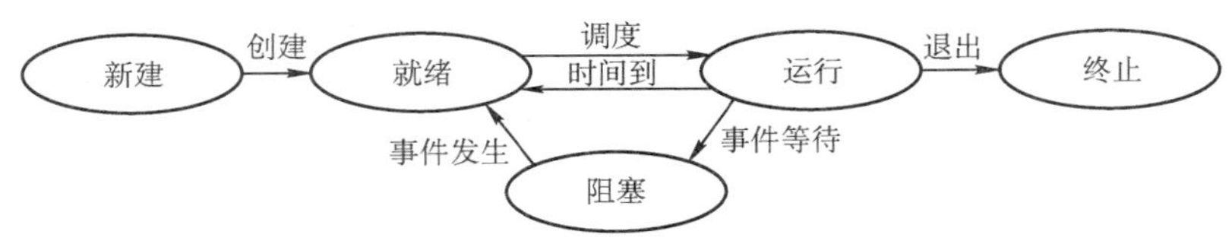

图 2-1　五种进程状态的转换

就绪状态→运行状态：处于就绪状态的进程被调度后，获得处理机资源（分派处理机时间片），于是进程由就绪状态转换为运行状态。

运行状态→就绪状态：处于运行状态的进程在时间片用完后，不得不让出处理机，从而进程由运行状态转换为就绪状态。此外，在可剥夺的操作系统中，当有更高优先级的进程就绪时，调度程度将正执行的进程转换为就绪状态，让更高优先级的进程执行。

运行状态→阻塞状态：当进程请求某一资源（如外设）的使用和分配或等待某一事件的发生（如 I/O 操作的完成）时，它就从运行状态转换为阻塞状态。进程以系统调用的形式请求操作系统提供服务，这是一种特殊的、由运行用户态程序调用操作系统内核过程的形式。

阻塞状态→就绪状态：当进程等待的事件到来时，如 I/O 操作结束或中断结束时，中断处理程序必须把相应进程的状态由阻塞状态转换为就绪状态。

2.1.3　进程控制

进程控制的主要功能是对系统中的所有进程实施有效的管理，它具有创建新进程、撤销已有进程、实现进程状态转换等功能。在操作系统中，一般把进程控制用的程序段称为原语，原语的特点是执行期间不允许中断，它是一个不可分割的基本单位。

1．进程的创建

允许一个进程创建另一个进程。此时创建者称为父进程，被创建的进程称为子进程。子进程可以继承父进程所拥有的资源。当子进程被撤销时，应将其从父进程那里获得的资源归还给父进程。此外，在撤销父进程时，也必须同时撤销其所有的子进程。

在操作系统中，终端用户登录系统、作业调度、系统提供服务、用户程序的应用请求等都会引起进程的创建。操作系统创建一个新进程的过程如下（创建原语）：

1）为新进程分配一个唯一的进程标识号，并申请一个空白的 PCB（PCB 是有限的）。若 PCB 申请失败则创建失败。

2）为进程分配资源，为新进程的程序和数据、以及用户栈分配必要的内存空间（在 PCB 中体现）。注意：这里如果资源不足（比如内存空间），并不是创建失败，而是处于“等待状态”，或称为“阻塞状态”，等待的是内存这个资源。

3）初始化 PCB，主要包括初始化标志信息、初始化处理机状态信息和初始化处理机控制信息，以及设置进程的优先级等。

4）如果进程就绪队列能够接纳新进程，就将新进程插入到就绪队列，等待被调度运行。

2．进程的终止

引起进程终止的事件主要有：正常结束，表示进程的任务已经完成和准备退出运行。异常结束是指进程在运行时，发生了某种异常事件，使程序无法继续运行，如存储区越界、保护错、非法指令、特权指令错、I/O 故障等。外界干预是指进程应外界的请求而终止运行，如操作员或操作系统干预、父进程请求和父进程终止。

操作系统终止进程的过程如下（撤销原语）：

1）根据被终止进程的标识符，检索 PCB，从中读出该进程的状态。

2）若被终止进程处于执行状态，立即终止该进程的执行，将处理机资源分配给其他进程。

3）若该进程还有子进程，则应将其所有子进程终止。

4）将该进程所拥有的全部资源，或归还给其父进程或归还给操作系统。

5）将该 PCB 从所在队列（链表）中删除。

3．进程的阻塞和唤醒

正在执行的进程，由于期待的某些事件未发生，如请求系统资源失败、等待某种操作的完成、新数据尚未到达或无新工作可做等，则由系统自动执行阻塞原语（Block），使自己由运行状态变为阻塞状态。可见，进程的阻塞是进程自身的一种主动行为，也因此只有处于运行态的进程（获得 CPU），才可能将其转为阻塞状态。阻塞原语的执行过程是：

1）找到将要被阻塞进程的标识号对应的 PCB。

2）若该进程为运行状态，则保护其现场，将其状态转为阻塞状态，停止运行。

3）把该 PCB 插入到相应事件的等待队列中去。

当被阻塞进程所期待的事件出现时，如它所启动的 I/O 操作已完成或其所期待的数据已到达，则由有关进程（比如，提供数据的进程）调用唤醒原语（Wakeup），将等待该事件的进程唤醒。唤醒原语的执行过程是：

1）在该事件的等待队列中找到相应进程的 PCB。

2）将其从等待队列中移出，并置其状态为就绪状态。

3）把该 PCB 插入就绪队列中，等待调度程序调度。

需要注意的是，Block 原语和 Wakeup 原语是一对作用刚好相反的原语，必须成对使用。Block 原语是由被阻塞进程自我调用实现的，而 Wakeup 原语则是由一个与被唤醒进程相合作或被其他相关的进程调用实现的。

4．进程切换

对于通常的进程，其创建、撤销以及要求由系统设备完成的 I/O 操作都是利用系统调用而进入内核，再由内核中相应处理程序予以完成的。进程切换同样是在内核的支持下实现的，因此可以说，任何进程都是在操作系统内核的支持下运行的，是与内核紧密相关的。

进程切换是指处理机从一个进程的运行转到另一个进程上运行，这个过程中，进程的运行环境产生了实质性的变化。进程切换的过程如下：

1）保存处理机上下文，包括程序计数器和其他寄存器。

2）更新 PCB 信息。

3）把进程的 PCB 移入相应的队列，如就绪、在某事件阻塞等队列。

4）选择另一个进程执行，并更新其 PCB。

5）更新内存管理的数据结构。

6）恢复处理机上下文。

注意，进程切换与处理机模式切换是不同的，模式切换时，处理机逻辑上可能还在同一进程中运行。如果进程因中断或异常进入到核心态运行，执行完后又回到用户态刚被中断的程序运行，则操作系统只需恢复进程进入内核时所保存的 CPU 现场，无需改变当前进程的环境信息。但若要切换进程，当前运行进程改变了，则当前进程的环境信息也需要改变。

2.1.4　进程的组织

进程是操作系统的资源分配和独立运行的基本单位。它一般由以下三个部分组成：

1．进程控制块

进程创建时，操作系统就新建一个 PCB 结构，它之后就**常驻内存**，任一时刻可以存取，在进程结束时删除。**PCB 是进程实体的一部分，是进程存在的唯一标志。**

当创建一个进程时，系统为该进程建立一个 PCB；当进程执行时，系统通过其 PCB 了解进程的现行状态信息，以便对其进行控制和管理；当进程结束时，系统收回其 PCB，该进程随之消亡。操作系统通过 PCB 表来管理和控制进程。

表 2-1　PCB 通常包含的内容

进程描述信息	进程控制和管理信息	资源分配清单	处理机相关信息
进程标识符（PID）	进程当前状态	代码段指针	通用寄存器值
用户标识符（UID）	进程优先级	数据段指针	地址寄存器值
	代码运行入口地址	堆栈段指针	控制寄存器值
	程序的外存地址	文件描述符	标志寄存器值
	进入内存时间	键盘	状态字
	处理机占用时间	鼠标	
	信号量使用		

表 2-1 是一个 PCB 的实例，PCB 主要包括进程描述信息、进程控制和管理信息、资源分配清单和处理机相关信息等。各部分的主要说明如下：

1）进程描述信息。

进程标识符：标志各个进程，每个进程都有一个并且是唯一的标识号。

用户标识符：进程归属的用户，用户标识符主要为共享和保护服务。

2）进程控制和管理信息。

进程当前状态：描述进程的状态信息，作为处理机分配调度的依据。

进程优先级：描述进程抢占处理机的优先级，优先级高的进程可以优先获得处理机。

3）资源分配清单，用于说明有关内存地址空间或虚拟地址空间的状况；所打开文件的列表和所使用的输入/输出设备信息。

4）处理机相关信息，主要指处理机中各寄存器值，当进程被切换时，处理机状态信息都必须保存在相应的 PCB 中，以便在该进程重新执行时，能再从断点继续执行。

在一个系统中，通常存在着许多进程，有的处于就绪状态，有的处于阻塞状态，而且阻塞的原因各不相同。为了方便进程的调度和管理，需要将各进程的 PCB 用适当的方法组织起来。目前，常用的组织方式有链接方式和索引方式两种。链接方式将同一状态的 PCB 链接成一个队列，不同状态对应不同的队列，也可以把处于阻塞状态的进程的 PCB，根据其阻塞原因的不同，排成多个阻塞队列。索引方式是将同一状态的进程组织在一个索引表中，索引表的表项指向相应的 PCB，不同状态对应不同的索引表，如就绪索引表和阻塞索引表等。

2．程序段

程序段就是能被进程调度程序调度到 CPU 执行的程序代码段。注意，程序可以被多个进程共享，就是说多个进程可以运行同一个程序。

3．数据段

一个进程的数据段，可以是进程对应的程序加工处理的原始数据，也可以是程序执行时产生的中间或最终结果。

2.1.5 进程的通信

进程通信是指进程之间的信息交换。PV 操作是低级通信方式，高级通信方式是指以较高的效率传输大量数据的通信方式。高级通信方法主要有以下三个类：

1．共享存储

在通信的进程之间存在一块可直接访问的共享空间，通过对这片共享空间进行写/读操作实现进程之间的信息交换。在对共享空间进行写/读操作时，，需要使用同步互斥工具（如 P 操作、V 操作），对共享空间的写/读进行控制。共享存储又分为两种：低级方式的共享是基于数据结构的共享；高级方式则是基于存储区的共享。操作系统只负责为通信进程提供可共享使用的存储空间和同步互斥工具，而数据交换则由用户自己安排读/写指令完成。

需要**注意**的是，用户进程空间一般都是独立的，要想让两个用户进程共享空间必须通过特殊的系统调用实现，而进程内的线程是自然共享进程空间的。

2．消息传递

在消息传递系统中，进程间的数据交换是以格式化的消息（Message）为单位的。若通信的进程之间不存在可直接访问的共享空间，则必须利用操作系统提供的消息传递方法实现进程通信。进程通过系统提供的发送消息和接收消息两个原语进行数据交换。

1）直接通信方式：发送进程直接把消息发送给接收进程，并将它挂在接收进程的消息缓冲队列上，接收进程从消息缓冲队列中取得消息。

2）间接通信方式：发送进程把消息发送到某个中间实体中，接收进程从中间实体中取得消息。这种中间实体一般称为信箱，这种通信方式又称为信箱通信方式。该通信方式广泛应用于计算机网络中，相应的通信系统称为电子邮件系统。

3．管道通信

管道通信是消息传递的一种特殊方式。所谓“管道”，是指用于连接一个读进程和一个写进程以实现它们之间通信的一个**共享文件**，又名 pipe 文件。向管道（共享文件）提供输入的发送进程（即写进程），以字符流形式将大量的数据送入（写）管道；而接收管道输出的接收进程（即读进程），则从管道中接收（读）数据。为了协调双方的通信，管道机制必须提供以下三方面的协调能力：互斥、同步和确定对方的存在。

2.1.6　线程概念和多线程模型

1．线程的基本概念

引入进程的目的，是为了使多道程序并发执行，以提高资源利用率和系统吞吐量；而引入线程，则是为了减小程序在并发执行时所付出的时空开销，提高操作系统的并发性能。

线程最直接的理解就是**"轻量级进程"**，它是一个基本的 **CPU 执行单元**，也是程序执行流的**最小单元**，由线程 ID、程序计数器、寄存器集合和堆栈组成。线程是进程中的一个实体，是被系统独立调度和分派的基本单位，线程自己**不拥有系统资源**，只拥有一点在运行中必不可少的资源，但它可与同属一个进程的其他线程共享进程所拥有的全部资源。一个线程可以创建和撤销另一个线程，同一进程中的多个线程之间可以并发执行。由于线程之间的相互制约，致使线程在运行中呈现出间断性。线程也有就绪、阻塞和运行三种基本状态。

引入线程后，进程的内涵发生了改变，进程**只**作为除 CPU 以外系统资源的分配单元，线程则作为处理机的分配单元。

2．线程与进程的比较

1）调度。在传统的操作系统中，拥有资源和独立调度的基本单位都是进程。在引入线程的操作系统中，线程是**独立调度**的基本单位，进程是**资源拥有**的基本单位。在同一进程中，线程的切换不会引起进程切换。在不同进程中进行线程切换，如从一个进程内的线程切换到另一个进程中的线程时，会引起进程切换。

2）拥有资源。不论是传统操作系统还是设有线程的操作系统，进程都是拥有资源的基本单位，而线程不拥有系统资源（也有一点必不可少的资源），但线程可以访问其隶属进程的系统资源。

3）并发性。在引入线程的操作系统中，不仅进程之间可以并发执行，而且多个线程之间也可以并发执行，从而使操作系统具有更好的并发性，提高了系统的吞吐量。

4）系统开销。由于创建或撤销进程时，系统都要为之分配或回收资源，如内存空间、I/O 设备等，因此操作系统所付出的开销远大于创建或撤销线程时的开销。类似地，在进行进程切换时，涉及当前执行进程 CPU 环境的保存及新调度到进程 CPU 环境的设置，而线程切换时只需保存和设置少量寄存器内容，开销很小。此外，由于同一进程内的多个线程共享进程的地址空间，因此，这些线程之间的同步与通信非常容易实现，甚至无需操作系统的干预。

5）地址空间和其他资源（如打开的文件）：进程的地址空间之间互相独立，同一进程的各线程间共享进程的资源，某进程内的线程对于其他进程不可见。

6）通信方面：进程间通信（IPC）需要进程同步和互斥手段的辅助，以保证数据的一致性，而线程间可以直接读/写进程数据段（如全局变量）来进行通信。

3．线程的属性

在多线程操作系统中，把线程作为独立运行（或调度）的基本单位，此时的进程，已不再是一个基本的可执行实体。但进程仍具有与执行相关的状态，所谓进程处于"执行"状态，实际上是指该进程中某线程正在执行。线程的主要属性如下：

1）线程是一个轻型实体，它不拥有系统资源，但每个线程都应有一个唯一的标识符和一个线程控制块，线程控制块记录了线程执行的寄存器和栈等现场状态。

2）不同的线程可以执行相同的程序，即同一个服务程序被不同的用户调用时，操作系统为它们创建成不同的线程。

3）同一进程中的各个线程共享该进程所拥有的资源。

4）线程是处理机的独立调度单位，多个线程是可以并发执行的。在单 CPU 的计算机系统中，各线程可交替地占用 CPU；在多 CPU 的计算机系统中，各线程可同时占用不同的 CPU，若各个 CPU 同时为一个进程内的各线程服务则可缩短进程的处理时间。

5）一个线程被创建后便开始了它的生命周期，直至终止，线程在生命周期内会经历阻塞态、就绪态和运行态等各种状态变化。

4．线程的实现方式

线程的实现可以分为两类：**用户级线程**（User-Level Thread，ULT）和**内核级线程**（Kernel-Level Thread，KLT）。内核级线程又称为内核支持的线程。

在用户级线程中，有关线程管理的所有工作都由应用程序完成，内核意识不到线程的存在。应用程序可以通过使用线程库设计成多线程程序。通常，应用程序从单线程起始，在该线程中开始运行，在其运行的任何时刻，可以通过调用线程库中的派生例程创建一个在相同进程中运行的新线程。图 2-2(a)说明了用户级线程的实现方式。

在内核级线程中，线程管理的所有工作由内核完成，应用程序没有进行线程管理的代码，只有一个到内核级线程的编程接口。内核为进程及其内部的每个线程维护上下文信息，调度也是在内核基于线程架构的基础上完成。图 2-2(b)说明了内核级线程的实现方式。

在一些系统中，使用组合方式的多线程实现。线程创建完全在用户空间中完成，线程的调度和同步也在应用程序中进行。一个应用程序中的多个用户级线程被映射到一些（小于或等于用户级线程的数目）内核级线程上。图 2-2(c)说明了用户级与内核级的组合实现方式。

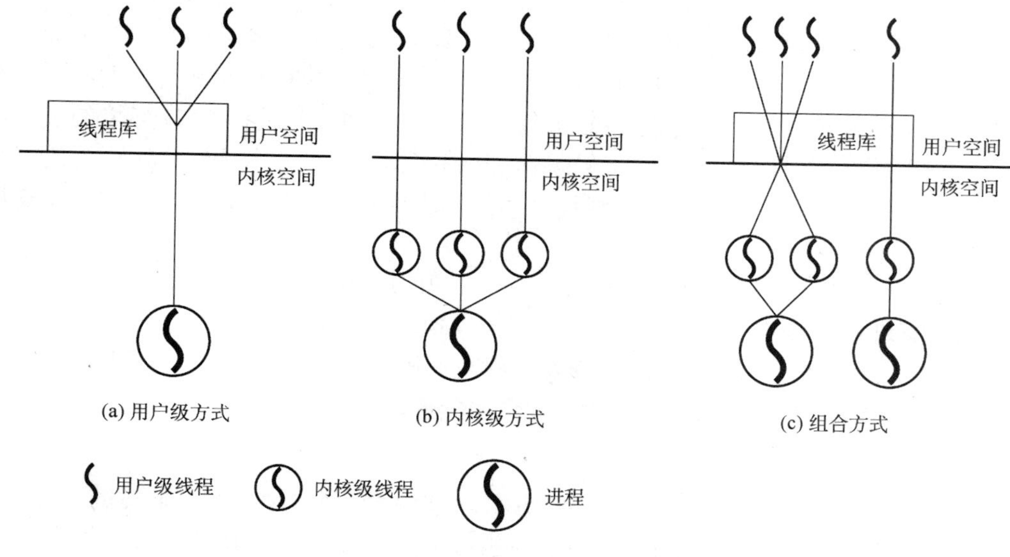

图 2-2　用户级和内核级线程

5. 多线程模型

有些系统同时支持用户线程和内核线程，由此产生了不同的多线程模型，即实现用户级线程和内核级线程的连接方式。

1）多对一模型。将多个用户级线程映射到一个内核级线程，线程管理在用户空间完成。此模式中，用户级线程对操作系统不可见（即透明）。

优点：线程管理是在用户空间进行的，因而效率比较高。

缺点：当一个线程在使用内核服务时被阻塞，那么整个进程都会被阻塞；多个线程不能并行地运行在多处理机上。

2）一对一模型。将每个用户级线程映射到一个内核级线程。

优点：当一个线程被阻塞后，允许另一个线程继续执行，所以并发能力较强。

缺点：每创建一个用户级线程都需要创建一个内核级线程与其对应，这样创建线程的开销比较大，会影响到应用程序的性能。

3）多对多模型。将 n 个用户级线程映射到 m 个内核级线程上，要求 $m \leqslant n$。

特点：在多对一模型和一对一模型中取了个折中，克服了多对一模型的并发度不高的缺点，又克服了一对一模型的一个用户进程占用太多内核级线程，开销太大的缺点。又拥有多对一模型和一对一模型各自的优点，可谓集两者之所长。

2.1.7　本节习题精选

一、单项选择题

1. 一个进程是（　　）。

　A. 由协处理器执行的一个程序　　B. 一个独立的程序+数据集

　C. PCB 结构与程序和数据的组合　　D. 一个独立的程序

2. 下列关于线程的叙述中，正确的是（　　）。

　A. 线程包含 CPU 现场，可以独立执行程序

　B. 每个线程有自己独立的地址空间

　C. 进程只能包含一个线程

　D. 线程之间的通信必须使用系统调用函数

3. 进程之间交换数据不能通过（　　）途径进行。

　A. 共享文件　　B. 消息传递

　C. 访问进程地址空间　　D. 访问共享存储区

4. 进程与程序的根本区别是（　　）。

　A. 静态和动态特点

　B. 是不是被调入到内存中

　C. 是不是具有就绪、运行和等待三种状态

　D. 是不是占有处理器

5. 下面的叙述中，正确的是（　　）。

　A. 进程获得处理器运行是通过调度得到的

　B. 优先级是进程调度的重要依据，一旦确定不能改动

　C. 在单处理器系统中，任何时刻都只有一个进程处于运行状态

D．进程申请处理器而得不到满足时，其状态变为阻塞状态

6．若某一进程拥有 100 个线程，这些线程都属于用户级线程，则在系统调度执行时间上占用的时间片是（　　）。

A．1　　B．100　　C．1/100　　D．0

7．操作系统是根据（　　）来对并发执行的进程进行控制和管理的。

A．进程的基本状态　　B．进程控制块

C．多道程序设计　　D．进程的优先权

8．在任何时刻，一个进程的状态变化（　　）引起另一个进程的状态变化。

A．必定　　B．一定不　　C．不一定　　D．不可能

9．在单处理器系统中，如果同时存在 10 个进程，则处于就绪队列中的进程最多有（　　）个。

A．1　　B．8　　C．9　　D．10

10．一个进程释放了一台打印机，它可能会改变（　　）的状态。

A．自身进程　　B．输入/输出进程

C．另一个等待打印机的进程　　D．所有等待打印机的进程

11．假定系统进程所请求的一次 I/O 操作完成后，将使进程状态从（　　）。

A．运行状态变为就绪状态　　B．运行状态变为阻塞状态

C．就绪状态变为运行状态　　D．阻塞状态变为就绪状态

12．一个进程的基本状态可以从其他两种基本状态转变过去，这个基本的状态一定是（　　）。

A．执行状态　　B．阻塞状态　　C．就绪状态　　D．完成状态

13．并发进程失去封闭性，是指（　　）。

A．多个相对独立的进程以各自的速度向前推进

B．并发进程的执行结果与速度无关

C．并发进程执行时，在不同时刻发生的错误

D．并发进程共享变量，其执行结果与速度有关

14．通常用户进程被建立后（　　）。

A．便一直存在于系统中，直到被操作人员撤销

B．随着进程运行的正常或不正常结束而撤销

C．随着时间片轮转而撤销与建立

D．随着进程的阻塞或者唤醒而撤销与建立

15．进程在处理器上执行时（　　）。

A．进程之间是无关的，具有封闭特性

B．进程之间都有交互性，相互依赖、相互制约，具有并发性

C．具有并发性，即同时执行的特性

D．进程之间可能是无关的，但也可能是有交互性的

16．下面说法正确的是（　　）。

A．不论是系统支持的线程还是用户级线程，其切换都需要内核的支持

B．线程是资源分配的单位，进程是调度和分派的单位

C. 不管系统中是否有线程，进程都是拥有资源的独立单位

D. 在引入线程的系统中，进程仍是资源调度和分派的基本单位

17. 在多对一的线程模型中，当一个多线程进程中的某个线程被阻塞后（　　）。

A. 该进程的其他线程仍可继续运行　　B. 整个进程都将阻塞

C. 该阻塞线程将被撤销　　D. 该阻塞线程将永远不可能再执行

18. 用信箱实现进程间互通信息的通信机制要有两个通信原语，它们是（　　）。

A. 发送原语和执行原语　　B. 就绪原语和执行原语

C. 发送原语和接收原语　　D. 就绪原语和接收原语

19. 下列几种关于进程的叙述，（　　）最不符合操作系统对进程的理解。

A. 进程是在多程序环境中的完整的程序

B. 进程可以由程序、数据和 PCB 描述

C. 线程（Thread）是一种特殊的进程

D. 进程是程序在一个数据集合上的运行过程，它是系统进行资源分配和调度的一个独立单元

20. 支持多道程序设计的操作系统在运行过程中，不断地选择新进程运行来实现 CPU 的共享，但其中（　　）不是引起操作系统选择新进程的直接原因。

A. 运行进程的时间片用完　　B. 运行进程出错

C. 运行进程要等待某一事件发生　　D. 有新进程进入就绪状态

21. 若一个进程实体由 PCB、共享正文段、数据堆段和数据栈段组成，请指出下列 C 语言程序中的内容及相关数据结构各位于哪一段中。

Ⅰ. 全局赋值变量（　　）　Ⅱ. 未赋值的局部变量（　　）

Ⅲ. 函数调用实参传递值（　　）　Ⅳ. 用 malloc()要求动态分配的存储区（　　）

Ⅴ. 常量值（如 1995，“string”）（　　）　Ⅵ. 进程的优先级（　　）

A. PCB　　B. 正文段　　C. 堆段　　D. 栈段

22. 同一程序经过多次创建，运行在不同的数据集上，形成了（　　）的进程。

A. 不同　　B. 相同　　C. 同步　　D. 互斥

23. 系统动态 DLL 库中的系统线程，被不同的进程所调用，它们是（　　）的线程。

A. 不同　　B. 相同

C. 可能不同，也可能相同　　D. 不能被调用

24. PCB 是进程存在的唯一标志，下列（　　）不属于 PCB。

A. 进程 ID　　B. CPU 状态　　C. 堆栈指针　　D. 全局变量

25. 一个计算机系统中，进程的最大数目主要受到（　　）限制。

A. 内存大小　　B. 用户数目

C. 打开的文件数　　D. 外部设备数量

26. 进程创建完成后会进入一个序列，这个序列称为（　　）。

A. 阻塞队列　　B. 挂起序列　　C. 就绪队列　　D. 运行队列

27. 在一个多道系统中，若就绪队列不空，就绪的进程数目越多，处理器的效率（　　）。

A. 越高　　B. 越低　　C. 不变　　D. 不确定

28. 在具有通道设备的单处理器系统中实现并发技术后，（　　）。

A．各进程在某一时刻并行运行，CPU 与 I/O 设备间并行工作
B．各进程在某一时间段内并行运行，CPU 与 I/O 设备间串行工作
C．各进程在某一时间段内并行运行，CPU 与 I/O 设备间并行工作
D．各进程在某一时刻并行运行，CPU 与 I/O 设备间串行工作

29．进程自身决定（　　）。
A．从运行状态到阻塞状态　　B．从运行状态到就绪状态
C．从就绪状态到运行状态　　D．从阻塞状态到就绪状态

30．对进程的管理和控制使用（　　）。
A．指令　　B．原语　　C．信号量　　D．信箱

31．【2010 年计算机联考真题】
下列选项中，导致创建新进程的操作是（　　）。
Ⅰ．用户登录成功　　Ⅱ．设备分配　　Ⅲ．启动程序执行
A．仅Ⅰ和Ⅱ　　B．仅Ⅱ和Ⅲ　　C．仅Ⅰ和Ⅲ　　D．Ⅰ、Ⅱ、Ⅲ

32．在下面的叙述中，正确的是（　　）。
A．引入线程后，处理器只能在线程间切换
B．引入线程后，处理器仍在进程间切换
C．线程的切换，不会引起进程的切换
D．线程的切换，可能引起进程的切换

33．下面的叙述中，正确的是（　　）。
A．线程是比进程更小的能独立运行的基本单位，可以脱离进程独立运行
B．引入线程可提高程序并发执行的程度，可进一步提高系统效率
C．线程的引入增加了程序执行时的时空开销
D．一个进程一定包含多个线程

34．下面的叙述中，正确的是（　　）。
A．同一进程内的线程可并发执行，不同进程的线程只能串行执行
B．同一进程内的线程只能串行执行，不同进程的线程可并发执行
C．同一进程或不同进程内的线程都只能串行执行
D．同一进程或不同进程内的线程都可以并发执行

35．在支持多线程的系统中，进程 P 创建的若干个线程不能共享的是（　　）。
A．进程 P 的代码段　　B．进程 P 中打开的文件
C．进程 P 的全局变量　　D．进程 P 中某线程的栈指针

36．在以下描述中，（　　）并不是多线程系统的特长。
A．利用线程并行地执行矩阵乘法运算
B．Web 服务器利用线程响应 HTTP 请求
C．键盘驱动程序为每一个正在运行的应用配备一个线程，用以响应该应用的键盘输入
D．基于 GUI 的调试程序用不同的线程分别处理用户输入、计算和跟踪等操作

37．【2012 年计算机联考真题】
下列关于进程和线程的叙述中，正确的是（　　）。

A．不管系统是否支持线程，进程都是资源分配的基本单位
B．线程是资源分配的基本单位，进程是调度的基本单位
C．系统级线程和用户级线程的切换都需要内核的支持
D．同一进程中的各个线程拥有各自不同的地址空间

38．在进程转换时，下列（　　）转换是不可能发生的。
A．就绪状态→运行状态　　B．运行状态→就绪状态
C．运行状态→阻塞状态　　D．阻塞状态→运行状态

39．当（　　）时，进程从执行状态转变为就绪状态。
A．进程被调度程序选中　　B．时间片到
C．等待某一事件　　D．等待的事件发生

40．两个合作进程（Cooperating Processes）无法利用（　　）交换数据。
A．文件系统　　B．共享内存
C．高级语言程序设计中的全局变量　　D．消息传递系统

41．以下可能导致一个进程从运行状态变为就绪状态的事件是（　　）。
A．一次 I/O 操作结束　　B．运行进程需做 I/O 操作
C．运行进程结束　　D．出现了比现在进程优先级更高的进程

42．（　　）必会引起进程切换。
A．一个进程创建后，进入就绪状态　　B．一个进程从运行状态变为就绪状态
C．一个进程从阻塞状态变为就绪状态　　D．以上答案都不对

43．进程处于（　　）时，它是处于非阻塞状态。
A．等待从键盘输入数据　　B．等待协作进程的一个信号
C．等待操作系统分配 CPU 时间　　D．等待网络数据进入内存

44．【2010 年计算机联考真题】
下列选项中，降低进程优先级的合理时机是（　　）。
A．进程时间片用完
B．进程刚完成 I/O 操作，进入就绪队列
C．进程长期处于就绪队列
D．进程从就绪状态转为运行状态

45．一个进程被唤醒，意味着（　　）。
A．该进程可以重新竞争 CPU　　B．优先级变大
C．PCB 移动到就绪队列之首　　D．进程变为运行状态

46．进程创建时，不需要做的是（　　）。
A．填写一个该进程的进程表项　　B．分配该进程适当的内存
C．将该进程插入就绪队列　　D．为该进程分配 CPU

47．计算机两个系统中两个协作进程之间不能用来进行进程间通信的是（　　）。
A．数据库　　B．共享内存　　C．消息传递机制　　D．管道

48．下列说法不正确的是（　　）。
A．一个进程可以创建一个或多个线程　　B．一个线程可以创建一个或多个线程
C．一个线程可以创建一个或多个进程　　D．一个进程可以创建一个或多个进程

二、综合应用题

1．进程和程序之间可以形成一对一、一对多、多对一、多对多的关系，请分别举例说明在什么情况下会形成这样的关系。

2．父进程创建子进程和主程序调用子程序有何不同？

3．为什么进程之间的通信必须借助于操作系统内核功能？简单说明进程通信的几种主要方式。

4．什么是多线程？多线程与多任务有什么区别？

5．回答下列问题：

1）若系统中没有运行进程，是否一定没有就绪进程？为什么？

2）若系统中既没有运行进程，也没有就绪进程，系统中是否就没有进程？为什么？

3）在采用优先级进程调度时，运行进程是否一定是系统中优先级最高的进程？

6．现代操作系统一般都提供多进程（或称多任务）运行环境，回答以下问题：

1）为支持多进程的并发执行，系统必须建立哪些关于进程的数据结构？

2）为支持进程状态的变迁，系统至少应提供哪些进程控制原语？

3）执行每一个进程控制原语时，进程状态发生什么变化？相应的数据结构发生什么变化？

7．某分时系统中的进程可能出现如图 2-3 所示的状态变化，请回答下列问题：

1）根据图 2-3，该系统应采用什么进程调度策略？

2）把图 2-3 中的每一个状态变化可能的原因填在表 2-2 中。

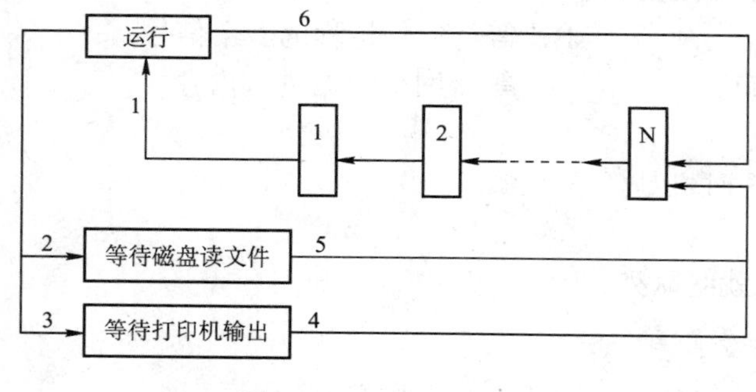

图 2-3　进程状态变化

表 2-2　状态变化

变化	原　因
1	
2	
3	
4	
5	
6	

2.1.8　答案与解析

一、单项选择题

1．C

注意进程与程序的区别，进程相对于程序具有动态性，而程序可以永久存放在某种储存介质上。可以说，进程是程序在数据集上的一次运行，但进程不能仅仅是程序+数据集。PCB 是进程存在的唯一标志，PCB 的作用简单说就是让程序成为进程。

2．A

进程的创建、通信和调度开销比较大，影响了多道程序的执行效率，为此引入了线程。线程是进程中的一个执行单元。线程包含 CPU 执行现场和执行堆栈，可以独立地执行程序。

但应注意，线程不能独立占有资源，它的运行是不能离开进程的。一个进程可以包含多个线程，进程中的多个线程共享进程的地址空间和其他资源，包括程序、数据、文件等。因此，线程之间可以直接交换数据。

3．C

每个进程包含独立的地址空间，进程各自的地址空间是私有的，只能执行自己地址空间中的程序，且只能访问自己地址空间中的数据，相互访问会导致指针的越界错误（学完内存管理将会有更好的认识）。因此，进程之间不能直接交换数据，但是可以利用操作系统提供的共享文件、消息传递、共享存储区等进行通信。

4．A

动态性是进程最重要的特性，以此来区分文件形式的静态的程序。操作系统引入进程的概念，是为了从变化的角度动态地分析和研究程序的执行。

5．A

选项 B 错在优先级分静态和动态两种，动态优先级是根据运行情况而随时调整的。选项 C 错在系统发生死锁时则有可能进程全部都处于阻塞状态，或无进程任务，CPU 空闲。选项 D 错在进程申请处理器得不到满足时就处于就绪状态，等待处理器的调度。

6．A

由于**用户线程对操作系统内核透明**（即操作系统无法感知用户级线程），所以这 100 个线程共享操作系统分配给该进程的一个时间片。因此正确答案为 A。

7．B

在进程的整个生命周期中，系统总是通过其 PCB 对进程进行控制的。亦即，系统是根据进程的 PCB 而不是任何别的来感知到进程存在的，PCB 是进程存在的唯一标志。同时 PCB 常驻内存。

8．C

一个进程的状态变化可能会引起另一个进程的状态变化。例如，一个进程时间片用完，可能会引起另一个就绪进程的运行。同时，一个进程的状态变化也可能不会引起另一个进程的状态变化。例如，一个进程由阻塞状态转变为就绪状态就不会引起其他进程的状态变化。

9．C

不可能出现这样一种情况，单处理器系统 10 个进程都处于就绪状态，但是 9 个处于就绪状态，一个正在运行是可能存在的。

10．C

由于打印机是独占资源，当一个进程释放打印机后，另一个等待打印机的进程就可能从阻塞状态转到就绪状态。当然，也存在一个进程执行完毕后由运行状态转为结束状态时释放打印机，但这并不是由于释放打印机引起的，相反是因为运行完成才释放了打印机。

11．D

I/O 操作完成之前进程在等待结果，状态为阻塞状态；完成后进程等待事件就绪，变为就绪状态。

12．C

只有就绪状态可以既由运行状态转变过去也能由阻塞状态转变过去。时间片到运行状态变为就绪状态，当所需要资源到达进程由阻塞状态转变为就绪状态。

13. D

程序封闭性是指进程执行的结果只取决于进程本身，不受外界影响。也就是说，进程在执行过程中不管是不停顿的执行，还是走走停停，进程的执行速度不会改变它的执行结果。失去封闭性后，不同速度下的执行结果不同。

14. B

进程有它的生命周期，不会一直存在于系统中，也不一定需要用户显式地撤销。进程在时间片结束时只是就绪，而不是撤销。阻塞和唤醒是进程生存期的中间状态。进程可在完成时撤销，或者内存错误等引起撤销。

15. D

封闭性、并发性都是有条件的，如单任务单进程系统中进程就无并发性。

16. C

引入线程后，进程仍然是资源分配的单位。线程是处理器调度和分派的单位，线程本身不具有资源，它可以**共享**所属进程的**全部**资源。

17. B

在多对一的线程模型中，用户级线程的“多”**对操作系统透明**，即操作系统并不知道用户有多少线程。故该进程的一个线程被阻塞后，该进程就被阻塞了，进程的其他线程当然也都被阻塞了。

18. C

用信箱实现进程间互通信息的通信机制要有两个通信原语，它们是发送原语和接收原语。

19. A

进程是操作系统资源分配和独立的基本单位。它包括PCB、程序和数据，以及执行栈区，仅仅说进程是在多程序环境下的完整的程序是不合适的，因为程序是静态的，以文件形式存放于电脑硬盘内，而进程是动态的。

20. D

运行进程时间片用完，进程运行出错，运行进程阻塞（也就是等待某一事件发生）都会使操作系统选择新进程，但有新进程进入就绪状态不会影响其他进程状态变化。

21. B、D、D、C、B、A

C 语言编写的程序在使用内存时一般分为三个段，它们一般是正文段，即代码和赋值数据段、数据堆段和数据栈段。二进制代码和常量存放在正文段，动态分配的存储区在数据堆段，临时使用的变量在数据栈段。由此，我们可以确定全局赋值变量在正文段赋值数据段，未赋值的局部变量和实参传递在栈段，动态内存分配在堆段，常量在正文段，进程的优先级只能在 PCB 内。

22. A

一个进程是程序在一个数据集上的一次运行过程。运行于不同的数据集，将会形成不同的进程。

23. B

进程是暂时的，程序是永久的；进程是动态的，程序是静态的；进程至少由代码、数据和 PCB 组成，程序仅需代码和数据即可；程序代码经过多次创建可以对应不同的进程，而同一个系统的进程（或线程）可以由系统调用的方法，被不同的进程（或线程）多次使用。

24．D

进程实体主要是代码、数据和 PCB。因此，对于 PCB 内所含有的数据结构内容需要了解清楚，主要有四大类：进程标志信息、进程控制信息、进程资源信息、CPU 现场信息。由上述可得，全局变量与 PCB 无关，它只与用户代码有关。

25．A

进程创建需要占用系统内存来存放 PCB 的数据结构，所以，一个系统能够创建的进程总数是有限的，进程的最大数目取决于系统内存的大小，由系统安装时已经确定（若后期内存增加了，系统能够创建的进程总数也应增加，但是一般需要重新启动）。而用户数目、外设数量和文件等均与此无关。

26．C

我们先要考虑创建进程的过程，当该进程所需的资源分配完成，只等 CPU 时，进程的状态为就绪状态，那么所有的就绪 PCB 一般以链表方式链成一个序列，称为就绪队列。

27．C

从进程的状态图（见图 2-1）中可以看出，进程的就绪数目越多，争夺 CPU 的进程就越多，但是，只要就绪队列不为空，CPU 总是可以调度进程运行，保持繁忙。这与就绪进程的数目没有关系，除非就绪队列为空，则 CPU 进入等待状态，此时 CPU 的效率会下降。

28．C

由于是单处理器，在某一时刻只有一个进程能获得处理器资源，所以是某一时间段内并行运行。此外，也正是因为 CPU 和 I/O 设备的并行运行，才使各进程能并发执行。

29．A

只有从运行状态到阻塞状态的转换是由进程自身决定的。从运行状态到就绪状态的转换是由于进程的时间片用完，“主动”调用程序转向就绪状态。虽然从就绪状态到运行状态的转换同样是由调度程序决定的，但是进程是“被动的”。从阻塞状态到就绪状态的转换是由协作进程决定的。

30．B

对进程的管理和控制功能是通过执行各种原语来实现的，如创建原语等。

31．C

Ⅰ．用户登录成功后，系统要为此创建一个用户管理的进程，包括用户桌面、环境等。所有的用户进程会在该进程下创建和管理。Ⅱ．设备分配是通过在系统中设置相应的数据结构实现的，不需要创建进程。Ⅲ．启动程序执行是典型的引起创建进程的事件。

32．D

在同一进程中，线程的切换不会引起进程的切换。当从一个进程中的线程切换到另一个进程中的线程时，才会引起进程的切换，因此 A、B、C 错误。

33．B

线程是进程内一个相对独立的执行单元，但不能脱离进程单独运行，只能在进程中运行。引入线程是为了减少程序执行时的时空开销。一个进程可包含一个或多个线程。

34．D

无线程的系统中，进程是资源调度和并发执行的基本单位。引入线程的系统中，进程退化为资源分配的基本单位，而线程代替了进程被操作系统调度，因而线程可以并发执行。

35．D

进程中的线程共享进程内的全部资源，但进程中某线程的栈指针，对其他线程是透明的，不能与其他线程共享。

36．C

整个系统只有一个键盘，而且键盘输入是人的操作，速度比较慢，完全可以使用一个线程来处理整个系统的键盘输入。

37．A

在引入线程后，进程依然是资源分配的基本单位，线程是调度的基本单位，同一进程中的各个线程共享进程的地址空间。在用户级线程中，有关线程管理的所有工作都由应用程序完成，无需内核的干预，内核意识不到线程的存在。

38．D

阻塞的进程在获得所需资源时只能由阻塞状态转变为就绪状态，并插入到就绪队列，而不能直接转变为运行状态。

39．B

当进程的时间片到时，进程由运行状态转变为就绪状态，等待下一个时间片的到来。

40．C

不同的进程拥有不同的代码段和数据段，全局变量是对同一进程而言的，所以在不同的进程中是不同的变量，没有任何联系，所以不能用于交换数据。此题也可用排除法做，A、B、D 均是课本上所讲的，只有 C 不是。

41．D

进程处于运行状态时，它必须已获得所需资源，在运行结束后就撤销。只有在时间片到或出现了比现在进程优先级更高的进程时才转变成就绪状态。选项 A 使进程从阻塞状态到就绪状态，选项 B 使进程从运行状态到阻塞状态，选项 C 使进程撤销。

42．B

进程切换是指 CPU 调度不同的进程执行，当一个进程从运行状态变为就绪状态时，CPU 调度另一个进程执行，引起进程切换。

43．C

进程有三种基本状态，处于阻塞状态的进程是由于某个事件不满足而等待。这样的事件一般是 I/O 操作，如键盘等，或者是因互斥或同步数据引起的等待，如等待信号或等待进入互斥临界区代码段等，等待网络数据进入内存是为了进程同步。而等待 CPU 调度的进程处于就绪状态，只有它是非阻塞状态。

44．A

A 中进程时间片用完，可降低其优先级以让别的进程被调度进入执行状态。B 中进程刚完成 I/O，进入就绪队列等待被处理机调度，为了让其尽快处理 I/O 结果，故应提高优先权。C 中进程长期处于就绪队列，为不至于产生饥饿现象，也应适当提高优先级。D 中进程的优先级不应该在此时降低，而应在时间片用完后再降低。

45．A

当一个进程被唤醒时，这个进程就进入了就绪状态，等待进程调度而占有 CPU 运行。进程被唤醒在某种情形下优先级可以增大，但是一般不会变为最大，而由固定的算法来计算。

也不会唤醒以后位于就绪队列的队首，就绪队列是按照一定的规则赋予其位置的，如先来先服务，或者高优先级优先，或者短进程优先等，更不能直接占有处理器运行。

46．D

进程创建原语完成的工作是：向系统申请一个空闲 PCB，并为被创建进程分配必要的资源，然后将其 PCB 初始化，并将此 PCB 插入就绪队列中，最后返回一个进程标志号。当调度程序为进程分配 CPU 后，进程开始运行。所以进程创建的过程中不会包含分配 CPU 的过程，这不是进程创建者的工作，而是调度程序的工作。

47．A

进程间的通信主要有管道、消息传递、共享内存、文件映射和套接字等。数据库不能用于进程间通信。

48．C

进程可以创建进程或线程，线程也可以创建线程，但线程不能创建进程。

二、综合应用题

1．分析：

从进程的概念、进程与程序之间的关系来考虑问题的解答。进程是程序的执行过程，进程代表执行中的程序，因此进程与程序的差别就隐含在“执行”之中。程序是静态的指令集合，进程是程序的动态执行过程。静态的程序除了占用磁盘空间外，不需要其他系统资源，只有执行中的进程才需要分配内存、CPU 等系统资源。

进程的定义说明了两点：

1）进程与程序相关，进程包含了程序。程序是进程的核心内容，没有程序就没有进程。

2）进程不仅仅是程序，还包含了程序在执行过程中使用的全部资源。没有资源，程序就无法执行，因此，进程是程序执行的载体。

当运行一个程序时，操作系统首先要创建一个进程，为进程分配内存等资源，然后加入到进程队列中执行。当单个进程在某个时刻而言，一个进程只能执行一个程序，进程与程序之间是一对一的关系。但从整个系统中的进程集合以及进程的生命周期而言，进程与程序之间可以形成一对一、多对一、一对多、多对多的关系。

解答：

执行一条命令或运行一个应用程序时，进程和程序之间形成一对一的关系。进程在执行过程中可以加载执行不同的应用程序，从而形成一对多的关系；当以不同的参数或数据多次执行同一个应用程序时，形成多对一的关系；当并发地执行不同的应用程序时，形成多对多的关系。

2．解答：

父进程创建子进程后，父进程与子进程同时执行（并发）。主程序调用子程序后，主程序暂停在调用点，子程序开始执行，直到子程序返回，主程序才开始执行。

3．分析：

在操作系统中，进程是竞争和分配计算机系统资源的基本单位。每个进程有自己的独立地址空间。为了保证多个进程能够彼此互不干扰地共享物理内存，操作系统利用硬件地址机制对进程的地址空间进行了严格的保护，限制每个进程只能访问自己的地址空间。

解答：

每个进程有自己独立的地址空间。在操作系统和硬件的地址保护机制下，进程无法访问其他进程的地址空间，所以必须借助于操作系统的系统调用函数实现进程之间的通信。进程通信的主要方式有：

1）共享内存区：通过系统调用创建共享内存区。多个进程可以（通过系统调用）连接同一个共享内存区，通过访问共享内存区实现进程之间的数据交换。使用共享内存区时需要利用信号量解决同步互斥问题。

2）消息传递：通过发送/接收消息，系统调用实现进程之间的通信。当进程发送消息时，系统将消息从用户缓冲区复制到内核中的消息缓冲区中，然后将消息缓冲区挂入消息队列中。进程发送的消息保持在消息队列中直到被另一进程接收。当进程接收消息时，系统从消息队列中解挂消息缓冲区，将消息从内核的消息缓冲区中复制到用户缓冲区，然后释放消息缓冲区。

3）管道系统：管道是先进先出（FIFO）的信息流，允许多个进程向管道写入数据，允许多个进程从管道读出数据。在读/写过程中，操作系统保证数据的写入顺序和读出顺序是一致的。进程通过读/写管道文件或管道设备实现彼此之间的通信。

4）共享文件：利用操作系统提供的文件共享功能实现进程之间的通信。这时，也需要信号量解决文件共享操作中的同步和互斥问题。

4．解答：

多线程指的是在一个程序中可以定义多个线程同时运行它们，每个线程可以执行不同的任务。

多线程与多任务区别：多任务是针对操作系统而言的，代表着操作系统可以同时执行的程序个数；多线程是针对一个程序而言的，代表着一个程序可以同时执行的线程个数，而每个线程可以完成不同的任务。

5．解答：

1）是。若系统中没有运行进程，那么系统很快会选择一个就绪进程运行。只有就绪队列中无进程时，CPU 才可能处于空闲状态。

2）不一定。因为系统中的所有进程可能都处于等待状态，可能处于死锁状态，也有可能因为等待的事件未发生而进入循环等待状态。

3）不一定。因为高优先级的进程有可能正处在等待队列中，进程调度就从就绪队列中选一个进程占用 CPU，这个被选中的进程可能优先级较低。

6．解答：

1）为支持多进程的并发执行，系统为每个进程建立了一个数据结构：进程控制块（PCB），用于进程的管理和控制。PCB 中记录了有关进程的一些描述信息和控制信息，包括进程标识符、进程当前的状态、优先级、进程放弃 CPU 时的现场信息，以及指示组成进程的程序和数据在存储器中存放位置的信息、资源使用信息、进程各种队列的连接指针和反映进程之间的隶属关系的信息等。

2）在进程的整个生命周期中，会经历多种状态。进程控制的主要职能是对系统中所有进程实施有效的管理，它具有创建新进程、撤销已有进程、实现进程的状态转换等功能。在操作系统内核中，有一组程序专门用于完成对进程的控制，这些原语至少需要包括创建新进程原语、阻塞进程原语、唤醒进程原语、终止进程原语等操作。系统服务对用户开放，也就是说用户可以通过相应的接口来使用它们。

3）进程创建原语：从 PCB 集合中申请一个空白的 PCB，将调用者参数（如进程外部标识符、初始 CPU 状态、进程优先数、初始内存及申请资源清单等），添入该 PCB，设置记账数据。置新进程为“就绪”状态。

终止进程原语：用于终止完成的进程，回收其所占资源。包括消去其资源描述块，消去进程的 PCB。

阻塞原语：将进程从运行状态变为阻塞状态。进程被插入等待事件的队列中，同时修改 PCB 中相应的表项，如进程状态和等待队列指针等。

唤醒原语：将进程从阻塞状态变为就绪状态。进程从阻塞队列中移出，插入到就绪队列中，等待调度，同时修改 PCB 中相应的表项，如进程状态等。

7．分析：

根据题意，首先由图 2-3 分析，进程由运行状态可以直接回到就绪队列的末尾，而且，就绪队列中是先来先服务。那么，什么情况才能发生这样的变化呢？只有采用单一的时间片轮转的调度系统，当分配的时间片用完时，才会发生上述情况。所以，该系统一定是采用时间片轮转调度算法，采用时间片轮转算法的操作系统一般均为交互式操作系统。在图 2-3 中可以知道，当进程阻塞时，分别可以进入不同的阻塞队列，等待打印机输出结果和等待磁盘读取文件。所以，它是一个多阻塞队列的时间片轮转法的调度系统。

解答：

1）根据题意，该系统采用的是时间片轮转法调度进程策略。

2）可能的变化见下表：

变化	原　因
1	进程被调度，获得 CPU，进入运行状态
2	进程需要读文件，因 I/O 操作进入阻塞
3	进程打印输出结果，因打印机未结束故阻塞
4	打印机打印结束，进程重新回归就绪状态，并排在尾部
5	进程所需数据已经从磁盘进入内存，进程回到就绪状态
6	运行的进程因为时间片用完而让出 CPU，排到就绪队列尾部

2.2　处理机调度

2.2.1　调度的概念

1．调度的基本概念

在多道程序系统中，进程的数量往往多于处理机的个数，进程争用处理机的情况就在所难免。处理机调度是对处理机进行分配，就是从就绪队列中，按照一定的算法（公平、高效）选择一个进程并将处理机分配给它运行，以实现进程并发地执行。

处理机调度是多道程序操作系统的基础，它是操作系统设计的核心问题。

2. 调度的层次

一个作业从提交开始直到完成，往往要经历以下三级调度，如图 2-4 所示。

1）**作业调度**。又称高级调度，其主要任务是按一定的原则从外存上处于后备状态的作业中挑选一个（或多个）作业，给它（们）分配内存、输入/输出设备等必要的资源，并建立相应的进程，以使它（们）**获得竞争处理机的权利**。简言之，就是内存与辅存之间的调度。对于每个作业只调入一次、调出一次。

多道批处理系统中大多配有作业调度，而其他系统中通常不需要配置作业调度。作业调度的执行频率较低，通常为几分钟一次。

2）**中级调度**。又称内存调度。引入中级调度是为了**提高内存利用率**和**系统吞吐量**。为此，应使那些暂时不能运行的进程，调至外存等待，把此时的进程状态称为挂起状态。当它们已具备运行条件且内存又稍有空闲时，由中级调度来决定，把外存上的那些已具备运行条件的就绪进程，再重新调入内存，并修改其状态为就绪状态，挂在就绪队列上等待。

3）**进程调度**。又称为低级调度，其主要任务是按照**某种方法和策略**从就绪队列中选取一个进程，将处理机分配给它。进程调度是操作系统中最基本的一种调度，在一般操作系统中都必须配置进程调度。进程调度的频率很高，一般几十毫秒一次。

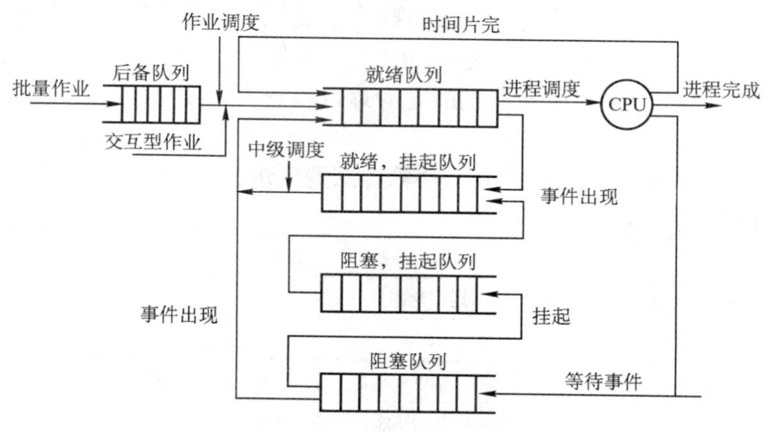

图 2-4 处理机的三级调度

3. 三级调度的联系

作业调度从外存的后备队列中选择一批作业进入内存，为它们建立进程，这些进程被送入就绪队列，进程调度从就绪队列中选出一个进程，并把其状态改为运行状态，把 CPU 分配给它。中级调度是为了提高内存的利用率，系统将那些暂时不能运行的进程挂起来。当内存空间宽松时，通过中级调度选择具备运行条件的进程，将其唤醒。

1）作业调度为进程活动做准备，进程调度使进程正常活动起来，中级调度将暂时不能运行的进程挂起，中级调度处于作业调度和进程调度之间。

2）作业调度次数少，中级调度次数略多，进程调度频率最高。

3）进程调度是最基本的，不可或缺。

2.2.2 调度的时机、切换与过程

进程调度和切换程序是操作系统内核程序。当请求调度的事件发生后，才可能会运行进

程调度程序，当调度了新的就绪进程后，才会去进行进程间的切换。理论上这三件事情应该顺序执行，但在实际设计中，在操作系统内核程序运行时，如果某时发生了引起进程调度的因素，并不一定能够马上进行调度与切换。

现代操作系统中，不能进行进程的调度与切换的情况有以下几种情况。

1）在处理中断的过程中：中断处理过程复杂，在实现上很难做到进程切换，而且中断处理是系统工作的一部分，逻辑上不属于某一进程，不应被剥夺处理机资源。

2）进程在操作系统内核程序临界区中：进入临界区后，需要独占式地访问共享数据，理论上必须加锁，以防止其他并行程序进入，在解锁前不应切换到其他进程运行，以加快该共享数据的释放。

3）其他需要完全屏蔽中断的原子操作过程中：如加锁、解锁、中断现场保护、恢复等原子操作。在原子过程中，连中断都要屏蔽，更不应该进行进程调度与切换。

如果在上述过程中发生了引起调度的条件，并不能马上进行调度和切换，应置系统的请求调度标志，直到上述过程结束后才进行相应的调度与切换。

应该进行进程调度与切换的情况有：

1）当发生引起调度条件，且当前进程无法继续运行下去时，可以马上进行调度与切换。如果操作系统只在这种情况下进行进程调度，就是非剥夺调度。

2）当中断处理结束或自陷处理结束后，返回被中断进程的用户态程序执行现场前，若置上请求调度标志，即可马上进行进程调度与切换。如果操作系统支持这种情况下的运行调度程序，就实现了剥夺方式的调度。

进程切换往往在调度完成后立刻发生，它要求保存原进程当前切换点的现场信息，恢复被调度进程的现场信息。现场切换时，操作系统内核将原进程的现场信息推入到当前进程的内核堆栈来保存它们，并更新堆栈指针。内核完成从新进程的内核栈中装入新进程的现场信息、更新当前运行进程空间指针、重设 PC 寄存器等相关工作之后，开始运行新的进程。

2.2.3　进程调度方式

所谓进程调度方式是指当某一个进程正在处理机上执行时，若有某个更为重要或紧迫的进程需要处理，即有优先权更高的进程进入就绪队列，此时应如何分配处理机。

通常有以下两种进程调度方式：

1）**非剥夺调度方式**，又称非抢占方式。是指当一个进程正在处理机上执行时，即使有某个更为重要或紧迫的进程进入就绪队列，仍然让正在执行的进程继续执行，直到该进程完成或发生某种事件而进入阻塞状态时，才把处理机分配给更为重要或紧迫的进程。

在非剥夺调度方式下，一旦把 CPU 分配给一个进程，那么该进程就会保持 CPU 直到终止或转换到等待状态。这种方式的优点是实现简单、系统开销小，适用于大多数的批处理系统，但它不能用于分时系统和大多数的实时系统。

2）**剥夺调度方式**，又称抢占方式。是指当一个进程正在处理机上执行时，若有某个更为重要或紧迫的进程需要使用处理机，则立即暂停正在执行的进程，将处理机分配给这个更为重要或紧迫的进程。

采用剥夺式的调度，对提高系统吞吐率和响应效率都有明显的好处。但“剥夺”不是一种任意性行为，必须遵循一定的原则，主要有：优先权、短进程优先和时间片原则等。

2.2.4 调度的基本准则

不同的调度算法具有不同的特性，在选择调度算法时，必须考虑算法所具有的特性。为了比较处理机调度算法的性能，人们提出很多评价准则，下面介绍主要的几种：

1）**CPU 利用率**。CPU 是计算机系统中最重要和昂贵的资源之一，所以应尽可能使 CPU 保持“忙”状态，使这一资源利用率最高。

2）**系统吞吐量**。表示单位时间内 CPU 完成作业的数量。长作业需要消耗较长的处理机时间，因此会降低系统的吞吐量。而对于短作业，它们所需要消耗的处理机时间较短，因此能提高系统的吞吐量。调度算法和方式的不同，也会对系统的吞吐量产生较大的影响。

3）**周转时间**。是指从作业**提交**到作业**完成**所经历的时间，包括作业等待、在就绪队列中排队、在处理机上运行以及进行输入/输出操作所花费时间的总和。

作业的周转时间可用公式表示如下：

周转时间=作业完成时间−作业提交时间

平均周转时间是指多个作业周转时间的平均值：

平均周转时间=（作业 1 的周转时间+…+作业 n 的周转时间）/n

带权周转时间是指作业周转时间与作业实际运行时间的比值：

$$\text{带权周转时间}=\frac{\text{作业周转时间}}{\text{作业实际运行时间}}$$

平均带权周转时间是指多个作业带权周转时间的平均值：

平均带权周转时间=（作业 1 的带权周转时间+…+作业 n 的带权周转时间）/n

4）**等待时间**。是指进程处于等处理机状态时间之和，等待时间越长，用户满意度越低。处理机调度算法实际上并不影响作业执行或输入/输出操作的时间，只影响作业在就绪队列中等待所花的时间。因此，衡量一个调度算法优劣常常只需简单地考察等待时间。

5）**响应时间**。是指从用户提交请求到系统**首次**产生响应所用的时间。在交互式系统中，周转时间不可能是最好的评价准则，一般采用响应时间作为衡量调度算法的重要准则之一。从用户角度看，调度策略应尽量降低响应时间，使响应时间处在用户能接受的范围之内。

要想得到一个满足所有用户和系统要求的算法几乎是不可能的。设计调度程序，一方面要满足特定系统用户的要求（如某些实时和交互进程快速响应要求），另一方面要考虑系统整体效率（如减少整个系统进程平均周转时间），同时还要考虑调度算法的开销。

2.2.5 典型的调度算法

在操作系统中存在多种调度算法，其中有的调度算法适用于作业调度，有的调度算法适用于进程调度，有的调度算法两者都适用。下面介绍几种常用的调度算法。

1. 先来先服务（FCFS）调度算法

FCFS 调度算法是一种最简单的调度算法，该调度算法既可以用于作业调度也可以用于进程调度。在作业调度中，算法每次从后备作业队列中选择最先进入该队列的一个或几个作业，将它们调入内存，分配必要的资源，创建进程并放入就绪队列。

在进程调度中，FCFS 调度算法每次从就绪队列中选择最先进入该队列的进程，将处理机分配给它，使之投入运行，直到完成或因某种原因而阻塞时才释放处理机。

下面通过一个实例来说明 FCFS 调度算法的性能。假设系统中有 4 个作业，它们的提交时间分别是 8、8.4、8.8、9，运行时间依次是 2、1、0.5、0.2，系统采用 FCFS 调度算法，这组作业的平均等待时间、平均周转时间和平均带权周转时间见表 2-3。

表 2-3　FCFS 调度算法的性能

作业号	提交时间	运行时间	开始时间	等待时间	完成时间	周转时间	带权周转时间
1	8	2	8	0	10	2	1
2	8.4	1	10	1.6	11	2.6	2.6
3	8.8	0.5	11	2.2	11.5	2.7	5.4
4	9	0.2	11.5	2.5	11.7	2.7	13.5

平均等待时间 t=(0+1.6+2.2+2.5)/4=1.575

平均周转时间 T=(2+2.6+2.7+2.7)/4=2.5

平均带权周转时间 W=(1+2.6+5.4+13.5)/4=5.625

FCFS 调度算法属于不可剥夺算法。从表面上看，它对所有作业都是公平的，但若一个长作业先到达系统，就会使后面许多短作业等待很长时间，因此它不能作为分时系统和实时系统的主要调度策略。但它常被结合在其他调度策略中使用。例如，在使用优先级作为调度策略的系统中，往往对多个具有相同优先级的进程按 FCFS 原则处理。

FCFS 调度算法的特点是算法简单，但效率低；对长作业比较有利，但对短作业不利（相对 SJF 和高响应比）；有利于 CPU 繁忙型作业，而不利于 I/O 繁忙型作业。

2．短作业优先（SJF）调度算法

短作业（进程）优先调度算法是指对短作业（进程）优先调度的算法。短作业优先（SJF）调度算法是从后备队列中选择一个或若干个估计运行时间最短的作业，将它们调入内存运行。而短进程优先（SPF）调度算法，则是从就绪队列中选择一个估计运行时间最短的进程，将处理机分配给它，使之立即执行，直到完成或发生某事件而阻塞时，才释放处理机。

例如，考虑表 2-3 中给出的一组作业，若系统采用短作业优先调度算法，其平均等待时间、平均周转时间和平均带权周转时间见表 2-4。

表 2-4　SJF 调度算法的性能

作业号	提交时间	运行时间	开始时间	等待时间	完成时间	周转时间	带权周转时间
1	8	2	8	0	10	2	1
2	8.4	1	10.7	2.3	11.7	3.3	3.3
3	8.8	0.5	10.2	1.4	10.7	1.9	3.8
4	9	0.2	10	1	10.2	1.2	6

平均等待时间 t=(0+2.3+1.4+1)/4=1.175

平均周转时间 T=(2+3.3+1.9+1.2)/4=2.1

平均带权周转时间 W=(1+3.3+3.8+6)/4=3.525

SJF 调度算法也存在不容忽视的缺点：

1）该算法对长作业不利，由表 2-3 和表 2-4 可知，SJF 调度算法中长作业的周转时间会增加。更严重的是，如果有一长作业进入系统的后备队列，由于调度程序总是优先调度那些（即使是后进来的）短作业，将导致长作业长期不被调度（**“饥饿”**现象，注意区分**“死锁”**。

后者是系统环形等待，前者是调度策略问题）。

2）该算法完全未考虑作业的紧迫程度，因而不能保证紧迫性作业会被及时处理。

3）由于作业的长短只是根据用户所提供的估计执行时间而定的，而用户又可能会有意或无意地缩短其作业的估计运行时间，致使该算法不一定能真正做到短作业优先调度。

注意，SJF 调度算法的平均等待时间、平均周转时间最少。

3．优先级调度算法

优先级调度算法又称优先权调度算法，该算法既可以用于作业调度，也可以用于进程调度，该算法中的优先级用于描述作业运行的紧迫程度。

在作业调度中，优先级调度算法每次从后备作业队列中选择优先级最高的一个或几个作业，将它们调入内存，分配必要的资源，创建进程并放入就绪队列。在进程调度中，优先级调度算法每次从就绪队列中选择优先级最高的进程，将处理机分配给它，使之投入运行。

根据新的更高优先级进程能否抢占正在执行的进程，可将该调度算法分为：

1）非剥夺式优先级调度算法。当某一个进程正在处理机上运行时，即使有某个更为重要或紧迫的进程进入就绪队列，仍然让正在运行的进程继续运行，直到由于其自身的原因而主动让出处理机时（任务完成或等待事件），才把处理机分配给更为重要或紧迫的进程。

2）剥夺式优先级调度算法。当一个进程正在处理机上运行时，若有某个更为重要或紧迫的进程进入就绪队列，则立即暂停正在运行的进程，将处理机分配给更重要或紧迫的进程。

而根据进程创建后其优先级是否可以改变，可以将进程优先级分为以下两种：

1）静态优先级。优先级是在创建进程时确定的，且在进程的整个运行期间保持不变。确定静态优先级的主要依据有进程类型、进程对资源的要求、用户要求。

2）动态优先级。在进程运行过程中，根据进程情况的变化动态调整优先级。动态调整优先级的主要依据为进程占有 CPU 时间的长短、就绪进程等待 CPU 时间的长短。

4．高响应比优先调度算法

高响应比优先调度算法主要用于作业调度，该算法是对 FCFS 调度算法和 SJF 调度算法的一种综合平衡，同时考虑每个作业的等待时间和估计的运行时间。在每次进行作业调度时，先计算后备作业队列中每个作业的响应比，从中选出响应比最高的作业投入运行。

响应比的变化规律可描述为

$$\text{响应比}R_{\mathrm{P}} = \frac{\text{等待时间} + \text{要求服务时间}}{\text{要求服务时间}}$$

根据公式可知：

1）当作业的等待时间相同时，则要求服务时间越短，其响应比越高，有利于短作业。

2）当要求服务时间相同时，作业的响应比由其等待时间决定，等待时间越长，其响应比越高，因而它实现的是先来先服务。

3）对于长作业，作业的响应比可以随等待时间的增加而提高，当其等待时间足够长时，其响应比便可升到很高，从而也可获得处理机。克服了**饥饿**状态，兼顾了长作业。

5．时间片轮转调度算法

时间片轮转调度算法主要适用于分时系统。在这种算法中，系统将所有就绪进程按到达时间的先后次序排成一个队列，进程调度程序总是选择就绪队列中第一个进程执行，即先来先服务的原则，但仅能运行一个时间片，如 100ms。在使用完一个时间片后，即使进程并未完成其运行，它也必须释放出（被剥夺）处理机给下一个就绪的进程，而被剥夺的进程返回到就绪队列的末尾重新排队，等候再次运行。

在时间片轮转调度算法中，时间片的大小对系统性能的影响很大。如果时间片足够大，以至于所有进程都能在一个时间片内执行完毕，则时间片轮转调度算法就退化为先来先服务调度算法。如果时间片很小，那么处理机将在进程间过于频繁切换，使处理机的开销增大，而真正用于运行用户进程的时间将减少。因此时间片的大小应选择适当。

时间片的长短通常由以下因素确定：系统的响应时间、就绪队列中的进程数目和系统的处理能力。

6．多级反馈队列调度算法（集合了前几种算法的优点）

多级反馈队列调度算法是时间片轮转调度算法和优先级调度算法的综合和发展，如图 2-5 所示。通过动态调整进程优先级和时间片大小，多级反馈队列调度算法可以兼顾多方面的系统目标。例如，为提高系统吞吐量和缩短平均周转时间而照顾短进程；为获得较好的 I/O 设备利用率和缩短响应时间而照顾 I/O 型进程；同时，也不必事先估计进程的执行时间。

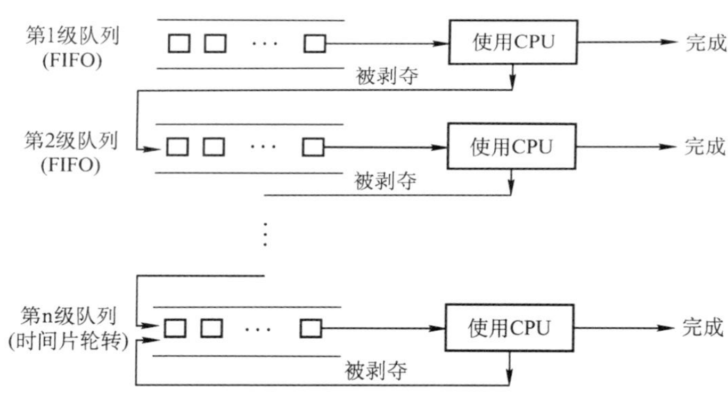

图 2-5　多级反馈队列调度算法

多级反馈队列调度算法的实现思想如下：

1）应设置多个就绪队列，并为各个队列赋予不同的优先级，第 1 级队列的优先级最高，第 2 级队列次之，其余队列的优先级逐次降低。

2）赋予各个队列中进程执行时间片的大小也各不相同，在优先级越高的队列中，每个进程的运行时间片就越小。例如，第 2 级队列的时间片要比第 1 级队列的时间片长一倍，……，第 i+1 级队列的时间片要比第 i 级队列的时间片长一倍。

3）当一个新进程进入内存后，首先将它放入第 1 级队列的末尾，按 FCFS 原则排队等待调度。当轮到该进程执行时，如它能在该时间片内完成，便可准备撤离系统；如果它在一个时间片结束时尚未完成，调度程序便将该进程转入第 2 级队列的末尾，再同样地按 FCFS 原则等待调度执行；如果它在第 2 级队列中运行一个时间片后仍未完成，再以同样的方法放入第 3 级队列……如此下去，当一个长进程从第 1 级队列依次降到第 n 级队列后，在第 n 级队列中便采用时间片轮转的方式运行。

4）仅当第 1 级队列为空时，调度程序才调度第 2 级队列中的进程运行；仅当第 1～(i−1)

级队列均为空时，才会调度第 i 级队列中的进程运行。如果处理机正在执行第 i 级队列中的某进程时，又有新进程进入优先级较高的队列（第 1～(i−1)中的任何一个队列），则此时新进程将抢占正在运行进程的处理机，即由调度程序把正在运行的进程放回到第 i 级队列的末尾，把处理机分配给新到的更高优先级的进程。

多级反馈队列的优势有：

1）终端型作业用户：短作业优先。

2）短批处理作业用户：周转时间较短。

3）长批处理作业用户：经过前面几个队列得到部分执行，不会长期得不到处理。

2.2.6　本节习题精选

一、单项选择题

1．时间片轮转调度算法是为了（　　）。

A．多个用户能及时干预系统　　B．使系统变得高效
C．优先级较高的进程得到及时响应　　D．需要 CPU 时间最少的进程最先做

2．在单处理器的多进程系统中，进程什么时候占用处理器以及决定占用时间的长短是由（　　）决定的。

A．进程相应的代码长度　　B．进程总共需要运行的时间
C．进程特点和进程调度策略　　D．进程完成什么功能

3．（　　）有利于 CPU 繁忙型的作业，而不利于 I/O 繁忙型的作业。

A．时间片轮转调度算法　　B．先来先服务调度算法
C．短作业（进程）优先算法　　D．优先权调度算法

4．下面有关选择进程调度算法的准则中不正确的是（　　）。

A．尽快响应交互式用户的请求　　B．尽量提高处理器利用率
C．尽可能提高系统吞吐量　　D．适当增长进程就绪队列的等待时间

5．设有 4 个作业同时到达，每个作业的执行时间均为 2h，它们在一台处理器上按单道式运行，则平均周转时间为（　　）。

A．1h　　B．5h　　C．2.5h　　D．8h

6．若每个作业只能建立一个进程，为了照顾短作业用户，应采用（　　）；为了照顾紧急作业用户，应采用（　　）；为了能实现人机交互，应采用（　　）；而能使短作业、长作业和交互作业用户都满意，应采用（　　）。

A．FCFS 调度算法　　B．短作业优先调度算法
C．时间片轮转调度算法　　D．多级反馈队列调度算法
E．剥夺式优先级调度算法

7．（　　）优先级是在创建进程时确定的，确定之后在整个运行期间不再改变。

A．先来先服务　　B．动态　　C．短作业　　D．静态

8．现在有三个同时到达的作业 J1、J2 和 J3，它们的执行时间分别是 T1、T2、T3，且 T1 < T2 < T3。系统按单道方式运行且采用短作业优先调度算法，则平均周转时间是（　　）。

A．T1+T2+T3　　B．(3×T1+2×T2+T3)/3
C．(T1+T2+T3)/3　　D．(T1+2×T2+3×T3)/3

9．设有三个作业，其运行时间分别是 2h、5h、3h，假定它们同时到达，并在同一台处理器上以单道方式运行，则平均周转时间最小的执行顺序是（　　）。

A．J1，J2，J3　　B．J3，J2，J1　　C．J2，J1，J3　　D．J1，J3，J2

10．采用时间片轮转调度算法分配 CPU 时，当处于运行状态的进程用完一个时间片后，它的状态是（　　）状态。

A．阻塞　　B．运行　　C．就绪　　D．消亡

11．一个作业 8:00 到达系统，估计运行时间为 1h。若 10:00 开始执行该作业，其响应比是（　　）。

A．2　　B．1　　C．3　　D．0.5

12．关于优先权大小的论述中，正确的是（　　）。

A．计算型作业的优先权，应高于 I/O 型作业的优先权

B．用户进程的优先权，应高于系统进程的优先权

C．在动态优先权中，随着作业等待时间的增加，其优先权将随之下降

D．在动态优先权中，随着进程执行时间的增加，其优先权降低

13．下列调度算法中，（　　）调度算法是绝对可抢占的。

A．先来先服务　　B．时间片轮转　　C．优先级　　D．短进程优先

14．作业是用户提交的，进程是由系统自动生成的，除此之外，两者的区别是（　　）。

A．两者执行不同的程序段

B．前者以用户任务为单位，后者以操作系统控制为单位

C．前者是批处理的，后者是分时的

D．后者是可并发执行，前者则不同

15．【2009 年计算机联考真题】

下列进程调度算法中，综合考虑进程等待时间和执行时间的是（　　）。

A．时间片轮转调度算法　　B．短进程优先调度算法

C．先来先服务调度算法　　D．高响应比优先调度算法

16．进程调度算法采用固定时间片轮转调度算法，当时间片过大时，就会使时间片轮转法算法转化为（　　）调度算法。

A．高响应比优先　　B．先来先服务

C．短进程优先　　D．以上选项都不对

17．有以下的进程需要调度执行（见表 2-5）：

1）如果用非抢占式短进程优先调度算法，请问这 5 个进程的平均周转时间是多少？

2）如果采用抢占式短进程优先调度算法，请问这 5 个进程的平均周转时间是多少？

A．8.62；6.34　　B．8.62；6.8

C．10.62；6.34　　D．10.62；6.8

表 2-5　进程调度

进程名	到达时间	运行时间
P1	0.0	9
P2	0.4	4
P3	1.0	1
P4	5.5	4
P5	7	2

18．有 5 个批处理作业 A、B、C、D、E 几乎同时到达，其预计运行时间分别为 10、6、2、4、8，其优先级（由外部设定）分别为 3、5、2、1、4，这里 5 为最高优先级。以下各种调度算法中，平均周转时间为 14 的是（　　）调度算法。

A. 时间片轮转（时间片为 1）
B. 优先级调度
C. 先来先服务（按照顺序 10、6、2、4、8）
D. 短作业优先

19.【2012 年计算机联考真题】
一个多道批处理系统中仅有 P1 和 P2 两个作业，P2 比 P1 晚 5ms 到达，它的计算和 I/O 操作顺序如下：
P1：计算 60ms，I/O 80ms，计算 20ms
P2：计算 120ms，I/O 40ms，计算 40ms
若不考虑调度和切换时间，则完成两个作业需要的时间最少是（　　）。
A. 240ms　　B. 260ms　　C. 340ms　　D. 360ms

20. 分时操作系统通常采用（　　）调度算法来为用户服务。
A. 时间片轮转　　B. 先来先服务　　C. 短作业优先　　D. 优先级

21. 在进程调度算法中，对短进程不利的是（　　）。
A. 短进程优先调度算法　　B. 先来先服务调度算法
C. 高响应比优先调度算法　　D. 多级反馈队列调度算法

22. 假设系统中所有进程是同时到达，则使进程平均周转时间最短的是（　　）调度算法。
A. 先来先服务　　B. 短进程优先　　C. 时间片轮转　　D. 优先级

23. 下列说法正确的是（　　）。
Ⅰ. 分时系统的时间片固定，那么用户数越多，响应时间越长
Ⅱ. UNIX 是一个强大的多用户、多任务操作系统，支持多种处理器架构，按照操作系统的分类，属于分时操作系统
Ⅲ. 中断向量地址是中断服务例行程序入口地址
Ⅳ. 中断发生时，由硬件保护并更新程序计数器（PC），而不是由软件完成，主要是为了提高处理速度
A. Ⅰ、Ⅱ　　B. Ⅱ、Ⅲ　　C. Ⅲ、Ⅳ　　D. 只有Ⅳ

24.【2012 年计算机联考真题】
若某单处理器多进程系统中有多个就绪态进程，则下列关于处理机调度的叙述中错误的是（　　）。
A. 在进程结束时能进行处理机调度
B. 创建新进程后能进行处理机调度
C. 在进程处于临界区时不能进行处理机调度
D. 在系统调用完成并返回用户态时能进行处理机调度

25.【2011 年计算机联考真题】
下列选项中，满足短作业优先且不会发生饥饿现象的是（　　）调度算法。
A. 先来先服务　　B. 高响应比优先
C. 时间片轮转　　D. 非抢占式短作业优先

二、综合应用题

1．为什么说多级反馈队列调度算法能较好地满足各类用户的需要？

2．将一组进程分为 4 类，如图 2-6 所示。各类进程之间采用优先级调度算法，而各类进程的内部采用时间片轮转调度算法。请简述 P1、P2、P3、P4、P5、P6、P7、P8 进程的调度过程。

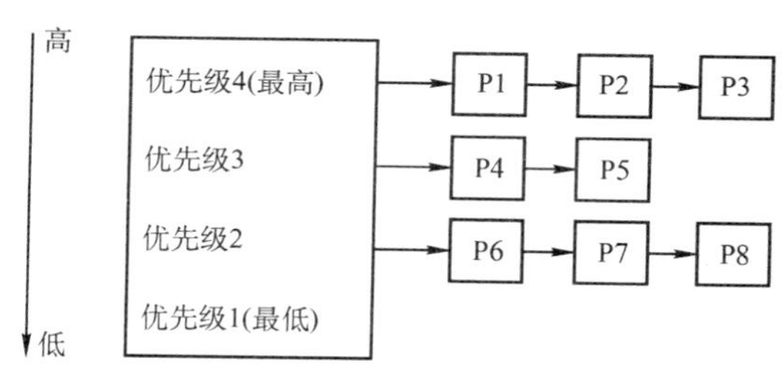

图 2-6　优先级调度示意图

3．设某计算机系统有一个 CPU、一台输入设备、一台打印机。现有两个进程同时进入就绪状态，且进程 A 先得到 CPU 运行，进程 B 后运行。进程 A 的运行轨迹为：计算 50ms，打印信息 100ms，再计算 50ms，打印信息 100ms，结束。进程 B 的运行轨迹为：计算 50ms，输入数据 80ms，再计算 100ms，结束。试画出它们的甘特图（Gantt Chart），并说明：

1）开始运行后，CPU 有无空闲等待？若有，在哪段时间内等待？计算 CPU 的利用率。

2）进程 A 运行时有无等待现象？若有，在什么时候发生等待现象？

3）进程 B 运行时有无等待现象？若有，在什么时候发生等待现象？

4．有一个 CPU 和两台外设 D1、D2，且能够实现抢占式优先级调度算法的多道程序环境中，同时进入优先级由高到低的 P1、P2、P3 三个作业，每个作业的处理顺序和使用资源的时间如下：

P1：D2(30ms)，CPU(10ms)，D1(30ms)，CPU(10ms)

P2：D1(20ms)，CPU(20ms)，D2(40ms)

P3：CPU(30ms)，D1(20ms)

假设对于其他辅助操作时间忽略不计，每个作业的周转时间 T1、T2、T3 分别为多少？CPU 和 D1 的利用率各是多少？

5．有三个作业 A、B、C，它们分别单独运行时的 CPU 和 I/O 占用时间如图 2-7 所示。

现在请考虑三个作业同时开始执行。系统中的资源有一个 CPU 和两台输入/输出设备（I/O1 和 I/O2）同时运行。三个作业的优先级为 A 最高、B 次之、C 最低，一旦低优先级的进程开始占用 CPU，则高优先级进程也要等待其结束方可占用 CPU，请回答下面的问题：

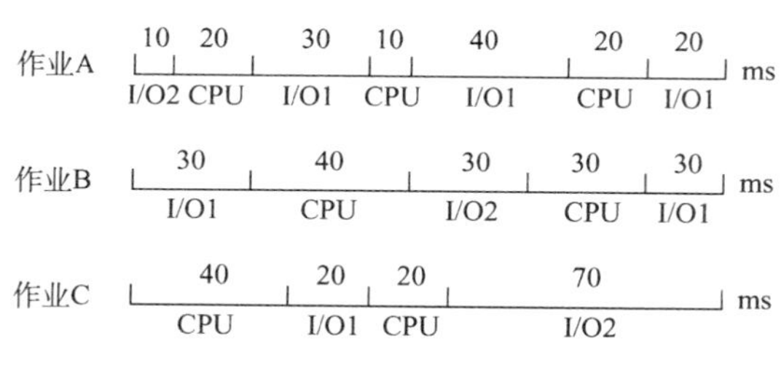

图 2-7　CPU 和 I/O 占用时间

1）最早结束的作业是哪个？

2）最后结束的作业是哪个？

3）计算这段时间 CPU 的利用率（三个作业全部结束为止）？

6．在一单道批处理系统中，一组作业的提交时间和运行时间见表 2-6。试计算以下三种作业调度算法的平均周转时间 *T* 和平均带权周转时间 *W*。

1）先来先服务调度算法。

2）短作业优先调度算法。

3）高响应比优先调度算法。

7．假定要在一台处理器上执行表 2-7 所示的作业，且假定这些作业在时刻 0 以 1、2、3、4、5 的顺序到达。说明分别使用 FCFS、RR（时间片=1）、SJF 以及非剥夺式优先级调度算法时，这些作业的执行情况。

针对上述每种调度算法，给出平均周转时间和平均带权周转时间，见表 2-7。

表 2-6 作业提交时间和运行时间表

作业	提交时间	运行时间
1	8.0	1.0
2	8.5	0.5
3	9.0	0.2
4	9.1	0.1

表 2-7 系统作业情况

作业	执行时间	优先级
1	10	3
2	1	1
3	2	3
4	1	4
5	5	2

8．假定某多道程序设计系统供用户使用的主存空间为 100KB，磁带机 2 台，打印机 1 台。采用可变分区方式管理主存，采用静态分配方式分配磁带机和打印机，忽略用户作业 I/O 时间。现有如下作业序列，见表 2-8。

表 2-8 作业序列

作业号	进入输入井时间	要求计算时间	主存需求量	磁带机需求	打印机需求
1	8 : 00	25min	15KB	1	1
2	8 : 20	10min	30KB	0	1
3	8 : 20	20min	60KB	1	0
4	8 : 30	20min	20KB	1	0
5	8 : 35	15min	10KB	1	1

采用先来先服务作业调度，优先分配主存的低地址区域且不准移动已在主存的作业，在主存中的各作业平分 CPU 时间，问题如下：

1）作业调度中各作业的次序是什么？

2）全部作业运行结束的时刻是什么？

3）如果把一个作业从进入输入到运行结束的时间定义为周转时间，在忽略系统开销时间条件下，最大的作业周转时间是多少？

4）平均周转时间是多少？

9．有一个具有两道作业的批处理系统，作业调度采用短作业优先调度算法，进程调度采用抢占式优先级调度算法。作业的运行情况见表 2-9，其中作业的优先数即为进程的优先数，优先数越小，优先级越高。问：

表 2-9 作业运行情况

作业名	到达时间	运行时间	优先数
1	8:00	40 分钟	5
2	8:20	30 分钟	3
3	8:30	50 分钟	4
4	8:50	20 分钟	6

1）列出所有作业进入内存的时间及结束的时间（以分钟为单位）；

2）计算平均周转时间。

10．有以下的进程需要调度执行，见表 2-10。

1）如果用非抢占式短进程优先调度算法，请问这 5 个进程的平均周转时间和平均响应时间各是多少？

2）如果采用抢占式短进程优先调度算法，请问这 5 个进程的平均周转时间和平均响应时间各是多少？

11．假设某计算机系统有 4 个进程，各进程的预计运行时间和到达就绪队列的时刻见表 2-11（相对时间，单位为“时间配额”）。试用可抢占式短进程优先调度算法和时间片轮转调度算法进行调度（时间配额为 2）。分别计算各个进程的调度次序及平均周转时间。

表 2-10　进程情况

进程名	到达时间	运行时间
P1	0.0	9
P2	0.4	4
P3	1.0	1
P4	5.5	4
P5	7	2

表 2-11　进程调度表

进程	到达就绪队列时刻	预计运行时间
P1	0	8
P2	1	4
P3	2	9
P4	3	5

12．假设一个计算机系统具有如下性能特征：处理一次中断平均需要 500μs，一次进程调度平均需要花费 1ms，进程的切换平均需要花费 2ms。若该计算机系统的定时器每秒发出 120 次时钟中断，忽略其他 I/O 中断的影响，那么请问：

1）操作系统将百分之几的 CPU 时间分配给时钟中断处理程序？

2）如果系统采用时间片轮转调度算法，24 个时钟中断为一个时间片，操作系统每进行一次进程的切换，需要花费百分之几的 CPU 时间？

3）根据上述结果，请说明为了提高 CPU 的使用效率，可以采用什么对策？

13．假设某操作系统采用时间片轮转调度策略，分配给 A 类进程的时间片为 100ms，分配给 B 类进程的时间片为 400ms，就绪进程队列的平均长度为 5（包括正在运行的进程），其中 A 类进程有 4 个，B 类进程有 1 个，所有进程的平均服务时间为 2s，问 A 类进程和 B 类进程的平均周转时间各为多少？（不考虑 I/O 情况）

14．设有 4 个作业 J1、J2、J3、J4，它们的到达时间和计算时间见表 2-12。若这 4 个作业在一台处理器上按单道方式运行，采用高响应比优先调度算法，试写出各作业的执行顺序、各作业的周转时间及平均周转时间。

15．在一个有两道作业的批处理系统中，有一作业序列，其到达时间及估计运行时间见表 2-13。系统作业采用最高响应比优先调度算法（响应比=(等待时间+估计运行时间)/估计运行时间）。进程的调度采用短进程优先的抢占式调度算法。

表 2-12　作业的到达时间和计算时间

作业	到达时间	计算时间
J1	8:00	2h
J2	8:30	40min
J3	9:00	25min
J4	9:30	30min

表 2-13　作业到达时间及估计运行时间

作业	到达时间/min	估计运行时间/min
J1	10:00	35
J2	10:10	30
J3	10:15	45
J4	10:20	20
J5	10:30	30

1）列出各作业的执行时间（即列出每个作业运行的时间片段，如作业 i 的运行时间序

列为 10:00～10:40，11:00～11:20，11:30～11:50 结束）。

2）计算这批作业的平均周转时间。

2.2.7 答案与解析

一、单项选择题

1．A

时间片轮转的主要目的是使得多个交互的用户能够得到及时响应，使得用户以为“独占”计算机的使用。因此它并没有偏好，也不会对特殊进程做特殊服务。时间片轮转增加了系统开销，所以不会使得系统高效运转，吞吐量和周转时间均不如批处理。但是其较快速的响应时间使得用户能够与计算机进行交互，改善了人机环境，满足用户需求。

2．C

进程调度的时机与进程特点有关，如进程是否为 CPU 繁忙型还是 I/O 繁忙型、自身的优先级等。但是仅这些特点是不够的，能否得到调度还取决于进程调度策略，若采用优先级调度算法，则进程的优先级才起作用。至于占用处理器运行时间的长短，则要看进程自身，若进程是 I/O 繁忙型，运行过程中要频繁访问 I/O 端口，也就是说，可能会频繁放弃 CPU。所以，占用 CPU 的时间就不会长，一旦放弃 CPU，则必须等待下次调度。若进程是 CPU 繁忙型，则一旦占有 CPU 就可能会运行很长时间，但是运行时间还取决于进程调度策略，大部分情况下，交互式系统为改善用户的响应时间，大多数采用时间片轮转的算法，这种算法在进程占用 CPU 达到一定时间后，会强制将其换下，以保证其他进程的 CPU 使用权。所以选择 C 选项。

3．B

先来先服务（FCFS）调度算法是一种最简单的调度算法，当在作业调度中采用该算法时，每次调度是从后备作业队列中选择一个或多个最先进入该队列的作业，将它们调入内存，为它们分配资源、创建进程，然后放入就绪队列。

FCFS 调度算法比较有利于长作业，而不利于短作业。所谓 CPU 繁忙型的作业，是指该类作业需要大量的 CPU 时间进行计算，而很少请求 I/O 操作。I/O 繁忙型的作业是指 CPU 处理时，需频繁的请求 I/O 操作。所以 CPU 繁忙型作业更接近于长作业。答案选择 B 选项。

4．D

在选择进程调度算法时应考虑以下几个准则：①公平：确保每个进程获得合理的 CPU 份额；②有效：使 CPU 尽可能地忙碌；③响应时间：使交互用户的响应时间尽可能短；④周转时间：使批处理用户等待输出的时间尽可能短；⑤吞吐量：使单位时间处理的进程数尽可能最多；由此可见 D 选项不正确。

5．B

4 个作业，各周转时间分别是 2h、4h、6h、8h，所以 4 个作业的总周转时间为 2+4+6+8=20h。此时，平均周转时间=各个作业周转时间之和/作业数=20/4=5 小时。

6．B、E、C、D

照顾短作业用户，选择短作业优先调度算法；照顾紧急作业用户，即选择优先级高的作业优先调度，采用基于优先级的剥夺调度算法；实现人机交互，要保证每个作业都能在一定时间内轮到，采用时间片轮转法；使各种作业用户满意，要处理多级反馈，所以选择多级反馈队列调度算法。

7．D

优先级调度算法分静态和动态两种。静态优先级在进程创建时确定，之后不再改变。

8．B

系统采用短作业优先调度算法，则作业的执行顺序为：J1、J2、J3，则 J1 的周转时间为 $T1$，J2 的周转时间为：$T1+T2$，J3 的周转时间为：$T1+T2+T3$，则平均周转时间为：$(T1+T1+T2+T1+T2+T3)/3=(3\times T1+2\times T2+T3)/3$。

9．D

在同一台处理器以单道方式运行，要想获得最短的平均周转时间，用短作业优先调度算法会有较好的效果。就本题目而言：

A 选项的平均周转时间=(2+7+10)/3h=19/3h；

B 选项的平均周转时间=(3+8+10)/3h=7h；

C 选项的平均周转时间=(5+7+10)/3h=22/3h；

D 选项的平均周转时间=(2+5+10)/3h=17/3h。

10．C

处于运行状态的进程用完一个时间片后，它的状态会变为就绪状态等待下一次处理器调度。当进程执行完最后的语句并使用系统调用 exit，请求操作系统删除它或出现一些异常情况时，进程才会终止。

11．C

$$\text{响应比}=\frac{\text{响应时间}}{\text{要求服务时间}}=\frac{\text{等待时间}+\text{要求服务时间}}{\text{要求服务时间}}=\frac{2+1}{1}=3$$

12．D

一般来说，I/O 型作业的优先权是高于计算型作业的优先权，这是由于 I/O 操作需要及时完成，它没有办法长时间保存所要输入/输出的数据，而系统进程的优先权应高于用户进程的优先权。作业的优先权与长作业、短作业或者是系统资源要求的多少没有必然的关系。在动态优先权中，随着进程执行时间的增加其优先权随之降低，随着作业等待时间的增加其优先权应上升。

13．B

时间片轮转算法是按固定的时间配额来运行的，时间一到不管是否完成，当前的进程必须撤下，调度新的进程，因此它是由时间配额决定的、是绝对可抢占的。而优先级算法和短进程优先算法都可分为抢占式和不可抢占式。

14．B

作业是从用户角度出发，它由用户提交以用户任务为单位，进程是从操作系统出发，由系统生成，是操作系统的资源分配和独立运行的基本单位。

15．D

响应比 R=(等待时间+执行时间)/执行时间。它综合考虑了每个进程的等待时间和执行时间，对于同时到达的长进程和短进程，短进程会优先执行，以提高系统吞吐量；而长进程的响应比可以随等待时间的增加而提高，不会产生进程无法调度的情况。

16．B

时间片轮转调度算法在实际运行中也是按先后顺序使用时间片，当时间片过大时，我们可以认为其大于进程需要的运行时间，即转变为先来先服务调度算法。

17. D

非抢占式：

进程名	到达时间	运行时间	开始时间	结束时间	周转时间
P1	0.0	9	0.0	9.0	9
P2	0.4	4	12.0	16.0	15.6
P3	1.0	1	9.0	10.0	9
P4	5.5	4	16.0	20.0	14.5
P5	7	2	10.0	12.0	5

平均周转时间为(9+15.6+9+14.5+5)/5=10.62。

抢占式：

进程名	到达时间	运行时间	开始时间	结束时间	周转时间
P1	0.0	9	0.0	20.0	20
P2	0.4	4	0.4	5.4	5
P3	1.0	1	1.0	2.0	1
P4	5.5	4	5.5	11.5	6
P5	7	2	7.0	9.0	2

平均周转时间为(20+5+1+6+2)/5=6.8。

18. D

当这 5 个批处理作业采用短作业优先调度算法时，其平均周转时间=[2+(2+4)+(2+4+6)+(2+4+6+8)+ (2+4+6+8+10)]/5=14。

19. B

由于 P2 比 P1 晚 5ms 到达，P1 先占用 CPU，作业运行的甘特图如下：

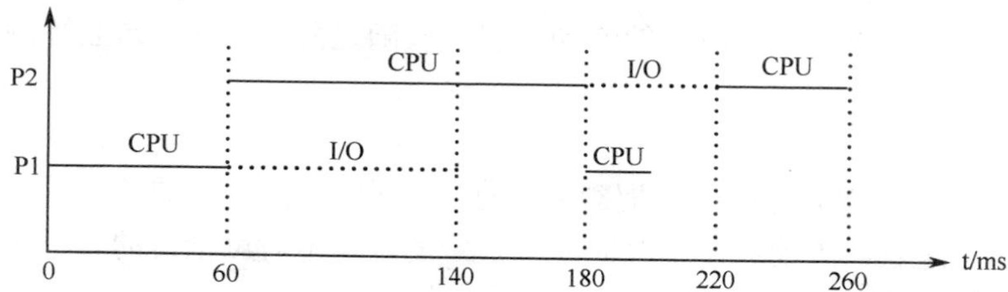

20. A

分时系统由于需要同时满足多个用户的需要，因此把处理器时间轮流分配给多个用户作业使用，即采用时间片轮转调度算法。

21. B

先来先服务调度算法中，若一个长进程（作业）先到达系统，就会使后面许多短进程（作业）等待很长时间，因此对短进程（作业）不利。

22. B

短进程优先调度算法具有最短的平均周转时间。平均周转时间=各进程周转时间之和/

进程数。因为每个进程的执行时间都是固定的，所以变化的是等待时间，只有短进程优先算法能最小化等待时间。

下面给出几种常见的进程调度算法特点的总结，读者要在理解的基础上掌握。

	先来先服务	短作业优先	高响应比优先	时间片轮转	多级反馈队列
能否是可抢占	否	能	能	能	队列内算法不一定
能否是不可抢占	能	能	能	否	队列内算法不一定
优点	公平，实现简单	平均等待时间最少，效率最高	兼顾长短作业	兼顾长短作业	兼顾长短作业，有较好的响应时间，可行性强
缺点	不利于短作业	长作业会饥饿，估计时间不易确定	计算响应比的开销大	平均等待时间较长，上下文切换浪费时间	无
适用于	无	作业调度，批处理系统	无	分时系统	相当通用
默认决策模式	非抢占	非抢占	非抢占	抢占	抢占

23．A

Ⅰ选项正确，分时系统中，响应时间跟时间片和用户数成正比。Ⅱ选项正确。Ⅲ选项错误，中断向量本身是用于存放中断服务例行程序的入口地址，那么中断向量地址就应该是该入口地址的地址。Ⅳ选项错误，中断由硬件保护并完成，主要是为了保证系统运行可靠正确。提高处理速度也是一个好处，但不是主要目的。综上分析，Ⅲ、Ⅳ选项错误。

24．C

选项 A、B、D 显然是可以进行处理机调度的情况。对于 C，当进程处于临界区时，说明进程正在占用处理机，只要不破坏临界资源的使用规则，是不会影响处理机调度的。比如，通常访问的临界资源可能是慢速的外设（如打印机），如果在进程访问打印机时，不能进行处理机调度，那么系统的性能将是非常差的。

25．B

响应比=(等待时间+执行时间)/执行时间。高响应比优先算法在等待时间相同的情况下，作业执行时间越短则响应比越高，满足短任务优先。随着长作业的等待时间增加，响应比也会变大，执行机会也就增大，所以不会发生饥饿现象。先来先服务和时间片轮转不符合短任务优先，非抢占式短任务优先会产生饥饿现象。

二、综合应用题

1．解答：

多级反馈队列调度算法能较好地满足各种类型用户的需要。对终端型作业用户而言，由于他们所提交的大多属于交互型作业，作业通常比较短小，系统只要能使这些作业在第 1 级队列所规定的时间片内完成，便可使终端型作业用户感到满意；对于短批处理作业用户而言，他们的作业开始时像终端型作业一样，如果仅在第 1 级队列中执行一个时间片即可完成，便可以获得与终端型作业一样的响应时间，对于稍长的作业，通常也只需要在第 2 级队列和第 3 级队列中各执行一个时间片即可完成，其周转时间仍然较短；对于长批处理作业用户而言，它们的长作业将依次在第 1，2，…，直到第 n 级队列中运行，然后再按时间片轮转方式运行，用户不必担心其作业长期得不到处理。

2．解答：

从题意可知，各类进程之间采用优先级调度算法，而同类进程内部采用时间片轮转调度算法，因此，系统首先对优先级为 4 的进程 P1、P2、P3 采用时间片轮转调度算法运行；当 P1、P2、P3 均运行结束或没有可运行的进程（即 P1、P2、P3 都处于等待状态；或其中部分进程已运行结束，其余进程处于等待状态）时，则对优先级为 3 的进程 P4、P5 采用时间片轮转调度算法运行。在此期间，如果未结束的 P1、P2、P3 有一个转为就绪状态，则当前时间片用完后又回到优先级 4 进行调度。类似地，当 P1～P5 均运行结束或没有可运行进程（即 P1～P5 都处于等待状态；或其中部分进程已运行结束，其余进程处于等待状态）时，则对优先级为 2 的进程 P6、P7、P8 采用时间片轮转调度算法运行，一旦 P1～P5 中有一个转为就绪状态，则当前时间片用完后立即回到相应的优先级进行时间片轮转调度。

3．解答：

这类实际的 CPU 和输入/输出设备调度的题目一定要画图，画出运行时的甘特图后就能清楚地看到不同进程间的时序关系，如下图所示。

	0–50	50–100	100–150	150–200	200–300
CPU	A	B	空闲	A	B
输入设备	空闲		B		空闲
打印机	空闲	A		空闲	A

根据图中的进程时序关系：

1）有，在 100～150ms 等待，利用率=[300−(150−100)]/300×100%=83.3%

2）无。

3）有，在 0～50ms、180～200ms 时发生等待现象。

4．解答：

抢占式优先级调度算法，三个作业执行的顺序如下图所示。

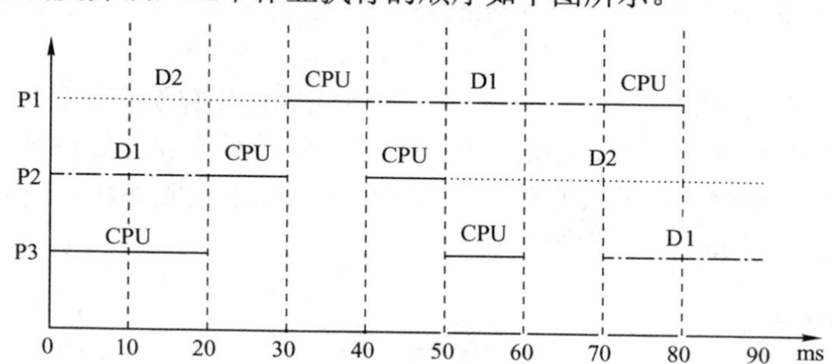

作业 P1 的优先级最高，所以周转时间等于运行时间，*T*1=80ms；作业 P2 等待时间为 10ms，运行时间为 80ms，故周转时间 *T*2=(10+80)ms=90ms；作业 P3 的等待时间为 40ms，运行时间为 50ms，故周转时间 *T*3=90ms。

三个作业从进入系统到全部运行结束，时间为 90ms。CPU 与外设都是独占设备，运行时间分别为各作业的使用时间之和：CPU 运行时间为[(10+10)+20+30]ms=70ms，*D*1 为(30+20+20)ms=70ms，*D*2 为(30+40)ms=70ms。故利用率均为 70/90=77.8%。

5．解答：

作业 A、B、C 的优先级依次递减，采用不可抢占的优先级调度。

在时刻 40，作业 C 释放 CPU，优先级较高的作业 A 获得 CPU；在时刻 60，作业 A 释放 CPU，优先级较高的作业 B 获得 CPU；在时刻 100，作业 B 释放 CPU，优先级高的作业 A 获得 CPU；在时刻 110，作业 A 释放 CPU，作业 C 获得 CPU；在时刻 130，作业 C 释放 CPU，作业 B 获得 CPU；在时刻 160，作业 B 释放 CPU，作业 A 获得 CPU。运行图如下：

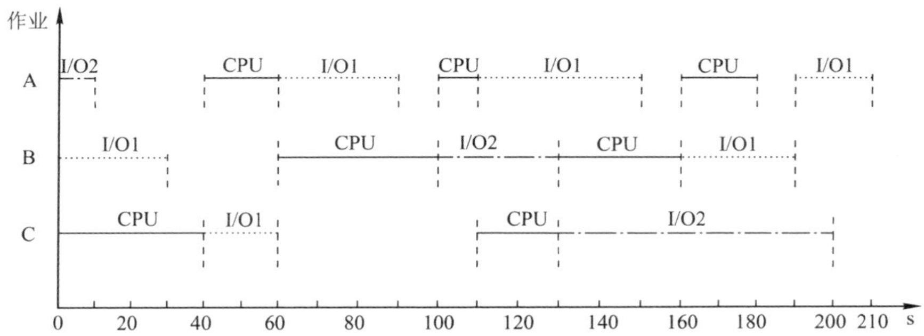

1）最早结束的是作业 B。

2）最后结束的是作业 A。

3）三个作业从开始到全部执行结束，经历时间为 210ms，由于是单 CPU 系统，CPU 运行时间即为各个作业的 CPU 运行时间之和，为[(20+10+20)+(40+30)+(40+20)]ms=180ms。故 CPU 的利用率为：180/210=85.7%。

6．解答：

FCFS 调度算法的作业调度情况见下表：

作业	提交时间	运行时间	开始时间	结束时间	周转时间	带权周转时间
1	8.0	1.0	8.0	9.0	1.0	1.0
2	8.5	0.5	9.0	9.5	1.0	2.0
3	9.0	0.2	9.5	9.7	0.7	3.5
4	9.1	0.1	9.7	9.8	0.7	7.0

平均周转时间 T=(1.0+1.0+0.7+0.7)/4=0.85。

平均带权周转时间 W=(1.0+2.0+3.5+7.0)/4=3.375。

SJF 调度算法的作业调度情况见下表：

作业	提交时间	运行时间	开始时间	结束时间	周转时间	带权周转时间
1	8.0	1.0	8.0	9.0	1.0	1.0
2	8.5	0.5	9.3	9.8	1.3	2.6
3	9.0	0.2	9.0	9.2	0.2	1.0
4	9.1	0.1	9.2	9.3	0.2	2.0

平均周转时间 T=(1.0+1.3+0.2+0.2)/4=0.675。

平均带权周转时间 W=(1.0+2.6+1.0+2.0)/4=1.65。

响应比高者优先：8.0 时只有 1 号作业，所以肯定是 1 号得到 CPU。9.0 时 1 号作业执行完毕，2 号作业响应比为(9.0−8.5+0.5)/0.5=2，3 号作业响应比为(9.0−9.0+0.2)/0.2=1，2 号的响应比大于 3 号，9.0 时调度 2 号作业。9.5 时 2 号作业执行完毕，此时 3 号作业响应比为(9.5−9.0+0.2)/0.2=3.5，4 号作业响应比为(9.5−9.1+0.1)/0.1=5，4 号的响应比大于 3 号，所以先调度 4 号作业。

高响应比优先调度算法的作业调度情况见下表：

作业	提交时间	运行时间	开始时间	结束时间	周转时间	带权周转时间
1	8.0	1.0	8.0	9.0	1.0	1.0
2	8.5	0.5	9.0	9.5	1.0	2.0
3	9.0	0.2	9.6	9.8	0.8	4.0
4	9.1	0.1	9.5	9.6	0.5	5.0

平均周转时间 T=(1.0+1.0+0.8+0.5)/4=0.825。

平均带权周转时间 W=(1.0+2.0+4.0+5.0)/4=3.0。

7．解答：

（1）作业执行情况可以用甘特图来表示。

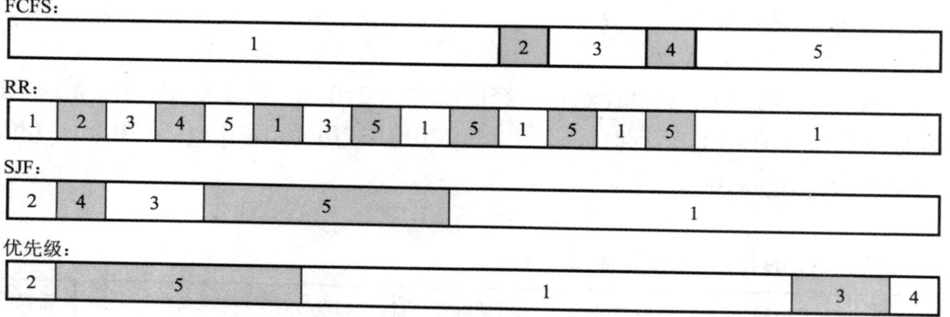

（2）各个作业对应于各个算法的周转时间和加权周转时间见下表。

算法	时间类型	P1	P2	P3	P4	P5	平均时间
	运行时间	10	1	2	1	5	3.8
FCFS	周转时间	10	11	13	14	19	13.4
	加权周转时间	1	11	6.5	14	3.8	7.26
RR	周转时间	19	2	7	4	14	9.2
	加权周转时间	1.9	2	3.5	4	2.8	2.84
SJF	周转时间	19	1	4	2	9	7
	加权周转时间	1.9	1	2	2	1.8	1.74
优先级	周转时间	16	1	18	19	6	12
	加权周转时间	1.6	1	9	19	1.2	6.36

所以，FCFS 的平均周转时间为 13.4，平均加权周转时间为 7.26。

RR 的平均周转时间为 9.2，平均加权周转时间为 2.84。

SJF 的平均周转时间为 7，平均加权周转时间为 1.74。

非剥夺式优先级调度算法的平均周转时间为 12，平均加权周转时间为 6.36。

注意：SJF 的平均周转时间肯定是最短的，计算完毕后可以利用这个性质检验。

8．解答：

各个作业执行的时间如下图所示（灰色部分代表程序在执行）：

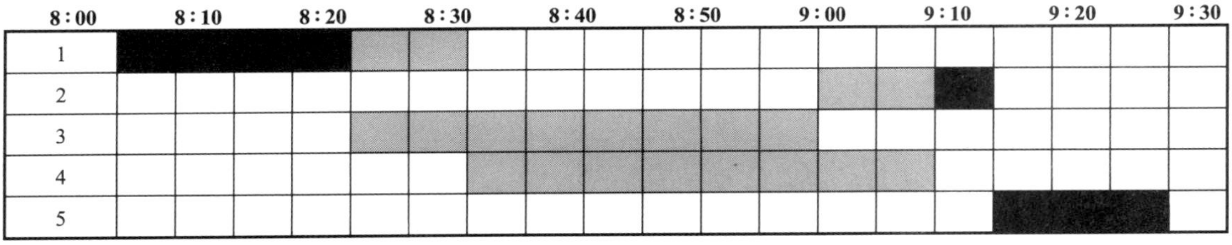

	8:00	8:10	8:20	8:30	8:40	8:50	9:00	9:10	9:20	9:30
1										
2										
3										
4										
5										

注：深黑色表示作业独占 CPU 时间，浅灰色表示作业平分 CPU 时间，白色表示 CPU 空闲。

在 8:00，作业 1 到达，由于 CPU 空闲、内存空间充足且磁带机和打印机都空闲，作业 1 开始执行；在 8:20，作业 2 和作业 3 到达，由于只有一台磁带机空闲，作业 2 无法执行，只能执行作业 3，注意此时作业 1 和作业 3 平分 CPU 时间；在 8:30，作业 1 执行完毕，作业 4 到达，由于此时内存情况无法满足作业 2 的需求，作业 4 开始执行；在 8:35 时刻，磁带机无法满足作业 5，作业 5 无法执行；到 9：00 时刻，作业 3 完成，由于作业 2 先到达，系统先将资源分配给作业 2，之后无法满足作业 5 需求，作业 5 无法执行；到 9:10，作业 4 完成，但资源仍无法满足作业 5；到 9:15，作业 2 完成，系统将资源分配给作业 5，作业 5 开始执行，到 9:30，作业 5 完成。根据以上分析知：

1）作业调度顺序为：1，3，4，2，5。

2）全部作业运行结束的时刻为 9:30。

3）最大作业周转时间为 55min。

4）平均周转时间为：(30+55+40+40+55)/5=44。

9．解答：

1）具有两道作业的批处理系统，内存只存放两道作业，它们采用抢占式优先级调度算法竞争 CPU，而将作业调入内存则采用的是短作业优先调度。在 8:00 时，作业 1 到来，此时内存和处理机空闲，作业 1 进入内存并占用处理机；8:20 时，作业 2 到来，内存仍有一个位置空闲，故将作业 2 调入内存，又由于作业 2 的优先数高，相应的进程抢占处理机，在此期间 8:30 作业 3 到来，但内存此时已无空闲，故等待。直至 8:50，作业 2 执行完毕，此时作业 3、4 竞争空出的一道内存空间，作业 4 的运行时间短，故先调入，但它的优先数低于作业 1，故作业 1 先执行。到 9:10 时，作业 1 执行完毕，再将作业 3 调入内存，且由于作业 3 的优先数高而占用 CPU。所有作业进入内存的时间及结束的时间见下表。

作业	到达时间	运行时间	优先数	进入内存时间	结束时间	周转时间
1	8:00	40min	5	8:00	9:10	70min
2	8:20	30min	3	8:20	8:50	30min
3	8:30	50min	4	9:10	10:00	90min
4	8:50	20min	6	8:50	10:20	90min

2）平均周转时间为：(70+30+90+90)/4=70(min)。

10．解答：

1）非抢占式短进程优先情况见下表：

进程名	到达时间	运行时间	开始时间	结束时间	周转时间
P1	0.0	9	0.0	9.0	9
P2	0.4	4	12.0	16.0	15.6
P3	1.0	1	9.0	10.0	9
P4	5.5	4	16.0	20.0	14.5
P5	7	2	10.0	12.0	5

平均周转时间为：(9+15.6+9+14.5+5)/5=10.62。

平均响应时间为：[(0−0)+(12−0.4)+(9−1)+(16−5.5)+(10−7)]/5=(11.6+8+10.5+3)/5=6.62。

2）抢占式短进程优先情况见下表：

进程名	到达时间	运行时间	开始时间	结束时间	周转时间
P1	0.0	9	0.0	20.0	20
P2	0.4	4	0.4	5.4	5
P3	1.0	1	1.0	2.0	1
P4	5.5	4	5.5	11.5	6
P5	7	2	7.0	9.0	2

平均周转时间为：(20+5+1+6+2)/5=6.8。

平均响应时间为：[(0−0)+(0.4−0.4)+(1−1)+(5.5−5.5)+(7−7)]/5=0。

11．解答：

1）按照可抢先式短进程优先调度算法进程运行时间见下表。

进程	到达就绪队列时刻	预计执行时间	执行时间段	周转时间
P1	0	8	0～1；10～17	17
P2	1	4	1～5	4
P3	2	9	17～26	24
P4	3	5	5～10	7

时刻 0，进程 P1 到达并占用处理器运行。

时刻 1，进程 P2 到达，因其预计运行时间短，故抢夺处理器进入运行，P1 等待。

时刻 2，进程 P3 到达，因其预计运行时间长于正在运行的进程，进入就绪队列等待。

时刻 3，进程 P4 到达，因其预计运行时间长于正在运行的进程，进入就绪队列等待。

时刻 5，进程 P2 运行结束，调度器在就绪队列中选择短进程，P4 符合要求，进入运行，进程 P1 和进程 P3 则还在就绪队列等待。

时刻 10，进程 P4 运行结束，调度器在就绪队列中选择短进程，P1 符合要求，再次进入运行，而进程 P3 则还在就绪队列等待。

时刻 17，进程 P1 运行结束，只剩下进程 P3，调度其运行。

时刻 26，进程 P3 运行结束。

平均周转时间=[(17−0)+(5−1)+(26−2)+(10−3)]/4=13。

2）时间片轮转算法是按就绪队列的 FCFS 进行轮转，在时刻 2，P1 被挂到就绪队列队尾，队列顺序为 P2、P3、P1，此时 P4 还未到达。按时间片轮转算法的进程时间分配见下表。

进程	到达就绪队列时刻	预计执行时间	执行时间段	周转时间
P1	0	8	0～2；6～8；14～16；20～22	22
P2	1	4	2～4；10～12	11
P3	2	9	4～6；12～14；18～20；23～25；25～26	24
P4	3	5	8～10；16～18；22～23	20

平均周转时间=((22−0)+(12−1)+(26−2)+(23−3))/4=19.25。

12．解答：

在时间片轮转调度算法中，系统将所有就绪进程按到达时间的先后次序排成一个队列。进程调度程序总是选择队列中第一个进程运行，且仅能运行一个时间片。在使用完一个时间片后，即使进程并未完成其运行，也必须将处理器交给下一个进程。时间片轮转调度算法是绝对可抢先的算法，由时钟中断来产生。

时间片的长短对计算机系统的影响很大。如果时间片大到让一个进程足以完成其全部工作，这种算法就退化为先来先服务算法。如果时间片很小，那么处理器在进程之间的转换工作过于频繁，处理器真正用于运行用户程序的时间将减少，系统开销将增大。时间片的大小应能使分时用户得到好的响应时间，同时也使系统具有较高的效率。

由题目给定条件可知：

1）每秒产生 120 个时钟中断，每次中断的时间为

$$1/120\approx 8.3(\text{ms})$$

其中，中断处理耗时为 500μs，那么其开销为

$$500\mu\text{s}/8.3\text{ms}=6\%$$

2）每一次进程切换需要 1 次调度、1 次切换，所以需要耗时

$$1\text{ms}+2\text{ms}=3\text{ms}$$

每 24 个时钟为一个时间片

$$24\times 8.3\text{ms}=200\text{ms}$$

一次切换所占 CPU 的时间比

$$3\text{ms}/200\text{ms}=1.5\%$$

3）为了提高 CPU 的效率，一般情况下尽量减少时钟中断的次数，如由每秒 120 次降低到 100 次，以延长中断的时间间隔。或者将每个时间片的中断数量（时钟数）加大，如由 24 个中断加大到 36 个。也可以优化中断处理程序，减少中断处理开销，如将每次 500μs 的时间降低到 400μs。若能这样，则时钟中断和进程切换的总开销占 CPU 的时间比为

$$(36\times 400\mu\text{s}+1\text{ms}+2\text{ms})/(1/100\times 36)\approx 4.8\%$$

13．解答：

时间片轮转（RR）调度是轮流地调度就绪队列中的每个进程，进程每次占用 CPU 的时间长度限制为时间片的大小。当采用固定的时间片大小时，每个进程按照固定周期被循环执行。所以，进程的执行速度是由该进程的时间片大小在一个循环周期中所占的比例决定的，比例越高，进程的相对执行速度就越快。

因为就绪进程队列的平均长度为 5，单个 RR 调度循环周期的时间为

$$(4\times 100+1\times 400)\text{ms}=800\text{ms}$$

A 类进程需要 20 个时间片的执行时间，B 类进程需要 5 个时间片地执行时间

（1s=1000ms）。

A 类进程的平均周转时间为

$$20\times0.8s=16s$$

B 类进程的平均周转时间为

$$5\times0.8s=4s$$

14．解答：

作业的响应比可表示为

$$响应比=\frac{等待时间+要求服务时间}{要求服务时间}$$

在 8:00 时刻，系统中只有一个作业 J1，故系统将它投入运行。在 J1 完成（即 10:00）时，J2、J3、J4 的响应比分别为：(90+40)/40，(60+25)/25，(30+30)/30，即 3.25、3.4、2，故应先将 J3 投入运行。在 J3 完成（即 10：25）时，J2、J4 的响应比分别为(115+40)/40、(55+30)/30，即 3.875、2.83，故应先将 J2 投入运行，待它运行完毕时（即 11:05），再将 J4 投入运行，J4 的结束时间为 11:35。

可见作业的执行次序为 J1、J3、J2、J4，各作业的运行情况见下表，它们的周转时间分别为 120min、155min、85min、125min，平均周转时间为 121.25min。

作业号	提交时间	开始时间	执行时间	结束时间	周转时间
1	8:00	8:00	2h	10:00	120min
2	8:30	10:25	40min	11:05	155min
3	9:00	10:00	25min	10:25	85min
4	9:30	11:05	30min	11:35	125min

15．解答：

上述 5 个作业的运行情况如下图所示。

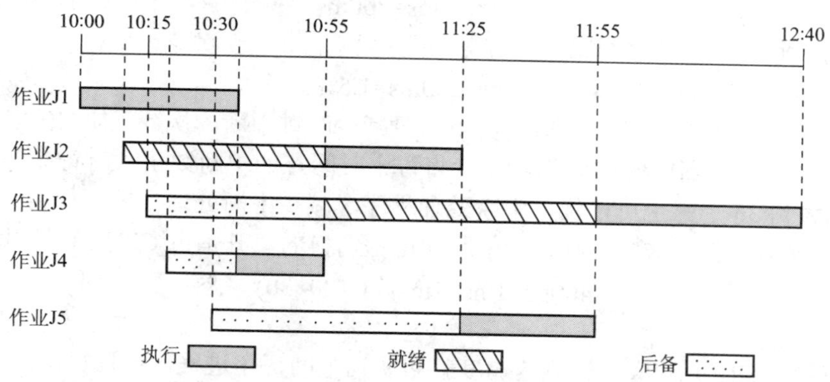

在 10:00，因为只有 J1 到达，故将它调入内存，并将 CPU 调度给它。

在 10:10，J2 到达，故将 J2 调入内存，但由于 J1 只需再执行 25min，故 J1 继续执行。

虽然 J3、J4、J5 分别在 10:15、10:20 和 10:30 到达，但因当时内存中已存放了两道作业，故不能马上将它们调入内存。

在 10：35，J1 结束。此时，J3、J4、J5 的响应比（根据题意，响应比=(等待时间+估计运行时间)/估计运行时间）分别为 65/45、35/20、35/30，故将 J4 调入内存，并将 CPU 分配给内存中运行时间最短者，即 J4。

在 10：55，J4 结束。此时，J3、J5 的响应比分别为 85/45、55/30，故将 J3 调入内存，并将 CPU 分配给估计运行时间较短的 J2。

在 11:25，J2 结束，作业调度程序将 J5 调入内存，并将 CPU 分配给估计运行时间较短的 J5。

在 11:55，J5 结束，将 CPU 分配给 J3。

在 12:40，J3 结束。

通过上述分析，可知：

1）作业 1 的执行时间片段为：10:00～10:35（结束）。

作业 2 的执行时间片段为：10:55～11:25（结束）。

作业 3 的执行时间片段为：11:55～12:40（结束）。

作业 4 的执行时间片段为：10:35～10:55（结束）。

作业 5 的执行时间片段为：11:25～11:55（结束）。

2）它们的周转时间分别为：35min、75min、145min、35min、85min，故它们的平均周转时间为 75min。

2.3　进程同步

2.3.1　进程同步的基本概念

在多道程序环境下，进程是并发执行的，不同进程之间存在着不同的相互制约关系。为了协调进程之间的相互制约关系，引入了进程同步的概念。

1．临界资源

虽然多个进程可以共享系统中的各种资源，但其中许多资源一次只能为一个进程所使用，我们把一次仅允许一个进程使用的资源称为**临界资源**。许多物理设备都属于临界资源，如打印机等。此外，还有许多变量、数据等都可以被若干进程共享，也属于临界资源。

对临界资源的访问，必须互斥地进行，在每个进程中，访问临界资源的那段代码称为**临界区**。为了保证临界资源的正确使用，可以把临界资源的访问过程分成四个部分：

1）进入区。为了进入临界区使用临界资源，在进入区要检查可否进入临界区，如果可以进入临界区，则应设置正在访问临界区的标志，以阻止其他进程同时进入临界区。

2）临界区。进程中访问临界资源的那段代码，又称临界段。

3）退出区。将正在访问临界区的标志清除。

4）剩余区。代码中的其余部分。

```
do {
    entry section;          //进入区
    critical section;       //临界区
    exit section;           //退出区
    remainder section;      //剩余区
} while(true)
```

2. 同步

同步亦称直接制约关系，它是指为完成某种任务而建立的两个或多个进程，这些进程因为需要在某些位置上协调它们的工作次序而等待、传递信息所产生的制约关系。进程间的直接制约关系就是源于它们之间的相互合作。

例如，输入进程 A 通过单缓冲向进程 B 提供数据。当该缓冲区空时，进程 B 不能获得所需数据而阻塞，一旦进程 A 将数据送入缓冲区，进程 B 被唤醒。反之，当缓冲区满时，进程 A 被阻塞，仅当进程 B 取走缓冲数据时，才唤醒进程 A。

3. 互斥

互斥亦称间接制约关系。当一个进程进入临界区使用临界资源时，另一个进程必须等待，当占用临界资源的进程退出临界区后，另一进程才允许去访问此临界资源。

例如，在仅有一台打印机的系统中，有两个进程 A 和进程 B，如果进程 A 需要打印时，系统已将打印机分配给进程 B，则进程 A 必须阻塞。一旦进程 B 将打印机释放，系统便将进程 A 唤醒，并将其由阻塞状态变为就绪状态。

为禁止两个进程同时进入临界区，同步机制应遵循以下准则：

1）空闲让进。临界区空闲时，可以允许一个请求进入临界区的进程立即进入临界区。

2）忙则等待。当已有进程进入临界区时，其他试图进入临界区的进程必须等待。

3）有限等待。对请求访问的进程，应保证能在有限时间内进入临界区。

4）让权等待。当进程不能进入临界区时，应立即释放处理器，防止进程忙等待。

2.3.2 实现临界区互斥的基本方法

1. 软件实现方法

在进入区设置和检查一些标志来标明是否有进程在临界区中，如果已有进程在临界区，则在进入区通过循环检查进行等待，进程离开临界区后则在退出区修改标志。

1）算法一：单标志法。该算法设置一个公用整型变量 turn，用于指示被允许进入临界区的进程编号，即若 turn=0，则允许 P0 进程进入临界区。该算法可确保每次只允许一个进程进入临界区。但两个进程必须交替进入临界区，如果某个进程不再进入临界区了，那么另一个进程也将无法进入临界区（违背“空闲让进”）。这样很容易造成资源利用的不充分。

```
P0 进程:                          P1 进程:
while(turn!=0);                   while(turn!=1);          //进入区
critical section;                 critical section;        //临界区
turn=1;                           turn=0;                  //退出区
remainder section;                remainder section;       //剩余区
```

2）算法二：双标志法先检查。该算法的基本思想是在每一个进程访问临界区资源之前，先查看一下临界资源是否正被访问，若正被访问，该进程需等待；否则，进程才进入自己的临界区。为此，设置了一个数据 flag[i]，如第 i 个元素值为 FALSE，表示 Pi 进程未进入临界区，值为 TRUE，表示 Pi 进程进入临界区。

```
Pi 进程:                          Pj 进程:
while(flag[j]);      ①            while(flag[i]);      ②   //进入区
flag[i]=TRUE;        ③            flag[j]=TRUE;        ④   //进入区
critical section;                 critical section;        //临界区
```

```
flag[i]=FALSE;                    flag[j]=FALSE;            //退出区
remainder section;                remainder section;        //剩余区
```

优点：不用交替进入，可连续使用；缺点：Pi 和 Pj 可能同时进入临界区。按序列①②③④执行时，会同时进入临界区（违背“忙则等待”）。即在检查对方 flag 之后和切换自己 flag 之前有一段时间，结果都检查通过。这里的问题出在检查和修改操作不能一次进行。

3）算法三：双标志法后检查。算法二是先检测对方进程状态标志后，再置自己标志，由于在检测和放置中可插入另一个进程到达时的检测操作，会造成两个进程在分别检测后，同时进入临界区。为此，算法三采用先设置自己标志为 TRUE 后，再检测对方状态标志，若对方标志为 TURE，则进程等待；否则进入临界区。

```
Pi 进程：                         Pj 进程：
flag[i]=TRUE;                     flag[j]=TRUE;             //进入区
while(flag[j]);                   while(flag[i]);           //进入区
critical section;                 critical section;         //临界区
flag[i]=FLASE;                    flag[j]=FLASE;            //退出区
remainder section;                remainder section;        //剩余区
```

当两个进程几乎同时都想进入临界区时，它们分别将自己的标志值 flag 设置为 TRUE，并且同时检测对方的状态（执行 while 语句），发现对方也要进入临界区，于是双方互相谦让，结果谁也进不了临界区，从而导致“饥饿”现象。

4）算法四：Peterson’s Algorithm。为了防止两个进程为进入临界区而无限期等待，又设置变量 turn，指示不允许进入临界区的进程编号，每个进程在先设置自己标志后再设置 turn 标志，不允许另一个进程进入。这时，再同时检测另一个进程状态标志和不允许进入标志，这样可以保证当两个进程同时要求进入临界区，只允许一个进程进入临界区。

```
Pi 进程：                         Pj 进程：
flag[i]=TURE;turn=j;              flag[j]=TRUE;turn=i;        //进入区
while(flag[j]&&turn==j);          while(flag[i]&&turn==i);    //进入区
critical section;                 critical section;           //临界区
flag[i]=FLASE;                    flag[j]=FLASE;              //退出区
remainder section;                remainder section;          //剩余区
```

本算法的基本思想是算法一和算法三的结合。利用 flag 解决临界资源的互斥访问，而利用 turn 解决“饥饿”现象。

2．硬件实现方法

本节对硬件实现的具体理解对后面的信号量的学习很有帮助。计算机提供了特殊的硬件指令，允许对一个字中的内容进行检测和修正，或者是对两个字的内容进行交换等。通过硬件支持实现临界段问题的低级方法或称为元方法。

（1）中断屏蔽方法

当一个进程正在使用处理机执行它的临界区代码时，要防止其他进程再进入其临界区访问的最简单方法是禁止一切中断发生，或称之为屏蔽中断、关中断。因为 CPU 只在发生中断时引起进程切换，这样屏蔽中断就能保证当前运行进程将临界区代码顺利地执行完，从而保证了互斥的正确实现，然后再执行开中断。其典型模式为：

```
…
关中断；
```

```
临界区;
开中断;
...
```

这种方法限制了处理机交替执行程序的能力，因此执行的效率将会明显降低。对内核来说，当它执行更新变量或列表的几条指令期间关中断是很方便的，但将关中断的权力交给用户则很不明智，若一个进程关中断之后不再开中断，则系统可能会因此终止。

（2）硬件指令方法

TestAndSet 指令：这条指令是原子操作，即执行该代码时不允许被中断。其功能是读出指定标志后把该标志设置为真。指令的功能描述如下：

```
boolean TestAndSet(boolean *lock){
    boolean old;
    old=*lock;
    *lock=true;
    return old;
}
```

可以为每个临界资源设置一个共享布尔变量 lock，表示资源的两种状态：true 表示正被占用，初值为 false。在进程访问临界资源之前，利用 TestAndSet 检查和修改标志 lock；若有进程在临界区，则重复检查，直到进程退出。利用该指令实现进程互斥的算法描述如下：

```
while TestAndSet(&lock);
进程的临界区代码段;
lock=false;
进程的其他代码;
```

Swap 指令：该指令的功能是交换两个字（字节）的内容。其功能描述如下。

```
Swap(boolean *a, boolean *b){
    boolean temp;
    Temp=*a;
    *a=*b;
    *b=temp;
}
```

注意：*以上对 TestAndSet 和 Swap 指令的描述仅仅是功能实现，并非软件实现定义，事实上它们是由硬件逻辑直接实现的，不会被中断。*

应为每个临界资源设置了一个共享布尔变量 lock，初值为 false；在每个进程中再设置一个局部布尔变量 key，用于与 lock 交换信息。在进入临界区之前先利用 Swap 指令交换 lock 与 key 的内容，然后检查 key 的状态；有进程在临界区时，重复交换和检查过程，直到进程退出。利用 Swap 指令实现进程互斥的算法描述如下：

```
key=true;
while(key!=false)
    Swap(&lock, &key);
进程的临界区代码段;
lock=false;
进程的其他代码;
```

硬件方法的优点：适用于任意数目的进程，不管是单处理机还是多处理机；简单、容易验证其正确性。可以支持进程内有多个临界区，只需为每个临界区设立一个布尔变量。

硬件方法的缺点：进程等待进入临界区时要耗费处理机时间，不能实现让权等待。从等待进程中随机选择一个进入临界区，有的进程可能一直选不上，从而导致“饥饿”现象。

2.3.3　信号量

信号量机构是一种功能较强的机制，可用来解决互斥与同步的问题，它只能被两个标准的原语 wait(S)和 signal(S)来访问，也可以记为“P 操作”和“V 操作”。

原语是指完成某种功能且不被分割不被中断执行的操作序列，通常可由硬件来实现完成不被分割执行特性的功能。如前述的“Test-and-Set”和“Swap”指令，就是由硬件实现的原子操作。原语功能的不被中断执行特性在单处理机时可由软件通过屏蔽中断方法实现。

原语之所以不能被中断执行，是因为原语对变量的操作过程如果被打断，可能会去运行另一个对同一变量的操作过程，从而出现临界段问题。如果能够找到一种解决临界段问题的元方法，就可以实现对共享变量操作的原子性。

1．整型信号量

整型信号量被定义为一个用于表示资源数目的整型量 S，wait 和 signal 操作可描述为：

```
wait(S){
    while(S<=0);
    S=S-1;
}
signal(S){
    S=S+1;
}
```

wait 操作中，只要信号量 S≤0，就会不断地测试。因此，该机制并未遵循“让权等待”的准则，而是使进程处于“忙等”的状态。

2．记录型信号量

记录型信号量是不存在“忙等”现象的进程同步机制。除了需要一个用于代表资源数目的整型变量 value 外，再增加一个进程链表 L，用于链接所有等待该资源的进程，记录型信号量是由于采用了记录型的数据结构得名。记录型信号量可描述为：

```
typedef struct{
    int value;
    struct process *L;
} semaphore;
```

相应的 wait(S)和 signal(S)的操作如下：

```
void wait(semaphore S){      //相当于申请资源
    S.value--;
    if(S.value<0){
        add this process to S.L;
        block(S.L);
    }
}
```

wait 操作，S.value--，表示进程请求一个该类资源，当 S.value<0 时，表示该类资源已分

配完毕，因此进程应调用 block 原语，进行自我阻塞，放弃处理机，并插入到该类资源的等待队列 S.L 中，可见该机制遵循了“让权等待”的准则。

```
void signal(semaphore S){   //相当于释放资源
    S.value++;
    if(S.value<=0){
        remove a process P from S.L;
        wakeup(P);
    }
}
```

signal 操作，表示进程释放一个资源，使系统中可供分配的该类资源数增 1，故 S.value++。若加 1 后仍是 S.value≤0，则表示在 S.L 中仍有等待该资源的进程被阻塞，故还应调用 wakeup 原语，将 S.L 中的第一个等待进程唤醒。

3．利用信号量实现同步

信号量机构能用于解决进程间各种同步问题。设 S 为实现进程 P1、P2 同步的公共信号量，初值为 0。进程 P2 中的语句 y 要使用进程 P1 中语句 x 的运行结果，所以只有当语句 x 执行完成之后语句 y 才可以执行。其实现进程同步的算法如下：

```
semaphore S=0;                          //初始化信号量
P1(){
    …
    x;                                  //语句 x
    V(S);                               //告诉进程 P2，语句 x 已经完成
    …
}
P2(){
    …
    P(S);                               //检查语句 x 是否运行完成
    y;                                  //检查无误，运行 y 语句
    …
}
```

4．利用信号量实现进程互斥

信号量机构也能很方便地解决进程互斥问题。设 S 为实现进程 P1、P2 互斥的信号量，由于每次只允许一个进程进入临界区，所以 S 的初值应为 1（即可用资源数为 1）。只需把临界区置于 P(S)和 V(S)之间，即可实现两进程对临界资源的互斥访问。其算法如下：

```
semaphore S=1;                          //初始化信号量
P1(){
    …
    P(S);                               //准备开始访问临界资源，加锁
    进程 P1 的临界区;
    V(S);                               //访问结束，解锁
    …
}
P2(){
    …
```

```
    P(S);                          //准备开始访问临界资源，加锁
    进程 P2 的临界区;
    V(S);                          //访问结束，解锁
    …
}
```

互斥的实现是不同进程对同一信号量进行 P、V 操作，一个进程在成功地对信号量执行了 P 操作后进入临界区，并在退出临界区后，由该进程本身对该信号量执行 V 操作，表示当前没有进程进入临界区，可以让其他进程进入。

5. 利用信号量实现前驱关系

信号量也可以用来描述程序之间或者语句之间的前驱关系。图 2-8 给出了一个前驱图，其中 S1，S2，S3，…，S6 是最简单的程序段（只有一条语句）。为使各程序段能正确执行，应设置若干个初始值为“0”的信号量。例如，为保证 S1→S2、S1→S3 的前驱关系，应分别设置信号量 a1、a2。同样，为了保证 S2→S4、S2→S5、S3→S6、S4→S6、S5→S6，应设置信号量 b1、b2、c、d、e。

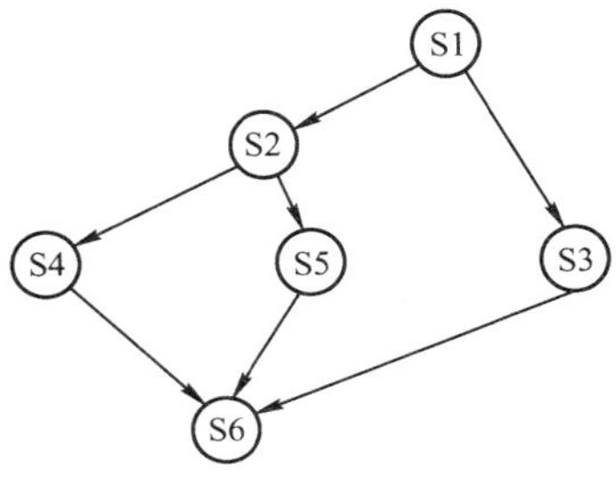

图 2-8 前驱图举例

实现算法如下：

```
semaphore a1=a2=b1=b2=c=d=e=0; //初始化信号量
S1(){
    …;
    V(a1); V(a2);              //S1 已经运行完成
}
S2(){
    P(a1);                     //检查 S1 是否运行完成
    …;
    V(b1);V(b2);               //S2 已经运行完成
}
S3(){
    P(a2);                     //检查 S1 是否已经运行完成
    …;
    V(c);                      //S3 已经运行完成
}
S4(){
    P(b1);                     //检查 S2 是否已经运行完成
    …;
    V(d);                      //S4 已经运行完成
}
S5(){
    P(b2);                     //检查 S2 是否已经运行完成
    …;
    V(e);                      //S5 已经运行完成
}
S6(){
    P(c);                      //检查 S3 是否已经运行完成
```

```
        P(d);                          //检查 S4 是否已经运行完成
        P(e);                          //检查 S5 是否已经运行完成
        …;
    }
```

6．分析进程同步和互斥问题的方法步骤

1）关系分析。找出问题中的进程数，并且分析它们之间的同步和互斥关系。同步、互斥、前驱关系直接按照上面例子中的经典范式改写。

2）整理思路。找出解决问题的关键点，并且根据做过的题目找出解决的思路。根据进程的操作流程确定 P 操作、V 操作的大致顺序。

3）设置信号量。根据上面两步，设置需要的信号量，确定初值，完善整理。

2.3.4 管程

1．管程的定义

系统中的各种硬件资源和软件资源，均可用数据结构抽象地描述其资源特性，即用少量信息和对资源所执行的操作来表征该资源，而忽略了它们的内部结构和实现细节。**管程**是由一组数据以及定义在这组数据之上的对这组数据的操作组成的软件模块，这组操作能初始化并改变管程中的数据和同步进程。

2．管程的组成

1）局部于管程的共享结构数据说明。

2）对该数据结构进行操作的一组过程。

3）对局部于管程的共享数据设置初始值的语句。

3．管程的基本特性

1）局部于管程的数据只能被局部于管程内的过程所访问。

2）一个进程只有通过调用管程内的过程才能进入管程访问共享数据。

3）每次仅允许一个进程在管程内执行某个内部过程。

由于管程是一个语言成分，所以管程的互斥访问完全由编译程序在编译时自动添加，**无需程序员关注**，而且保证正确。

2.3.5 经典同步问题

1．生产者-消费者问题

问题描述：一组生产者进程和一组消费者进程共享一个初始为空、大小为 n 的缓冲区，只有缓冲区没满时，生产者才能把消息放入到缓冲区，否则必须等待；只有缓冲区不空时，消费者才能从中取出消息，否则必须等待。由于缓冲区是临界资源，它只允许一个生产者放入消息，或者一个消费者从中取出消息。

问题分析：

1）关系分析。生产者和消费者对缓冲区互斥访问是互斥关系，同时生产者和消费者又是一个相互协作的关系，只有生产者生产之后，消费者才能消费，他们也是同步关系。

2）整理思路。这里比较简单，只有生产者和消费者两个进程，正好是这两个进程存在着互斥关系和同步关系。那么需要解决的是互斥和同步 PV 操作的位置。

3）信号量设置。信号量 mutex 作为互斥信号量，它用于控制互斥访问缓冲池，互斥信号量初值为 1；信号量 full 用于记录当前缓冲池中“满”缓冲区数，初值为 0。信号量 empty 用于记录当前缓冲池中“空”缓冲区数，初值为 n。

生产者-消费者进程的描述如下：

```
semaphore mutex=1;                        //临界区互斥信号量
semaphore empty=n;                        //空闲缓冲区
semaphore full=0;                         //缓冲区初始化为空
producer(){                               //生产者进程
    while(1){
        produce an item in nextp;         //生产数据
        P(empty);                         //获取空缓冲区单元
        P(mutex);                         //进入临界区
        add nextp to buffer;              //将数据放入缓冲区
        V(mutex);                         //离开临界区，释放互斥信号量
        V(full);                          //满缓冲区数加 1
    }
}
consumer(){                               //消费者进程
    while(1){
        P(full);                          //获取满缓冲区单元
        P(mutex);                         //进入临界区
        remove an item from buffer;       //从缓冲区中取出数据
        V(mutex);                         //离开临界区，释放互斥信号量
        V(empty);                         //空缓冲区数加 1
        consume the item;                 //消费数据
    }
}
```

该类问题要注意对缓冲区大小为 n 的处理，当缓冲区中有空时便可对 empty 变量执行 P 操作，一旦取走一个产品便要执行 V 操作以释放空闲区。对 empty 和 full 变量的 P 操作必须放在对 mutex 的 P 操作之前。如果生产者进程先执行 P(mutex)，然后执行 P(empty)，消费者执行 P(mutex)，然后执行 P(full)，这样可不可以？答案是否定的。设想生产者进程已经将缓冲区放满，消费者进程并没有取产品，即 empty=0，当下次仍然是生产者进程运行时，它先执行 P(mutex)封锁信号量，再执行 P(empty)时将被阻塞，希望消费者取出产品后将其唤醒。轮到消费者进程运行时，它先执行 P(mutex)，然而由于生产者进程已经封锁 mutex 信号量，消费者进程也会被阻塞，这样一来生产者、消费者进程都将阻塞，都指望对方唤醒自己，陷入了无休止的等待。同理，如果消费者进程已经将缓冲区取空，即 full=0，下次如果还是消费者先运行，也会出现类似的死锁。不过生产者释放信号量时，mutex、full 先释放哪一个无所谓，消费者先释放 mutex 还是 empty 都可以。

下面再看一个较为复杂的生产者-消费者问题：

问题描述：桌子上有一只盘子，每次只能向其中放入一个水果。爸爸专向盘子中放苹果，妈妈专向盘子中放橘子，儿子专等吃盘子中的橘子，女儿专等吃盘子中的苹果。只有盘子为空时，爸爸或妈妈就可向盘子中放一个水果；仅当盘子中有自己需要的水果时，儿子或女儿

可以从盘子中取出。

问题分析：

1）关系分析。这里的关系稍复杂一些，首先由每次只能向其中放入一只水果可知爸爸和妈妈是互斥关系。爸爸和女儿、妈妈和儿子是同步关系，而且这两对进程必须连起来，儿子和女儿之间没有互斥和同步关系，因为他们是选择条件执行，不可能并发，如图2-8所示。

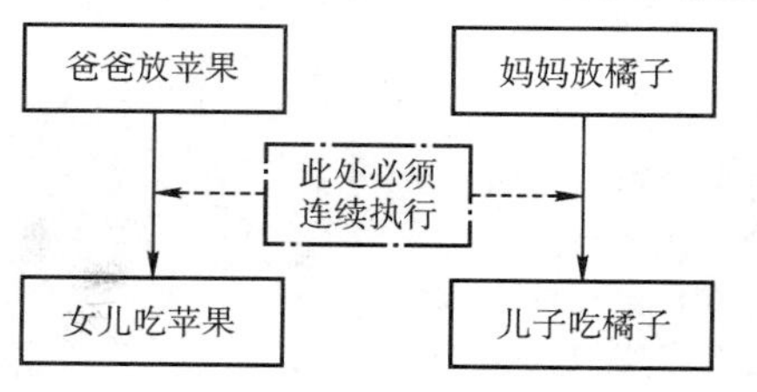

图2-9　进程之间的关系

2）整理思路。这里有4个进程，实际上可以抽象为两个生产者和两个消费者被连接到大小为1的缓冲区上。

3）信号量设置。首先设置信号量plate为互斥信号量，表示是否允许向盘子放入水果，初值为1，表示允许放入，且只允许放入一个。信号量apple表示盘子中是否有苹果，初值为0，表示盘子为空，不许取，若apple=1可以取。信号量orange表示盘子中是否有橘子，初值为0，表示盘子为空，不许取，若orange=1可以取。

解决该问题的代码如下：

```
semaphore plate=1, apple=0, orange=0;
dad(){                                  //父亲进程
    while(1){
        prepare an apple;
        P(plate);                       //互斥向盘中取、放水果
        put the apple on the plate;     //向盘中放苹果
        V(apple);                       //允许取苹果
    }
}
mom(){                                  //母亲进程
    while(1){
        prepare an orange;
        P(plate);                       //互斥向盘中取、放水果
        put the orange on the plate;    //向盘中放橘子
        V(orange);                      //允许取橘子
    }
}
son(){                                  //儿子进程
    while(1){
        P(orange);                      //互斥向盘中取橘子
        take an orange from the plate;
        V(plate);                       //允许向盘中取、放水果
        eat the orange;
    }
daughter(){                             //女儿进程
    while(1){
        P(apple);                       //互斥向盘中取苹果
        take an apple from the plate;
        V(plate);                       //运行向盘中取、放水果
        eat the apple;
    }
```

进程间的关系如图 2-9 所示。dad()和 daughter()、mam()和 son()必须连续执行，正因为如此，也只能在女儿拿走苹果后，或儿子拿走橘子后才能释放盘子，即 V(plate)操作。

2．读者-写者问题

问题描述：有读者和写者两组并发进程，共享一个文件，当两个或以上的读进程同时访问共享数据时不会产生副作用，但若某个写进程和其他进程（读进程或写进程）同时访问共享数据时则可能导致数据不一致的错误。因此要求：①允许多个读者可以同时对文件执行读操作；②只允许一个写者往文件中写信息；③任一写者在完成写操作之前不允许其他读者或写者工作；④写者执行写操作前，应让已有的读者和写者全部退出。

问题分析：

1）关系分析。由题目分析读者和写者是互斥的，写者和写者也是互斥的，而读者和读者不存在互斥问题。

2）整理思路。两个进程，即读者和写者。写者是比较简单的，它和任何进程互斥，用互斥信号量的 P 操作、V 操作即可解决。读者的问题比较复杂，它必须实现与写者互斥的同时还要实现与其他读者的同步，因此，仅仅简单的一对 P 操作、V 操作是无法解决的。那么，在这里用到了一个计数器，用它来判断当前是否有读者读文件。当有读者的时候写者是无法写文件的，此时读者会一直占用文件，当没有读者的时候写者才可以写文件。同时这里不同读者对计数器的访问也应该是互斥的。

3）信号量设置。首先设置信号量 count 为计数器，用来记录当前读者数量，初值为 0；设置 mutex 为互斥信号量，用于保护更新 count 变量时的互斥；设置互斥信号量 rw 用于保证读者和写者的互斥访问。

代码如下：

```
int count=0;                    //用于记录当前的读者数量
semaphore mutex=1;              //用于保护更新 count 变量时的互斥
semaphore rw=1;                 //用于保证读者和写者互斥地访问文件
writer(){                       //写者进程
    while(1){
        P(rw);                  //互斥访问共享文件
        Writing                 //写入
        V(rw);                  //释放共享文件
    }
}
reader(){                       //读者进程
    while(1){
        P(mutex);               //互斥访问 count 变量
        if(count==0)            //当第一个读进程读共享文件时
            P(rw);              //阻止写进程写
        count++;                //读者计数器加 1
        V(mutex);               //释放互斥变量 count
        reading                 //读取
        P(mutex);               //互斥访问 count 变量
        count--;                //读者计数器减 1
        if(count==0)            //当最后一个读进程读完共享文件
```

```
            V(rw);                    //允许写进程写
        V(mutex);                     //释放互斥变量 count
    }
}
```

在上面的算法中，读进程是优先的，也就是说，当存在读进程时，写操作将被延迟，并且只要有一个读进程活跃，随后而来的读进程都将被允许访问文件。这样的方式下，会导致写进程可能长时间等待，且存在写进程“饿死”的情况。

如果希望写进程优先，即当有读进程正在读共享文件时，有写进程请求访问，这时应禁止后续读进程的请求，等待到已在共享文件的读进程执行完毕则立即让写进程执行，只有在无写进程执行的情况下才允许读进程再次运行。为此，增加一个信号量并且在上面的程序中writer()和 reader()函数中各增加一对 PV 操作，就可以得到写进程优先的解决程序。

```
int count=0;                  //用于记录当前的读者数量
semaphore mutex=1;            //用于保护更新 count 变量时的互斥
semaphore rw=1;               //用于保证读者和写者互斥地访问文件
semaphore w=1;                //用于实现“写优先”
writer() {                    //写者进程
    while(1){
        P(w);                 //在无写进程请求时进入
        P(rw);                //互斥访问共享文件
        writing               //写入
        V(rw);                //释放共享文件
        V(w);                 //恢复对共享文件的访问
    }
}
reader() {                    //读者进程
    while(1){
        P(w);                 //在无写进程请求时进入
        P(mutex);             //互斥访问 count 变量
        if (count==0)         //当第一个读进程读共享文件时
            P(rw);            //阻止写进程写
        count++;              //读者计数器加 1
        V(mutex);             //释放互斥变量 count
        V(w);                 //恢复对共享文件的访问
        reading               //读取
        P(mutex);             //互斥访问 count 变量
        count--;              //读者计数器减 1
        if (count==0)         //当最后一个读进程读完共享文件
            V(rw);            //允许写进程写
        V(mutex);             //释放互斥变量 count
    }
}
```

3. 哲学家进餐问题

问题描述：一张圆桌上坐着 5 名哲学家，每两个哲学家之间的桌上摆一根筷子，桌子的中间是一碗米饭，如图 2-10 所示。哲学家们倾注毕生精力用于思考和进餐，哲学家在思考时，并不影响他人。只有当哲学家饥饿的时候，才试图拿起左、右两根筷子（一根一根地拿起）。如果筷子已在他人手上，则需等待。饥饿的哲学家只有同时拿到了两根筷子才可以开始进餐，当进餐完毕后，放下筷子继续思考。

图 2-10 5 名哲学家进餐

问题分析：

1）关系分析。5 名哲学家与左右邻居对其中间筷子的访问是互斥关系。

2）整理思路。显然这里有五个进程。本题的关键是如何让一个哲学家拿到左右两个筷子而不造成死锁或者饥饿现象。那么解决方法有两个，一个是让他们同时拿两个筷子；二是对每个哲学家的动作制定规则，避免饥饿或者死锁现象的发生。

3）信号量设置。定义互斥信号量数组 chopstick[5]={1, 1, 1, 1, 1}用于对 5 个筷子的互斥访问。

对哲学家按顺序从 0～4 编号，哲学家 i 左边的筷子的编号为 i，哲学家右边的筷子的编号为(i+1)%5。

```
semaphore chopstick[5]={1,1,1,1,1};//定义信号量数组 chopstick[5]，并初始化
Pi(){                              //i 号哲学家的进程
    do{
        P(chopstick[i]);           //取左边筷子
        P(chopstick[(i+1)%5]);     //取右边筷子
        eat;                       //进餐
        V(chopstick[i]);           //放回左边筷子
        V(chopstick[(i+1)%5]);     //放回右边筷子
        think;                     //思考
    } while(1);
}
```

该算法存在以下问题：当五个哲学家都想要进餐，分别拿起他们左边筷子的时候（都恰好执行完 wait(chopstick[i]);）筷子已经被拿光了，等到他们再想拿右边的筷子的时候（执行 wait(chopstick[(i+1)%5]);）就全被阻塞了，这就出现了死锁。

为了防止死锁的发生，可以对哲学家进程施加一些限制条件，比如至多允许四个哲学家同时进餐；仅当一个哲学家左右两边的筷子都可用时才允许他抓起筷子；对哲学家顺序编号，要求奇数号哲学家先抓左边的筷子，然后再转他右边的筷子，而偶数号哲学家刚好相反。

正解制定规则如下：假设采用第二种方法，当一个哲学家左右两边的筷子都可用时，才允许他抓起筷子。

```
semaphore chopstick[5]={1,1,1,1,1};     //初始化信号量
semaphore mutex=1;                      //设置取筷子的信号量
Pi(){                                   //i 号哲学家的进程
    do{
        P(mutex);                       //在取筷子前获得互斥量
        P(chopstick[i]);                //取左边筷子
        P(chopstick[(i+1)%5]);          //取右边筷子
        V(mutex);                       //释放取筷子的信号量
```

```
            eat;                                       //进餐
            V(chopstick[i]);                           //放回左边筷子
            V(chopstick[(i+1)%5]);                     //放回右边筷子
            think;                                     //思考
        } while(1);
    }
```

此外还可以采用 AND 型信号量机制来解决哲学家进餐问题，有兴趣的读者可以查阅相关资料，自行思考。

4．吸烟者问题

问题描述：假设一个系统有三个抽烟者进程和一个供应者进程。每个抽烟者不停地卷烟并抽掉它，但是要卷起并抽掉一支烟，抽烟者需要有三种材料：烟草、纸和胶水。三个抽烟者中，第一个拥有烟草、第二个拥有纸，第三个拥有胶水。供应者进程无限地提供三种材料，供应者每次将两种材料放到桌子上，拥有剩下那种材料的抽烟者卷一根烟并抽掉它，并给供应者一个信号告诉完成了，供应者就会放另外两种材料在桌上，这种过程一直重复（让三个抽烟者轮流地抽烟）。

问题分析：

1）关系分析。供应者与三个抽烟者分别是同步关系。由于供应者无法同时满足两个或以上的抽烟者，三个抽烟者对抽烟这个动作互斥（或由三个抽烟者轮流抽烟得知）。

2）整理思路。显然这里有四个进程。供应者作为生产者向三个抽烟者提供材料。

3）信号量设置。信号量 offer1、offer2、offer3 分别表示烟草和纸组合的资源、烟草和胶水组合的资源、纸和胶水组合的资源。信号量 finish 用于互斥进行抽烟动作。

代码如下：

```
int random;                             //存储随机数
semaphore offer1=0;                     //定义信号量对应烟草和纸组合的资源
semaphore offer2=0;                     //定义信号量对应烟草和胶水组合的资源
semaphore offer3=0;                     //定义信号量对应纸和胶水组合的资源
semaphore finish=0;                     //定义信号量表示抽烟是否完成
//供应者
while(1){
    random=任意一个整数随机数;
    random=random%3;
    if(random==0)
        V(offer1);                      //提供烟草和纸
    else if(random==1)
        V(offer2);                      //提供烟草和胶水
    else
        V(offer3);                      //提供纸和胶水
    任意两种材料放在桌子上;
    P(finish);
}
//拥有烟草者
while(1){
    P(offer3);
```

```
        拿纸和胶水，卷成烟，抽掉；
        V(finish);
    }
    //拥有纸者
    while(1){
        P(offer2);
        拿烟草和胶水，卷成烟，抽掉；
        V(finish);
        }
    //拥有胶水者
    while(1){
        P(offer1);
        拿烟草和纸，卷成烟，抽掉；
        V(finish);
    }
```

2.3.6　本节习题精选

一、单项选择题

1. 下列对临界区的论述中，正确的是（　　）。

   A. 临界区是指进程中用于实现进程互斥的那段代码
   B. 临界区是指进程中用于实现进程同步的那段代码
   C. 临界区是指进程中用于实现进程通信的那段代码
   D. 临界区是指进程中用于访问共享资源的那段代码

2. 不需要信号量就能实现的功能是（　　）。

   A. 进程同步　　B. 进程互斥
   C. 执行的前驱关系　　D. 进程的并发执行

3. 若一个信号量的初值为 3，经过多次 PV 操作以后当前值为−1，此表示等待进入临界区的进程数是（　　）。

   A. 1　　B. 2　　C. 3　　D. 4

4.【2010 年计算机联考真题】

设与某资源关联的信号量（K）初值为 3，当前值为 1。若 M 表示该资源的可用个数，N 表示等待该资源的进程数，则 M、N 分别是（　　）。

   A. 0、1　　B. 1、0　　C. 1、2　　D. 2、0

5. 一个正在访问临界资源的进程由于申请等待 I/O 操作而被中断时，它是（　　）。

   A. 可以允许其他进程进入与该进程相关的临界区
   B. 不允许其他进程进入任何临界区
   C. 可以允许其他进程抢占处理器，但不得进入该进程的临界区
   D. 不允许任何进程抢占处理器

6. 两个旅行社甲和乙为旅客到某航空公司订飞机票，形成互斥资源的是（　　）。

   A. 旅行社　　B. 航空公司
   C. 飞机票　　D. 旅行社与航空公司

7. 临界区是指并发进程访问共享变量段的（　　）。

A．管理信息　　B．信息存储　　C．数据　　D．代码程序

8. 以下不是同步机制应遵循的准则的是（　　）。

A．让权等待　　B．空闲让进　　C．忙则等待　　D．无限等待

9. 以下（　　）不属于临界资源。

A．打印机　　B．非共享数据　　C．共享变量　　D．共享缓冲区

10. 以下（　　）属于临界资源。

A．磁盘存储介质　　B．公用队列

C．私用数据　　D．可重入的程序代码

11. 在操作系统中，要对并发进程进行同步的原因是（　　）。

A．进程必须在有限的时间内完成　　B．进程具有动态性

C．并发进程是异步的　　D．进程具有结构性

12. 进程A和进程B通过共享缓冲区协作完成数据处理，进程A负责产生数据并放入缓冲区，进程B从缓冲区读数据并输出。进程A和进程B之间的制约关系是（　　）。

A．互斥关系　　B．同步关系　　C．互斥和同步关系　　D．无制约关系

13. 在操作系统中，P、V操作是一种（　　）。

A．机器指令　　B．系统调用命令

C．作业控制命令　　D．低级进程通信原语

14. P操作可能导致（　　）。

A．进程就绪　　B．进程结束　　C．进程阻塞　　D．新进程创建

15. 原语是（　　）。

A．运行在用户态的过程　　B．操作系统的内核

C．可中断的指令序列　　D．不可分割的指令序列

16.（　　）定义了共享数据结构和各种进程在该数据结构上的全部操作。

A．管程　　B．类程　　C．线程　　D．程序

17. 用V操作唤醒一个等待进程时，被唤醒进程的变为（　　）状态。

A．运行　　B．等待　　C．就绪　　D．完成

18. 在用信号量机制实现互斥时，互斥信号量的初值为（　　）。

A．0　　B．1　　C．2　　D．3

19. 用P、V操作实现进程同步，信号量的初值为（　　）。

A．−1　　B．0　　C．1　　D．由用户确定

20. 可以被多个进程在任意时刻共享的代码必须是（　　）。

A．顺序代码　　B．机器语言代码

C．不允许任何修改的代码　　D．无转移指令代码

21. 一个进程有程序、数据及PCB组成，其中（　　）必须用可重入编码编写。

A．PCB　　B．程序　　C．数据　　D．共享程序段

22. 用来实现进程同步与互斥的PV操作实际上是由（　　）过程组成的。

A．一个可被中断的　　B．一个不可被中断的

C．两个可被中断的　　D．两个不可被中断的

23．有三个进程共享同一程序段，而每次只允许两个进程进入该程序段，若用 PV 操作同步机制，则信号量 S 的取值范围是（　　）。

A．2, 1, 0, −1　　B．3, 2, 1, 0　　C．2, 1, 0, −1, −2　　D．1, 0, −1, −2

24．对于两个并发进程，设互斥信号量为 mutex（初值为 1），若 mutex=0，则（　　）。

A．表示没有进程进入临界区

B．表示有一个进程进入临界区

C．表示有一个进程进入临界区，另一个进程等待进入

D．表示有两个进程进入临界区

25．对于两个并发进程，设互斥信号量为 mutex（初值为 1），若 mutex=−1，则（　　）。

A．表示没有进程进入临界区

B．表示有一个进程进入临界区

C．表示有一个进程进入临界区，另一个进程等待进入

D．表示有两个进程进入临界区

26．当一个进程因在互斥信号量 mutex 上执行 V(mutex)操作而导致唤醒另一个进程时，则执行 V 操作后 mutex 的值为（　　）。

A．大于 0　　B．小于 0　　C．大于等于 0　　D．小于等于 0

27．若一个系统中共有 5 个并发进程涉及某个相同的变量 A，则变量 A 的相关临界区是由（　　）个临界区构成的。

A．1　　B．3　　C．5　　D．6

28．下述哪个选项不是管程的组成部分（　　）。

A．局限于管程的共享数据结构

B．对管程内数据结构进行操作的一组过程

C．管程外过程调用管程内数据结构的说明

D．对局限于管程的数据结构设置初始值的语句

29．以下关于管程的叙述错误的是（　　）。

A．管程是进程同步工具，解决信号量机制大量同步操作分散的问题

B．管程每次只允许一个进程进入管程

C．管程中的 signal 操作的作用和信号量机制中的 V 操作相同

D．管程是被进程调用的，管程是语法范围，无法创建和撤销

30．对信号量 S 执行 P 操作后，使该进程进入资源等待队列的条件是（　　）。

A．S.value<0　　B．S.value<=0　　C．S.value>0　　D．S.value>=0

31．如果系统有 n 个进程，则就绪队列中进程的个数最多有（ ① ）个；阻塞队列中进程的个数最多有（ ② ）个。

① A.n+1　　B．n　　C．n−1　　D．1

② A.n+1　　B．n　　C．n−1　　D．1

32．下列关于 PV 操作的说法正确的是（　　）。

Ⅰ．PV 操作是一种系统调用命令

Ⅱ．PV 操作是一种低级进程通信原语

Ⅲ．PV 操作是由一个不可被中断的过程组成

Ⅳ．PV 操作是由两个不可被中断的过程组成

A．Ⅰ、Ⅲ　　B．Ⅱ、Ⅳ　　C．Ⅰ、Ⅱ、Ⅳ　　D．Ⅰ、Ⅳ

33．下列关于临界区和临界资源的说法正确的有（　　）。

Ⅰ．银行家算法可以用来解决临界区（Critical Section）问题。

Ⅱ．临界区是指进程中用于实现进程互斥的那段代码。

Ⅲ．公用队列属于临界资源。

Ⅳ．私用数据属于临界资源。

A．Ⅰ、Ⅱ　　B．Ⅰ、Ⅳ

C．只有Ⅲ　　D．以上答案都错误

34．有一个计数信号量 S：

1）假如若干个进程对 S 进行了 28 次 P 操作和 18 次 V 操作之后，信号量 S 的值为 0。

2）假如若干个进程对信号量 S 进行了 15 次 P 操作和 2 次 V 操作。请问此时有多少个进程等待在信号量 S 的队列中（　　）。

A．2　　B．3　　C．5　　D．7

35．有两个并发进程 P1、P2，其程序代码如下：

```
P1(){                              P2(){
x=1;          //A1                     x=-3;         //B1
y=2;                                   c=x*x;
z=x+y;                                 print c;      //B2
print z;      //A2                 }
}
```

可能打印出 z 的值有（　　）可能打印出的 c 值有（　　）（其中 x 为 P1、P2 的共享变量）。

A．z=1，−3；c=−1，9　　B．z=−1，3；c=1，9

C．z=−1，3，1；c=9　　D．z=3；c=1，9

36．【2010 年计算机联考真题】

进程 P0 和进程 P1 的共享变量定义及其初值为：

```
boolean flag[2];
int turn=0;
flag[0]=false; flag[1]=false;
```

若进程 P0 和进程 P1 访问临界资源的类 C 代码实现如下：

```
void P0()   //进程 P0                          void P1()   //进程 P1
{                                              {
    while(true)                                    while(true)
    {                                              {
        flag[0]=true;turn=1;                           flag[1]=true;turn=0;
        while(flag[1]&&(turn==1))                      while(flag[0]&&(turn==0))
            ;                                              ;
        临界区;                                         临界区;
        flag[0]=false;                                 flag[1]=false;
    }                                              }
}                                              }
```

则并发执行进程 P0 和进程 P1 时产生的情况是（　　）。

A．不能保证进程互斥进入临界区，会出现“饥饿”现象

B．不能保证进程互斥进入临界区，不会出现“饥饿”现象

C．能保证进程互斥进入临界区，会出现“饥饿”现象

D．能保证进程互斥进入临界区，不会出现“饥饿”现象

37．【2011 年计算机联考真题】

有两个并发执行的进程 P1 和进程 P2，共享初值为 1 的变量 x。P1 对 x 加 1，P2 对 x 减 1。加 1 和减 1 操作的指令序列分别如下：

```
//加 1 操作                              //减 1 操作
load  R1,x      //取 x 到寄存器 R1 中    load  R2,x        //取 x 到寄存器 R2 中
inc  R1                                 dec  R2
store  x,R1     //将 R1 的内容存入 x     store  x,R2       //将 R2 的内容存入 x
```

两个操作完成后，x 的值（　　）。

A．可能为−1 或 3　　B．只能为 1

C．可能为 0、1 或 2　　D．可能为−1、0、1 或 2

38．并发进程之间的关系是（　　）。

A．无关的　　B．相关的

C．可能相关的　　D 可能是无关的，也可能是有交往的

39．如果有四个进程共享同一程序段，每次允许三个进程进入该程序段，若用 P、V 操作作为同步机制，则信号量的取值范围是（　　）。

A．4, 3, 2, 1, −1　　B．2, 1, 0, −1, −2　　C．3, 2, 1, 0, −1　　D．2, 1, 0, −2, −3

40．在 9 个生产者、6 个消费者共享容量为 8 的缓冲器的生产者-消费者问题中，互斥使用缓冲器的信号量初始值为（　　）。

A．1　　B．6　　C．8　　D．9

41．信箱通信是一种（　　）通信方式。

A．直接通信　　B．间接通信　　C．低级通信　　D．信号量

42．有两个优先级相同的并发程序 P1 和 P2，它们的执行过程如下所示。假设，当前信号量 s1=0，s2=0。当前的 z=2，进程运行结束后，x、y 和 z 的值分别是（　　）。

```
进程 P1                    进程 P2
…                          …
y:=1;                      x:=1
y:=y+2;                    x:=x+1;
z:=y+1;                    P(s1);
V(s1);                     x:=x+y;
P(s2);                     z:=x+z;
y:=z+y;                    V(s2);
…                          …
```

A．5, 9, 9　　B．5, 9, 4　　C．5, 12, 9　　D．5, 12, 4

二、综合应用题

1．何谓管程？管程由几部分组成？说明引入管程的必要性。

2．进程之间存在哪几种制约关系？各是什么原因引起的？以下活动各属于哪种制约

关系？

1）若干学生去图书馆借书。

2）两队进行篮球比赛。

3）流水线生产的各道工序。

4）商品生产和消费。

3.【2009 年计算机联考真题】

三个进程 P1、P2、P3 互斥使用一个包含 *N*（*N*>0）个单元的缓冲区。P1 每次用 produce()生成一个正整数并用 put()送入缓冲区某一空单元中；P2 每次用 getodd()从该缓冲区中取出一个奇数并用 countodd()统计奇数个数；P3 每次用 geteven()从该缓冲区中取出一个偶数并用 counteven()统计偶数个数。请用信号量机制实现这三个进程的同步与互斥活动，并说明所定义的信号量的含义（要求用伪代码描述）。

4．下面是两个并发执行的进程，它们能正确运行吗？若不能请举例说明，并改正。

```
int x;
process_P1{                    process_P2{
    int y,z;                       int t,u;
    x=1;                           x=0;
    y=0;                           t=0;
    if(x>=1)                       if(x<=1)
        y=y+1;                         t=t+2;
    z=y;                           u=t;
}                              }
```

5．有两个并发进程 P1、P2，其程序代码如下：

```
P1(){                          P2(){
    x=1;                           x=-1;
    y=2;                           a=x+3;
    if(x>0)                        x=a+x;
        z=x+y;                     b=a+x;
    else                           c=b*b;
        z=x*y;                     print c;
    print z;                   }
}
```

1）可能打印出的 z 值有?（假设每条赋值语句是一个原子操作）

2）可能打印出的 c 值有?（其中 x 为 P1，P2 的共享变量）

6．在一个仓库中可以存放 A 和 B 两种产品，要求：

1）每次只能存入一种产品。

2）A 产品数量−B 产品数量<*M*。

3）B 产品数量−A 产品数量<*N*。

其中，*M*、*N* 是正整数，试用 P 操作、V 操作描述产品 A 与产品 B 的入库过程。

7．面包师有很多面包，由 n 个销售人员推销。每个顾客进店后取一个号，并且等待叫号，当一个销售人员空闲下来时，就叫下一个号。试设计一个使销售人员和顾客同步的算法。

8．某工厂有两个生产车间和一个装配车间，两个生产车间分别生产 A、B 两种零件，装配车间的任务是把 A、B 两种零件组装成产品。两个生产车间每生产一个零件后都要分别把它们送到专配车间的货架 F1、F2 上。F1 存放零件 A，F2 存放零件 B，F1 和 F2 的容量均可以存放 10 个零件。装配工人每次从货架上取一个零件 A 和一个零件 B 后组装成产品。请用 P、V 操作进行正确管理。

9．某寺庙，有小和尚、老和尚若干，有一水缸，由小和尚提入水缸供老和尚饮用。水缸可容 10 桶水，水取自同一井中。水井径窄，每次只能容一个桶取水。水桶总数为 3 个。每次入缸取水仅为 1 桶水，且不可同时进行。试给出有关从缸取水、入水的算法描述。

10．如图 2-11 所示，三个合作进程 P1、P2、P3，它们都需要通过同一设备输入各自的数据 a、b、c，该输入设备必须互斥地使用，而且其第一个数据必须由 P1 进程读取，第二个数据必须由 P2 进程读取，第三个数据则必须由 P3 进程读取。然后，三个进程分别对输入数据进行下列计算：

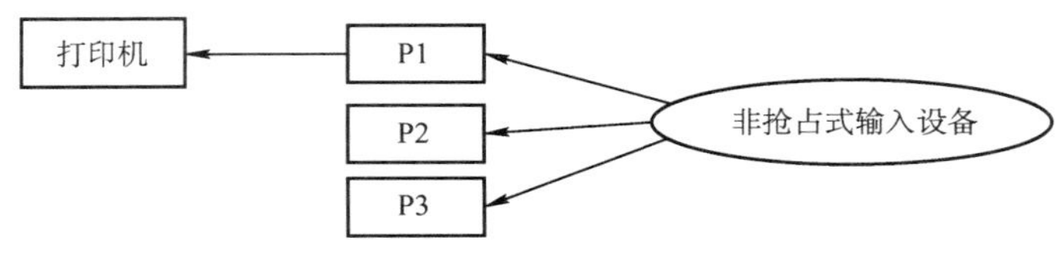

图 2-11　三个合作进程

P1: x=a+b;

P2: y=a*b;

P3: z=y+c–a;

最后，P1 进程通过所连接的打印机将计算结果 x、y、z 的值打印出来。请用信号量实现它们的同步。

11．【2011 年计算机联考真题】

某银行提供 1 个服务窗口和 10 个供顾客等待的座位。顾客到达银行时，若有空座位，则到取号机上领取一个号，等待叫号。取号机每次仅允许一位顾客使用。当营业员空闲时，通过叫号选取一位顾客，并为其服务。顾客和营业员的活动过程描述如下：

```
cobegin
{
    process  顾客 i
    {
        从取号机获取一个号码;
        等待叫号;
        获取服务;
    }
    process  营业员
    {
        while (TRUE)
        {
            叫号;
            为客户服务;
        }
    }
}coend
```

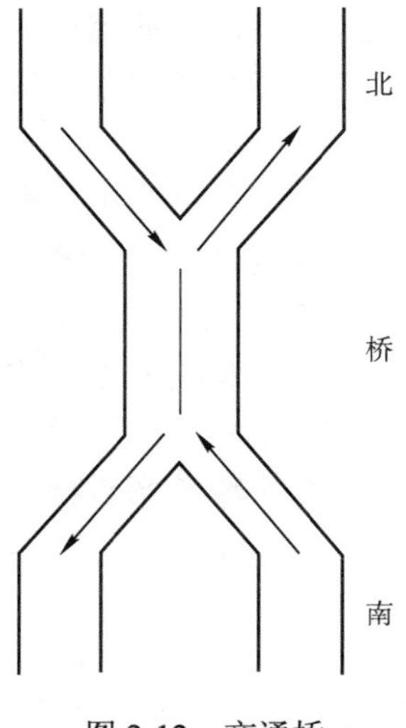

图 2-12　交通桥

请添加必要的信号量和 P、V（或 wait()、signal()）操作，实现上述过程中的互斥与同步。要求写出完整的过程，说明信号量的含义并赋初值。

12．有桥如图 2-12 所示。车流方向如箭头所示。回答如下问题：

1）假设该桥上每次只能有一辆车行驶，试用信号灯的 P、V 操作实现交通管理。

2）假设该桥上不允许两车交会，但允许同方向多个车一次通过（即桥上可有多个同方向行驶的车）。试用信号灯的 P、V 操作实现桥上交通管理。

13．假设有两个线程（编号为 0 和 1）需要去访问同一个共享资源，为了避免竞争状态的问题，我们必须实现一种互斥机制，使得在任何时候只能有一个线程在访问这个资源。假设有如下的一段代码：

```
int flag[2];              //flag 数组，初始化为 FALSE
Enter_Critical_Section(int my_thread_id,int other_thread_id){
    while(flag[other_thread_id]==TRUE);          //空循环语句
    flag[my_thread_id]=TRUE;
}
Exit_Critical_Section(int my_thread_id,int other_thread_id){
    flag[my_thread_id]=FALSE;
}
```

当一个线程想要访问临界资源时，就调用上述的这两个函数。例如，线程 0 的代码可能是这样的：

```
Enter_Critical_Section(0,1);
使用这个资源;
Exit_Critical_Section(0,1);
做其他的事情;
```

试问：

1）以上的这种机制能够实现资源互斥访问吗？为什么？

2）如果把 Enter_Critical_Section()函数中的两条语句互换一下位置，结果会如何？

14．设自行车生产线上有一只箱子，其中有 N 个位置（$N \geqslant 3$），每个位置可存放一个车架或一个车轮；又设有 3 个工人，其活动分别为：

```
工人 1 活动:          工人 2 活动:          工人 3 活动:
do{                   do{                   do{箱中取一个车架;
  加工一个车架;         加工一个车轮;          箱中取二个车轮;
  车架放入箱中;         车轮放入箱中;          组装为一台车;
}while(1)             }while(1)             }while(1)
```

试分别用信号量与 PV 操作实现三个工人的合作，要求解中不含死锁。

15．设 P、Q、R 共享一个缓冲区，P、Q 构成一对生产者-消费者，R 既为生产者又为消费者。使用 P、V 操作实现其同步。

16．理发店理有一位理发师、一把理发椅和 n 把供等候理发的顾客坐的椅子。如果没有顾客，理发师便在理发椅上睡觉，一个顾客到来时，顾客必须叫醒理发师，如果理发师正在理发时又有顾客来到，则如果有空椅子可坐，就坐下来等待，否则就离开。

17．假设一个录像厅有 1、2、3 三种不同的录像片可由观众选择放映，录像厅的放映规则为：

1）任一时刻最多只能放映一种录像片，正在放映的录像片是自动循环放映的，最后一个观众主动离开时结束当前录像片的放映；

2）选择当前正在放映的录像片的观众可立即进入，允许同时有多位选择同一种录像片的观众同时观看，同时观看的观众数量不受限制；

3）等待观看其他录像片的观众按到达顺序排队，当一种新的录像片开始放映时，所有等待观看该录像片的观众可依次序进入录像厅同时观看。用一个进程代表一个观众，要求：用信号量方法 PV 操作实现，并给出信号量定义和初始值。

18．在南开大学至天津大学间有一条弯曲的路，每次只允许一辆自行车通过，但中间有小的安全岛 M（同时允许两辆车），可供两辆车在已进入两端小车错车，如图 2-13 所示。设计算法并使用 P、V 操作实现。

19．设公共汽车上，驾驶员和售票员的活动分别如下（见图 2-14）驾驶员的活动：启动车辆，正常行车，到站停车；售票员的活动：关车门，售票，开车门。在汽车不断地到站、停车、行驶过程中，这两个活动有什么同步关系？用信号量和 P、V 操作实现它们的同步。

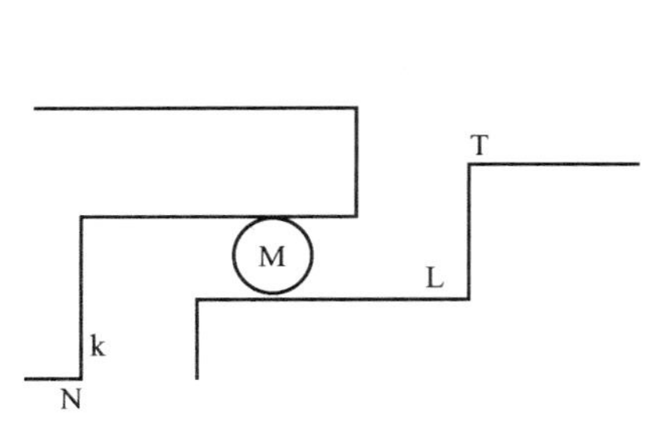

图 2-13　道路安全岛

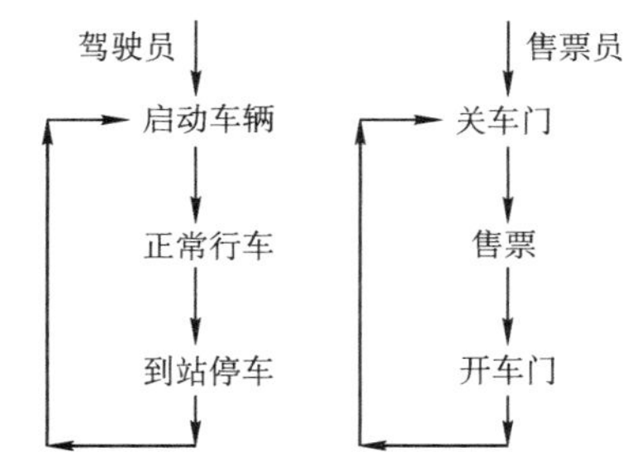

图 2-14　驾驶员和售票员

2.3.7　答案与解析

一、单项选择题

1．D

多个进程可以共享系统中的资源，一次仅允许一个进程使用的资源叫临界资源。访问临界资源的那段代码称为临界区。

2．D

在多道程序技术中，信号量机制是一种有效实现进程同步和互斥的工具。进程执行的前趋关系实质上是指进程的同步关系。除此以外，只有进程的并发执行不需要信号量来控制，因此正确答案为 D 选项。

3．A

信号量是一个整型的特殊变量，只有初始化和 PV 操作才能改变其值。通常，信号量分为互斥量和资源量，互斥量的初值一般为 1，表示临界区只允许一个进程进入，从而实现互斥。当互斥量等于 0 时，表示临界区已经有一个进程进入，临界区外尚无进程等待；当互斥量小于 0 时，表示临界区中有一个进程，互斥量的绝对值表示在临界区外等待进入的进程数。同样的道理，资源信号量初值可以是任意整数，表示可用的资源数，当资源量为 0 时，表示所有资源已经全部用完，而且还有进程正在等待使用该资源，等待的进程数就是资源量的绝对值。

4. B

信号量表示相关资源的当前可用数量。当信号量 $K>0$ 时，表示还有 K 个相关资源可用，所以该资源的可用个数是 1。而当信号量 $K<0$ 时，表示有 $|K|$ 个进程在等待该资源。由于资源有剩余，可见没有其他进程等待使用该资源，故进程数为 0。

5. C

进程进入临界区必须满足互斥条件，当进程进入临界区但是尚未离开时就被迫进入阻塞是可以的，系统中经常有这样的情形。在此状态下，只要其他进程在运行过程中不寻求进入该进程的临界区，就应该允许其运行，即分配 CPU。该进程所锁定的临界区是不允许其他进程访问的，其他进程若要访问，必定会在临界区的“锁”上阻塞，期待该进程下次运行时可以离开并将临界区交给它。所以正确答案为 C 选项。

6. C

一张飞机票不能售给不同的旅客，因此飞机票是互斥资源，其他因素只是为完成飞机票订票的中间过程，与互斥资源无关。

7. D

所谓临界区，并不是指临界资源，如共享的数据、代码或硬件设备等，而是访问临界资源的那段代码程序，如 P、V 操作，加减锁等。操作系统中对临界资源的访问关心的就是临界区的操作过程，具体在对临界资源作何操作是应用程序的事，操作系统并不关心。

8. D

同步机制的四个准则是空闲让进、忙则等待、让权等待和有限等待。

9. B

临界资源是互斥共享资源，非共享数据不属于临界资源。打印机、共享变量和共享缓冲区都只允许一次一个进程使用。

10. B

临界资源与共享资源的区别在于，在一段时间内能否允许被多个进程访问（并发使用），显然磁盘是属于共享设备的。公用队列可供多个进程使用，但一次只可有一个进程使用，试想若多个进程同时使用公用队列，势必造成队列中数据混乱，无法使用。私用数据仅供一个进程使用，不存在临界区问题，可重入的程序代码一次可供多个进程使用。

11. C

进程同步是指进程之间一种直接的协同工作关系，这些进程的并发是异步的，它们相互合作，共同完成一项任务。

12. C

并发进程因为共享资源而产生相互之间的制约关系，可以分为两类：①互斥关系，指进程之间因相互竞争使用独占型资源（互斥资源）所产生的制约关系；②同步关系，指进程之间为协同工作需要交换信息、相互等待而产生的制约关系。本题中两个进程之间的制约关系是同步关系，进程 B 必须在进程 A 将数据放入缓冲区之后才能从缓冲区中读出数据。此外，共享的缓冲区一定是互斥访问的，所以它们也具有互斥关系。

13．D

P、V 操作时一种低级的进程通信原语，它是不能被中断的。

14．C

P 操作即 wait 操作，表示等待某种资源直到可用。若这种资源暂时不可用，则进程进入阻塞状态。注意，执行 P 操作时的进程处于运行状态。

15．D

原语（Primitive/Atomic Action），顾名思义，就是原子性的、不可分割的操作。严格定义为：由若干个机器指令构成的完成某种特定功能的一段程序，其执行必须是连续的，在执行过程中不允许被中断。

16．A

管程定义了一个数据结构和能为并发进程所执行（在该数据结构上）的一组操作，这组操作能同步进程和改变管程中的数据。

17．C

只有就绪进程能获得处理器资源，被唤醒的进程并不能直接转换为运行状态。

18．B

互斥信号量初值为 1，P 操作成功则将其减 1，禁止其他进程进入；V 操作成功则将其加 1，允许等待队列中的一个进程进入。

19．D

与互斥信号量初值一般为 1 时不同，用 P、V 操作实现进程同步，信号量的初值应根据具体情况来确定。若期望的消息尚未产生，则对应的初值应为 0；若期望的消息已经存在，则信号量的初值应设为一个非 0 的正整数。

20．C

若代码可以被多个进程在任意时刻共享，则要求任一个进程在调用此段代码时都以同样的方式运行；而且进程在运行过程中被中断后再继续执行，其执行结果也不受影响。这必然要求代码不能被任何进程修改，否则无法满足共享的要求。这样的代码就是可重入代码，也叫纯代码，即允许多个进程同时访问的代码。

21．D

共享程序段可能同时被多个进程使用，所以必须可重入编码，否则无法实现共享的功能。

22．D

P 操作和 V 操作都属于原语操作，不可被中断。

23．A

因为每次允许两个进程进入该程序段，信号量最大值取 2。至多有三个进程申请，则信号量最小为1，则信号量最小为−1，所以信号量可以取 2、1、0、−1。

24．B

临界区不允许两个进程同时进入，D 选项明显错误。mutex 初值为 1，表示允许一个进程进入临界区，当有一个进程进入临界区且没有进程等待进入时，mutex 减 1，变为 0。

25．C

当有一个进程进入临界区且另一个进程等待进入临界区时，mutex=−1。等 mutex 小于 0 时，其绝对值等于等待进入临界区的进程数。

26．D

由题意可知，系统原来存在等待进入临界区的进程，故 mutex 小于等于−1，故在执行 V(mutex)操作后，mutex 的值小于等于 0。

27．C

这里的临界区是指访问临界资源 A 的那段代码（临界区的定义）。那么，5 个并发进程共有 5 个操作共享变量 A 的代码段。

28．C

管程由局限于管程的共享变量说明、对管程内的数据结构进行操作的一组过程以及对局限于管程的数据设置初始值的语句组成。

29．C

管程的 signal 操作与信号量机制中的 V 操作不同，信号量机制中的 V 操作一定会改变信号量的值 S=S+1。而管程中的 signal 操作是针对某个条件变量的，如果不存在因该条件而阻塞的进程，则 signal 不会产生任何影响。

30．A

参见记录型信号量的解析。此处极易出 S.value 物理概念题，现总结如下：

S.value>0，表示某类可用资源的数量。每次 P 操作，意味着请求分配一个单位的资源。

S.value<=0，表示某类资源已经没有了，或者说还有因请求该资源而被阻塞的进程。

S.value<=0 时的绝对值，表示等待进程数目。

切记看清题目中陈述，是执行 P 操作前还是 P 操作后。

31． C、B

① 系统中有 *n* 个进程，其中至少有一个进程正在执行（处理器至少有一个），因此就绪队列中进程个数最多有 *n*−1 个。B 选项容易被错选，以为会有处理器为空，就绪队列全满的情况，实际调度无此状态。

注意：系统中有 *n* 个进程，其中至少有一个进程正在执行（处理器至少有一个），其实这句话对于一般情况是错误的，但是我们仅仅是需要考虑就绪队列中进程最多这么一种特殊情况即可。

② 此题 C 选项容易被错选，阻塞队列有 *n*−1 个进程这种情况是可能发生的，但不是最多的情况。可能不少读者会忽视死锁的情况，死锁就是 *n* 个进程都被阻塞了，所以最多可以有 *n* 个进程在阻塞队列。

32．B

PV 操作是一种低级进程通信原语，不是系统调用，故Ⅱ正确；P 操作和 V 操作都是属于原子操作，所以 PV 操作是由两个不可被中断的过程组成，故Ⅳ正确。

33．C

临界资源是指每次仅允许一个进程访问的资源。每个进程中访问临界资源的那段代码称为临界区。Ⅰ错误，银行家算法是避免死锁的算法。Ⅱ错误，每个进程中访问临界资源的那段代码称为临界区。Ⅲ正确，公用队列可供多个进程使用，但一次只可有一个程序使用。Ⅳ

错误，私用数据仅供一个进程使用，不存在临界区问题。综上分析，正确答案为 C 选项。

34．B

对 S 进行了 28 次 P 操作和 18 次 V 操作，即 S−28+18=0，得信号量的初值为 10；然后，对信号量 S 进行了 15 次 P 操作和 2 次 V 操作，即 S−15+2=10−15+2=−3，S 信号量的负值的绝对值表示等待队列中的进程数。所以有 3 个进程等待在信号量 S 的队列中。

35．B

本题关键是输出语句 A2、B2 中读取的 x 的值不同，由于 A1、B1 执行有先后问题，使得在执行 A2、B2 前，x 的可能取值有两个就是 1、−3；这样输出 z 的值可能是 1+2=3 或者是(−3)+2=−1；输出 c 的值可能是 1×1=1 或者是(−3)×(−3)=9。

36．D

这是皮特森算法的实际实现，保证进入临界区的进程合理安全。

该算法为了防止两个进程为进入临界区而无限期等待，设置变量 turn，表示不允许进入临界区的编号，每个进程在先设置自己标志后再设置 turn 标志，不允许另一个进程进入，这时，再同时检测另一个进程状态标志和不允许进入表示，这样可以保证当两个进程同时要求进入临界区时只允许一个进程进入临界区。保存的是较晚的一次赋值，则较晚的进程等待，较早的进程进入。先到先入，后到等待，从而完成临界区访问的要求。

其实这里可以想象为两个人进门，每个人进门前都会和对方客套一句“你走先”。如果进门时没别人，就当和空气说句废话，然后大步登门入室；如果两人同时进门，就互相请先，但各自只客套一次，所以先客套的人请完对方，就等着对方请自己，然后光明正大地进门。

37．C

将 P1 中 3 条语句依次编号为 1、2、3；P2 中 3 条语句依次编号为 4、5、6。则依次执行 1、2、3、4、5、6 得结果 1，依次执行 1、2、4、5、6、3 得结果 2，执行 4、5、1、2、3、6 得结果 0。结果−1 不可能得出。

38．D

并发进程之间的关系没有什么必然的要求，即只是执行时间上的偶然重合，可能无关也可能有交往的。

39．C

由于每次允许三个进程进入该程序段，所以可能出现的情况是没有进程进入，有一个进程进入，有两个进程进入，有三个进程进入和三个进程进入并有一个在等待进入，那么这五种情况对应的信号量值为 3，2，1，0，−1。

40．A

所谓互斥使用某临界资源，是指在同一时间段只允许一个进程使用此资源，所以互斥信号量的初值都为 1。

41．B

信箱通信是一种间接通信方式。

42．C

由于进程并发，所以进程的执行具有不确定性，在 P1、P2 执行到第一个 P、V 操作前，应该是相互无关的。现在考虑第一个对 s1 的 P、V 操作，由于进程 P2 是 P(s1)操作，所以它必须等待 P1 执行完 V(s1)操作以后才可继续运行，此时的 x、y、z 值分别是 3、3、4，当进程 P1 执行完 V(s1)以后便在 P(s2)上阻塞，此时 P2 可以运行直到 V(s2)，此时的 x、y、z 值分别是 5、3、9，进程 P1 继续运行到结束，最终的 x、y、z 值分别为 5、12、9。

二、综合应用题

1．解答：

当共享资源用共享数据结构表示时，资源管理程序可用对该数据结构进行操作的一组过程来表示，如资源的请求和释放过程 request 和 release。把这样一组相关的数据结构和过程一并归为管程。Hansan 为管程所下的定义是：“一个管程定义了一个数据结构和能为并发进程所执行（在该数据结构上）的一组操作，这组操作能同步进程和改变管程中的数据。”由定义可知，管程由三部分组成：

1）局部于管程的共享变量说明；

2）该数据结构进行操作的一组过程；

3）对局部于管程的数据设置初始值的语句，此外，还需为该管程赋予一个名字。

管程的引入是为了解决临界区分散所带来的管理和控制问题。在没有管程之前，对临界区的访问分散在各个进程之中，不易发现和纠正分散在用户程序中的不正确地使用 P、V 操作等问题。管程将这些分散在各进程中的临界区集中起来，并加以控制和管理，管程一次只允许一个进程进入管程内，从而既便于系统管理共享资源，又能保证互斥。

2．解答：

进程之间存在两种制约关系，即同步和互斥。

同步是由于并发进程之间需要协调完成同一个任务时引起的一种关系，为一个进程等待另一个进程向它直接发送消息或数据时的一种制约关系。

互斥是由于并发进程之间竞争系统的临界资源引起的，为一个进程等待另一个进程已经占有的必须互斥使用的资源时的一种制约关系。

1）是互斥关系，同一本书只能被一个学生借阅，或者任何时刻只能有一个学生借阅一本书。

2）是互斥关系，篮球是互斥资源，只可以被一个队伍获得。

3）是同步关系，一个工序完成后开始下一个工序。

4）是同步关系，生产商品后才能消费。

3．解答：

互斥资源：缓冲区只能互斥访问，因此设置互斥信号量 mutex。

同步问题：P1、P2 因为奇数的放置与取用而同步，设同步信号量 odd；P1、P3 因为偶数的放置与取用而同步，设置同步信号量 even；P1、P2、P3 因为共享缓冲区，设同步信号量 empty，初值为 N。程序如下：

```
semaphore mutex=1;              //缓冲区操作互斥信号量
semaphore odd=0,even=0;         //奇数、偶数进程的同步信号量
semaphore empty=N;              //空缓冲区单元个数信号量
main()
cobegin{
    Process P1()
    while(True)
    {
```

```
        x=produce();                    //生成一个数
        P(empty);                       //判断缓冲区是否有空单元
        P(mutex);                       //缓冲区是否被占用
        Put();
        V(mutex);                       //释放缓冲区
        if(x%2==0)
            V(even);                    //如果是偶数，向 P3 发出信号
        else
            V(odd);                     //如果是奇数，向 P2 发出信号
    }
    Process P2()
    while(True)
    {
        P(odd);                         //收到 P1 发来的信号，已产生一个奇数
        P(mutex);                       //缓冲区是否被占用
        getodd();
        V(mutex);                       //释放缓冲区
        V(empty);                       //向 P1 发信号，多出一个空单元
        countodd();
    }
    Process P3()
    while(True)
    {
        P(even);                        //收到 P1 发来的信号，已产生一个偶数
        P(mutext);                      //缓冲区是否被占用
        geteven();
        V(mutex);                       //释放缓冲区
        V(empty);                       //向 P1 发信号，多出一个空单元
        counteven();
    }
}coend
```

4．解答：

P1 和 P2 两个并发进程的执行结果是不确定的，它们都对同一变量 X 进程操作，X 是一个临界资源，而没有进行保护。例如：

1）若先执行完 P1 再执行 P2，结果是 x=0，y=1，z=1，t=2，u=2。

2）若先执行 P1 到“x=1”，然后一个中断去执行完 P2，再一个中断回来执行完 P1，结果是 x=0，y=0，z=0，t=2，u=2。

显然两次执行结果不同，所以这两个并发进程不能正确运行。可以将这个程序改为：

```
int x;
semaphore S=1;              //访问 X 的互斥信号量
process_P1{                         process_P2{
    int y,z;                        int t,u;
    P(S);                               P(S);
    x=1;                                x=0;
    y=0;                                t=0;
```

```
        if(x>=1)                              if(x<=1)
            y=y+1;                            t=t+2;
        V(S);                                 V(S);
        z=y;                                  u=t;
    }                                     }
```

5．解答：

1）z 的值有：−2，1，2，3，5，7。

2）c 的值有：9，25，81。

6．解答：

使用信号量 mutex 控制两个进程互斥访问临界资源（仓库），使用同步信号量 Sa 和 Sb（分别代表产品 A 与 B 的数量差、以及产品 B 与 A 的数量差）满足条件 2 和条件 3。代码如下：

```
Semaphore Sa=M-1,Sb=N-1;
Semaphore mutex=1;         //访问仓库的互斥信号量
process_A(){                               process_B(){
    while(1){                                  while(1){
        P(Sa);                                         P(Sb);
        P(mutex);                                  P(mutex);
        A 产品入库;                                      B 产品入库;
        V(mutex);                                  V(mutex);
        V(Sb);                                         V(Sa);
    }                                              }
}                                          }
```

7．解答：

顾客进店后按序取号，并等待叫号；销售人员空闲之后也是按序叫号，并销售面包。因此同步算法只要对顾客取号和销售人员叫号进行合理同步即可。我们使用两个变量 i 和 j 分别记录当前的取号值和叫号值，并各自使用一个互斥信号量用于对 i 和 j 的进行访问和修改。

```
int i=0,j=0;
semaphore mutex_i=1,mutex_j=1;
Consumer(){                          //顾客
    进入面包店;
    P(mutex_i);                      //互斥访问 i
    取号 i;
    i++;
    V(mutex_i);                      //释放对 i 的访问
    等待叫号 i 并购买面包;
}
Seller(){                            //销售人员
    while(1){
        P(mutex_j);                  //互斥访问 j
        if(j<i){                     //号 j 已有顾客取走并等待
            叫号 j;
            j++;
            V(mutex_j);              //释放对 j 的访问
```

```
                销售面包;
            }
            else{                       //暂时没有顾客在等待
                V(mutex_j);             //释放对 j 的访问
                休息片刻;
            }
        }
    }
```

8. 解答：

本题是生产者-消费者问题的变形，生产者“车间 A”和消费者“装配车间”共享缓冲区“货架 F1”；生产者“车间 B”和消费者“装配车间”共享缓冲区“货架 F2”。因此，可为它们设置 6 个信号量，其中，empty1 对应货架 F1 上的空闲空间，其初值为 10；full1 对应货架 F1 上面的 A 产品，其初值为 0；empty2 对应货架 F2 上的空闲空间，其初值为 10；full2 对应货架 F2 上面的 B 产品，其初值为 0；mutex1 用于互斥地访问货架 F1，其初值为 1；mutex2 用于互斥地访问货架 F2，其初值为 1。

A 车间的工作过程可描述为：

```
    while(1){
        生产一个产品 A;
        P(empty1);                      //判断货架 F1 是否有空
        P(mutex1);                      //互斥访问货架 F1
        将产品 A 存放到货架 F1 上;
        V(mutex1);                      //释放货架 F1
        V(full1);                       //货架 F1 上的零件 A 的个数加 1
    }
```

B 车间的工作过程可描述为：

```
    while(1){
        生产一个产品 B;
        P(empty2);                      //判断货架 F2 是否有空
        P(mutex2);                      //互斥访问货架 F2
        将产品 B 存放到货架 F2 上;
        V(mutex2);                      //释放货架 F2
        V(full2);                       //货架 F2 上的零件 B 的个数加 1
    }
```

装配车间的工作过程可描述为：

```
    while(1){
        P(full1);                       //判断货架 F1 上是否有产品 A
        P(mutex1);                      //互斥访问货架 F1
        从货架 F1 上取一个 A 产品;
        V(mutex1);                      //释放货架 F1
        V(empty1);                      //货架 F1 上的空闲空间数加 1
        P(full2);                       //判断货架 F2 上是否有产品 B
        P(mutex2);                      //互斥访问货架 F2
        从货架 F2 上取一个 B 产品;
        V(mutex2);                      //释放货架 F2
```

```
        V(empty2);                    //货架 F2 上的空闲空间数加 1
        将取得的 A 产品和 B 产品组装成产品;
    }
```

9．解答：

从井中取水并放入水缸是一个连续的动作可以视为一个进程，从缸中取水为另一个进程。设水井和水缸为临界资源，引入 well、vat；三个水桶无论从井中取水还是放入水缸中都是一次一个，应该给它们一个信号量 pail，抢不到水桶的进程只好等待。水缸满时，不可以再放水，设置 empty 信号量控制入水量；水缸空时，不可以取水，设置 full 信号量来控制。本题需要设置 5 个信号量来控制：

```
semaphore well=1;               //用于互斥地访问水井
semaphore vat=1;                //用于互斥地访问水缸
semaphore empty=10;             //用于表示水缸中剩余空间能容纳的水的桶数
semaphore full=0;               //表示水缸中的水的桶数
semaphore pail=3;               //表示有多少个水桶可以用，初值为 3
//老和尚
while(1){
    P(full);
    P(pail);
    P(vat);
    从水缸中打一桶水;
    V(vat);
    V(empty);
    喝水;
    V(pail);
}
//小和尚
while(1){
    P(empty);
    P(pail);
    P(well);
    从井中打一桶水;
    V(well);
    P(vat);
    将水倒入水缸中;
    V(vat);
    V(full);
    V(pail);
}
```

10．解答：

为了控制三个进程依次使用输入设备进行输入，需分别设置三个信号量 S1、S2、S3，其中 S1 的初值为 1，S2 和 S3 的初值为 0。使用上述信号量后，三个进程不会同时使用输入设备，故不必再为输入设备设置互斥信号量。另外，还需要设置信号量 Sb、Sy、Sz 来表示数据 b 是否已经输入，以及 y、z 是否已计算完成，它们的初值均为 0。三个进程的动作可描述为：

```
P1(){
    P(S1);
    从输入设备输入数据 a;
    V(S2);
    P(Sb);
    x=a+b;
    P(Sy);
    P(Sz);
    使用打印机打印出 x、y、z 的结果;
}
P2(){
    P(S2);
    从输入设备输入数据 b;
    V(S3);
    V(Sb);
    y=a*b;
    V(Sy);
    V(Sy);
}
P3(){
    P(S3);
    从输入设备输入数据 c;
    P(Sy);
    Z=y+c-a;
    V(Sz);
}
```

11．解答：

互斥资源：取号机（一次只一位顾客领号），因此设置互斥信号量 mutex。

同步问题：顾客需要获得空座位等待叫号，当营业员空闲时，将选取一位顾客并为其服务。空座位的有、无影响等待顾客数量，顾客的有、无决定了营业员是否能开始服务，故分别设置信号量 empty 和 full 来实现这一同步关系。另外，顾客获得空座位后，需要等待叫号和被服务。这样，顾客与营业员就服务何时开始又构成了一个同步关系，定义信号量 service 来完成这一同步过程。

```
semaphore empty=10;          //空座位的数量，初值为 10
semaphore mutex=1;           //互斥使用取号机
semaphore full=0;            //已占座位的数量，初值 0
semaphore service=0;         //等待叫号
cobegin
{
   Process 顾客 i
   {
      P(empty);              //等空位
      P(mutex);              //申请使用取号机
      从取号机上取号;
      V(mutex);              //取号完毕
```

```
        V(full);                //通知营业员有新顾客
        P(service);             //等待营业员叫号
        接受服务;
    }
    Process 营业员
    {
        while(True){
            P(full);            //没有顾客则休息
            V(empty);           //离开座位
            V(service);         //叫号
            为顾客服务;
        }
    }
}coend
```

12．解答：

1）桥上每次只能有一辆车行驶，所以只要设置 1 个信号量 bridge 就可以判断桥是否使用，若在使用中，等待；若无人使用，则执行 P 操作进入；出桥后，执行 V 操作。

```
semaphore bridge=1;                 //用于互斥地访问桥
NtoS(){ //从北向南
    P(bridge);
    通过桥;
    V(bridge);
}
StoN(){ //从南向北
    P(bridge);
    通过桥;
    V(bridge);
}
```

2）桥上可以同方向多车行驶，需要设置 bridge，还需要对同方向车辆计数，为了防止同方向计数中，同时申请 bridge 造成同方向不可同时行车的问题，所以要对计数过程加以保护，设置信号量 mutexSN、mutexNS。

```
int countSN=0;                      //用于表示从南到北的汽车数量
int countNS=0;                      //用于表示从北到南的汽车数量
semaphore mutexSN=1;                //用于保护 countSN
semaphore mutexNS=1;                //用于保护 countNS
semaphore bridge=1;                 //用于互斥地访问桥
StoN(){ //从南向北
    P(mutexSN);
    if(countSN==0)
        P(bridge);
    countSN++;
    V(mutexSN);
    过桥;
    P(mutexSN);
    countSN--;
```

```
        if(countSN==0)
            V(bridge);
        V(mutexSN);
    }
    NtoS(){ //从北向南
        P(mutexNS);
        if(countNS==0)
            P(bridge);
        countNS++;
        V(mutexNS);
        过桥;
        P(mutexNS);
        countNS--;
        if(countNS==0)
            V(bridge);
        V(mutexNS);
    }
```

13．解答：

1）这种机制不能实现资源的互斥访问，考虑如下的情形：

① 初始化时，flag 数组的两个元素值均为 FALSE；

② 线程 0 先执行，在执行 while 循环语句时，由于 flag[1]=FALSE，所以顺利结束，不会被卡住。假设这个时候来了一个时钟中断，打断它的运行；

③ 线程 1 去执行，在执行 while 循环语句的时候，由于 flag[0]=FALSE，所以顺利结束，不会被卡住，然后就进入了临界区；

④ 后来当线程 0 再执行的时候，也进入了临界区，这样就同时有两个线程在临界区。

总结：不能成功的根本原因是无法保证 Enter_Critical_Section（）函数执行的原子性，我们从上面的软件实现方法中可以看出，对于两个进程间的互斥，最主要的问题就是标志的检查和修改不能作为一个整体来执行，因此容易导致无法保证互斥访问的问题。

2）可能会出现死锁，考虑如下的情形：

① 初始化时，flag 数组的两个元素值均为 FALSE；

② 线程 0 先执行，flag[0]=TRUE，假设这个时候来了一个时钟中断，打断它的运行；

③ 线程 1 去执行，flag[1]=TRUE，在执行 while 循环语句时，由于 flag[0]=TRUE，所以在这个地方被卡住，直到时间片用完；

④ 线程 0 再执行的时候，由于 flag[1]=TRUE，它也在 while 循环语句的地方被卡住，这样，这两个线程都无法执行下去，从而死锁。

14．分析：

用信号量与 PV 操作实现三个工人的合作。

首先不考虑死锁问题，工人 1 与工人 3、工人 2 与工人 3 构成生产者与消费者关系，这两对生产/消费关系通过共同的缓冲区相联系。从资源的角度来看，箱子中的空位置相当于工人 1 和工人 2 的资源，而车架和车轮相当于工人 3 的资源。

分析上述解法易见，当工人 1 推进速度较快时，箱中空位置可能完全被车架占满或只留有一个存放车轮的位置，而当此时工人 3 同时取 2 个车轮时将无法得到，而工人 2 又无法将新加工的车轮放入箱中；当工人 2 推进速度较快时，箱中空位置可能完全被车轮占满，而当此时工人 3 取车架时将无法得到，而工人 1 又无法将新加工的车架放入箱中。上述两种情况都意味着死锁。为防止死锁的发生，箱中车架的数量不可超过 *N*−2，车轮的数量不可超过 *N*−1，这些限制可以用两个信号量来表达。

解答：

```
semaphore empty=N;                    //空位置
semaphore wheel=0;                    //车轮
semaphore frame=0;                    //车架
semaphore s1=N-2;                     //车架最大数
semaphore s2=N-1;                     //车轮最大数
工人 1 活动:
do{
    加工一个车架;
    P(s1);                            //检查车架数是否达到最大值
    P(empty);                         //检查是否有空位
    车架放入箱中;
    V(frame);                         //车架数加 1
}while(1)
工人 2 活动:
do{
    加工一个车轮;
    P(s2);                            //检查车轮数是否达到最大值
    P(empty);                         //检查是否有空位
    车轮放入箱中;
    V(wheel);                         //车轮数加 1
}while(1)
工人 3 活动:
do{
    P(frame);                         //检查是否有车架
    箱中取一车架;
    V(empty);                         //空位数加 1
    V(s1);                            //可装入车架数加 1
    P(wheel);                         //检查是否有一个车轮
    P(wheel);                         //检查是否有另一个车轮
    箱中取二车轮;
    V(empty);                         //取走一个车轮，空位数加 1
    V(empty);                         //取走另一个车轮，空位数加 1
    V(s2);                            //可装入车架数加 1
    V(s2);                            //可装入车架数再加 1
    组装为一台车;
}while(1)
```

15. 解答：

P、Q 构成消费者-生产者关系，则设三个信号量 full、empty、mutex。full 和 empty 用来控制缓冲池状态，mutex 用来互斥进入。R 既为消费者又为生产者，则必须在执行前判断状态，若 empty=1，则执行生产者功能；若 full=1，执行消费者功能。

```
semaphore full=0;                          //表示缓冲区的产品
semaphore empty=1;                         //表示缓冲区的空位
semaphore mutex=1;                         //互斥信号量
Procedure P                 Procedure Q                 Procedure R
{                       {                           {
    while(TRUE){                while(TRUE){                if(empty==1){
        p(empty);                   p(full);                    p(empty);
        P(mutex);                   P(mutex);                   P(mutex);
        Product one;                consume one;                product one;
        v(mutex);                   v(mutex);                   v(mutex);
        v(full);                    v(empty);                   v(full);
    }                           }                           }
}                           }                               if(full==1){
                                                                p(full);
                                                                p(mutex);
                                                                consume one;
                                                                v(mutex);
                                                                v(empty);
                                                            }
                                                        }
```

16. 解答：

1）控制变量 waiting 用来记录等候理发的顾客数，初值为 0，当进来一个顾客时，waiting 加 1，当一个顾客理发时，waiting 减 1；

2）信号量 customers 用来记录等候理发的顾客数，并用做阻塞理发师进程，初值为 0；

3）信号量 barbers 用来记录正在等候顾客的理发师数，并用做阻塞顾客进程，初值为 0；

4）信号量 mutex 用于互斥，初值为 1。

```
int waiting=0;                      //等候理发的顾客数
int chairs=n;                       //为顾客准备的椅子数
semaphore customers=0,barbers=0,mutex=1;
barber(){                           //理发师进程
    while(1){                       //理完一人，还有顾客吗?
        P(customers);               //若无顾客，理发师睡眠
        P(mutex);                   //进程互斥
        waiting=waiting-1;          //等候顾客数少一个
        V(barbers);                 //理发师去为一个顾客理发
        V(mutex);                   //开放临界区
        cut-hair();                 //正在理发
    }
}
customer(){                         //顾客进程
    P(mutex);                       //进程互斥
    if(waiting<chairs){             //如果有空的椅子，就找到椅子坐下等待
        waiting=waiting+1;          //等候顾客数加 1
        V(customers);               //唤醒理发师
        V(mutex);                   //开放临界区
```

```
            P(barbers);                  //无理发师，顾客坐着
            get-haircut();               //一个顾客坐下等待理发
        }
        else
            V(mutex);                    //人满，离开
    }
```

17．解答：

电影院一次只能放映一部影片，希望观看的观众可能有不同的爱好，但每次只能满足部分观众的需求，即希望观看另外两部影片的用户只能等待。分别为三部影片设置三个信号量s0、s1、s2，初值分别为 1、1、1。电影院一次只能放一部影片，因此需要互斥使用。由于观看影片的观众有多个，因此必须分别设置三个计数器（初值都是0），用来统计观众个数。当然计数器是个共享变量，需要互斥使用。

```
    int s=1,s0=1,s1=1,s2=1;
    int count0=0,count1=0,count2=0;
    process videoshow1{                  //看第一部影片的观众
        while(1){
            P(s0);
            count0=count0+1;
            if(count0=1)
                P(s);
            V(s0);
            看影片;
            P(s0);
            count0=count0-1;
            if(count0=0)                 //没人看了，就结束放映
                V(s);
            V(s0);
        }
    }
    process videoshow2{                  //看第二部影片的观众
        while(1){
            P(s1);
            count1=count1+1;
            if(count1=1)
                P(s);
            V(s1);
            看影片;
            P(s1);
            count1=count1-1;
            if(count1=0)                 //没人看了，就结束放映
                V(s);
            V(s1);
        }
    }
    process videoshow3{                  //看第三部影片的观众
```

```
        while(1){
            P(s2);
            count2=count2+1;
            if(count2=1)
                P(s);
            V(s2);
            看影片;
            P(s2);
            count1=count1-1;
            if(count2=0)                //没人看了，就结束放映
                V(s);
            V(s2);
        }
    }
```

18．解答：

由于安全岛 M 仅仅允许两辆车停留，本应该作为临界资源而要设置信号量，但根据题意，任意时刻进入安全岛的车不会超过两辆（两个方向最多各有一辆），因此，不需要为 M 设置信号量，在路口 T 和路口 N 都需要设置信号量，以控制来自两个方向的车对路口资源的争夺。这两个信号量的初值都是 1。此外，由于从 N 到 T 的一段路只允许一辆车通过，所以还需要设置另外的信号量用于控制，由于 M 的存在，可以为两端的小路分别设置一个互斥信号量。

```
    int T2N=1;                      //从 T 到 N 的互斥信号量
    int N2T=1;                      //从 N 到 T 的互斥信号量
    int L=1;                        //经过 L 路段的互斥信号量
    int K=1;                        //经过 K 路段的互斥信号量
    Procedure Bike T2N{
        P(T2N);
        P(L);
        go T to L;
        go into M;
        V(L);
        P(k);
        go K to N;
        V(k);
        V(T2N);
    }
    Procedure Bike N2T{
        P(N2T);
        p(k);
        go N to k;
        go into M;
        V(k);
        P(L);
        go L to T;
        V(L);
```

```
        V(N2T);
    }
```

19．解答：

在汽车行驶过程中，驾驶员活动与售票员活动之间的同步关系为：售票员关车门后，向驾驶员发开车信号，驾驶员接到开车信号后启动车辆，在汽车正常行驶过程中售票员售票，到站时驾驶员停车，售票员在车停后开门让乘客上下车。因此，驾驶员启动车辆的动作必须与售票员关车门的动作取得同步；售票员开车门的动作也必须与驾驶员停车取得同步。应设置两个信号量S1、S2：

S1表示是否允许驾驶员启动汽车（其初值为0）。

S2表示是否允许售票员开门（其初值为0）。

```
semaphore S1=S2=0;
Procedure driver
{
    while(1)
    {
        P(S1);
        Start;
        Driving;
        Stop;
        V(S2);
    }
}

Procedure Conductor
{
    while(1)
    {
        关车门;
        V(s1);
        售票;
        P(s2);
        开车门;
        上下乘客;
    }
}
```

2.4 死锁

2.4.1 死锁的概念

1．死锁的定义

在多道程序系统中，由于多个进程的并发执行，改善了系统资源的利用率并提高了系统的处理能力。然而，多个进程的并发执行也带来了新的问题——死锁。所谓死锁是指多个进程因竞争资源而造成的一种僵局（互相等待），若无外力作用，这些进程都将无法向前推进。

下面我们通过一些实例来说明死锁现象。

先看生活中的一个实例，在一条河上有一座桥，桥面很窄，只能容纳一辆汽车通行。如果有两辆汽车分别从桥的左右两端驶上该桥，则会出现下述的冲突情况。此时，左边的汽车占有了桥面左边的一段，要想过桥还需等待右边的汽车让出桥面右边的一段；右边的汽车占有了桥面右边的一段，要想过桥还需等待左边的汽车让出桥面左边的一段。此时，若左右两边的汽车都只能向前行驶，则两辆汽车都无法过桥。

在计算机系统中也存在类似的情况。例如，某计算机系统中只有一台打印机和一台输入设备，进程P1正占用输入设备，同时又提出使用打印机的请求，但此时打印机正被进程P2所占用，而P2在未释放打印机之前，又提出请求使用正被P1占用着的输入设备。这样两个进程相互无休止地等待下去，均无法继续执行，此时两个进程陷入死锁状态。

2．死锁产生的原因

（1）系统资源的竞争

通常系统中拥有的不可剥夺资源，其数量不足以满足多个进程运行的需要，使得进程在运行过程中，会因争夺资源而陷入僵局，如磁带机、打印机等。只有对不可剥夺资源的竞争才可能产生死锁，对可剥夺资源的竞争是不会引起死锁的。

（2）进程推进顺序非法

进程在运行过程中，请求和释放资源的顺序不当，也同样会导致死锁。例如，并发进程 P1、P2 分别保持了资源 R1、R2，而进程 P1 申请资源 R2，进程 P2 申请资源 R1 时，两者都会因为所需资源被占用而阻塞。

信号量使用不当也会造成死锁。进程间彼此相互等待对方发来的消息，结果也会使得这些进程间无法继续向前推进。例如，进程 A 等待进程 B 发的消息，进程 B 又在等待进程 A 发的消息，可以看出进程 A 和 B 不是因为竞争同一资源，而是在等待对方的资源导致死锁。

（3）死锁产生的必要条件

产生死锁必须同时满足以下四个条件，只要其中任一条件不成立，死锁就不会发生。

互斥条件：进程要求对所分配的资源（如打印机）进行排他性控制，即在一段时间内某资源仅为一个进程所占有。此时若有其他进程请求该资源，则请求进程只能等待。

不剥夺条件：进程所获得的资源在未使用完毕之前，不能被其他进程强行夺走，即只能由获得该资源的进程自己来释放（只能是主动释放）。

请求和保持条件：进程已经保持了至少一个资源，但又提出了新的资源请求，而该资源已被其他进程占有，此时请求进程被阻塞，但对自己已获得的资源保持不放。

循环等待条件：存在一种进程资源的循环等待链，链中每一个进程已获得的资源同时被链中下一个进程所请求。即存在一个处于等待状态的进程集合{P1, P2, …, Pn}，其中 Pi 等待的资源被 P(i+1)占有（i=0, 1, …, n−1），Pn 等待的资源被 P0 占有，如图 2-15 所示。

直观上看，循环等待条件似乎和死锁的定义一样，其实不然。按死锁定义构成等待环所要求的条件更严，它要求 Pi 等待的资源必须由 P(i+1)来满足，而循环等待条件则无此限制。例如，系统中有两台输出设备，P0 占有一台，PK 占有另一台，且 K 不属于集合{0, 1, …, n}。Pn 等待一台输出设备，它可以从 P0 获得，也可能从 PK 获得。因此，虽然 Pn、P0 和其他一些进程形成了循环等待圈，但 PK 不在圈内，若 PK 释放了输出设备，则可打破循环等待，如图 2-16 所示。因此循环等待只是死锁的必要条件。

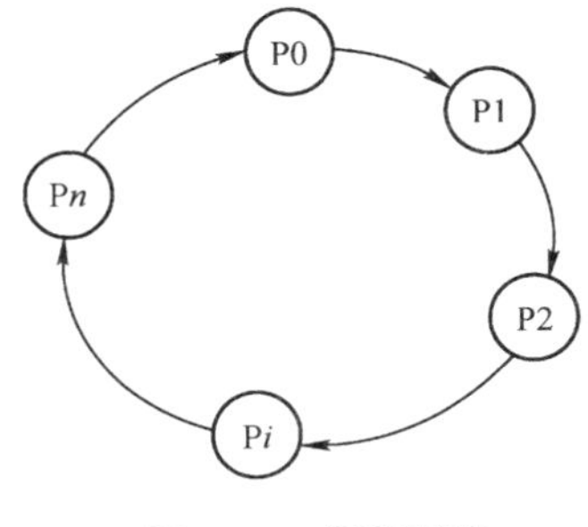

图 2-15 循环等待

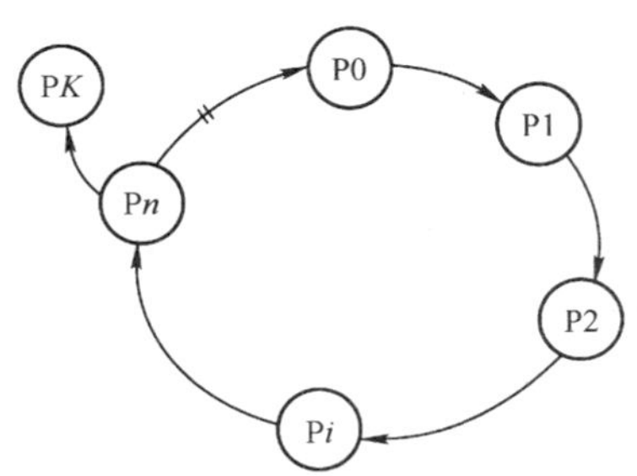

图 2-16 满足条件但无死锁

资源分配图含圈而系统又不一定有死锁的原因是同类资源数大于1。但若系统中每类资源都只有一个资源，则资源分配图含圈就变成了系统出现死锁的充分必要条件。

2.4.2 死锁的处理策略

为使系统不发生死锁，必须设法破坏产生死锁的四个必要条件之一，或者允许死锁产生，但当死锁发生时能检测出死锁，并有能力实现恢复。

1．预防死锁

设置某些限制条件，破坏产生死锁的四个必要条件中的一个或几个，以防止发生死锁。

2．避免死锁

在资源的动态分配过程中，用某种方法防止系统进入不安全状态，从而避免死锁。

3．死锁的检测及解除

无需采取任何限制性措施，允许进程在运行过程中发生死锁。通过系统的检测机构及时地检测出死锁的发生，然后采取某种措施解除死锁。

预防死锁和避免死锁都属于事先预防策略，但预防死锁的限制条件比较严格，实现起来较为简单，但往往导致系统的效率低，资源利用率低；避免死锁的限制条件相对宽松，资源分配后需要通过算法来判断是否进入不安全状态，实现起来较为复杂。

死锁的几种处理策略的比较见表2-14。

表2-14 死锁处理策略的比较

	资源分配策略	各种可能模式	主要优点	主要缺点
死锁预防	保守，宁可资源闲置	一次请求所有资源，资源剥夺，资源按序分配	适用于做突发式处理的进程，不必进行剥夺	效率低，进程初始化时间延长；剥夺次数过多；不便灵活申请新资源
死锁避免	是“预防”和“检测”的折中（在运行时判断是否可能死锁）	寻找可能的安全允许顺序	不必进行剥夺	必须知道将来的资源需求；进程不能被长时间阻塞
死锁检测	宽松，只要允许就分配资源	定期检查死锁是否已经发生	不延长进程初始化时间，允许对死锁进行现场处理	通过剥夺解除死锁，造成损失

2.4.3 死锁预防

防止死锁的发生只需破坏死锁产生的四个必要条件之一即可。

1．破坏互斥条件

如果允许系统资源都能共享使用，则系统不会进入死锁状态。但有些资源根本不能同时访问，如打印机等临界资源只能互斥使用。所以，破坏互斥条件而预防死锁的方法不太可行，而且在有的场合应该保护这种互斥性。

2．破坏不剥夺条件

当一个已保持了某些不可剥夺资源的进程，请求新的资源而得不到满足时，它必须释放已经保持的所有资源，待以后需要时再重新申请。这意味着，一个进程已占有的资源会被暂时释放，或者说是被剥夺了，或从而破坏了不可剥夺条件。

该策略实现起来比较复杂，释放已获得的资源可能造成前一阶段工作的失效，反复地申请和释放资源会增加系统开销，降低系统吞吐量。这种方法常用于状态易于保存和恢复的资源，如 CPU 的寄存器及内存资源，一般不能用于打印机之类的资源。

3．破坏请求和保持条件

采用预先静态分配方法，即进程在运行前一次申请完它所需要的全部资源，在它的资源未满足前，不把它投入运行。一旦投入运行后，这些资源就一直归它所有，也不再提出其他资源请求，这样就可以保证系统不会发生死锁。

这种方式实现简单，但缺点也显而易见，系统资源被严重浪费，其中有些资源可能仅在运行初期或运行快结束时才使用，甚至根本不使用。而且还会导致“饥饿”现象，当由于个别资源长期被其他进程占用时，将致使等待该资源的进程迟迟不能开始运行。

4．破坏循环等待条件

为了破坏循环等待条件，可采用顺序资源分配法。首先给系统中的资源编号，规定每个进程，必须按编号递增的顺序请求资源，同类资源一次申请完。也就是说，只要进程提出申请分配资源 Ri，则该进程在以后的资源申请中，只能申请编号大于 Ri 的资源。

这种方法存在的问题是，编号必须相对稳定，这就限制了新类型设备的增加；尽管在为资源编号时已考虑到大多数作业实际使用这些资源的顺序，但也经常会发生作业使用资源的顺序与系统规定顺序不同的情况，造成资源的浪费；此外，这种按规定次序申请资源的方法，也必然会给用户的编程带来麻烦。

2.4.4 死锁避免

避免死锁同样是属于事先预防的策略，但并不是事先采取某种限制措施破坏死锁的必要条件，而是在资源动态分配过程中，防止系统进入不安全状态，以避免发生死锁。这种方法所施加的限制条件较弱，可以获得较好的系统性能。

1．系统安全状态

避免死锁的方法中，允许进程动态地申请资源，但系统在进行资源分配之前，应先计算此次资源分配的安全性。若此次分配不会导致系统进入不安全状态，则将资源分配给进程；否则，让进程等待。

所谓安全状态，是指系统能按某种进程推进顺序（P1, P2, …, P*n*），为每个进程 Pi 分配其所需资源，直至满足每个进程对资源的最大需求，使每个进程都可顺序地完成。此时称 P1, P2, …, P*n* 为安全序列。如果系统无法找到一个安全序列，则称系统处于不安全状态。

假设系统中有三个进程 P1、P2 和 P3，共有 12 台磁带机。进程 P1 总共需要 10 台磁带机，P2 和 P3 分别需要 4 台和 9 台。假设在 T0 时刻，进程 P1、P2 和 P3 已分别获得 5 台、2 台和 2 台，尚有 3 台未分配，见表 2-15。

表 2-15 资源分配

进程	最大需求	已分配	可用
P1	10	5	3
P2	4	2	
P3	9	2	

则在 T0 时刻是安全的，因为存在一个安全序列 P2、P1、P3，即只要系统按此进程序列分配资源，则每个进程都能顺利完成。若在 T0 时刻

后，系统分配 1 台磁带机给 P3，则此时系统便进入不安全状态，因为此时已无法再找到一个安全序列。

并非所有的不安全状态都是死锁状态，但当系统进入不安全状态后，便可能进入死锁状态；反之，只要系统处于安全状态，系统便可以避免进入死锁状态。

2．银行家算法

银行家算法是最著名的死锁避免算法。它提出的思想是：把操作系统看做是银行家，操作系统管理的资源相当于银行家管理的资金，进程向操作系统请求分配资源相当于用户向银行家贷款。操作系统按照银行家制定的规则为进程分配资源，当进程首次申请资源时，要测试该进程对资源的最大需求量，如果系统现存的资源可以满足它的最大需求量则按当前的申请量分配资源，否则就推迟分配。当进程在执行中继续申请资源时，先测试该进程已占用的资源数与本次申请的资源数之和是否超过了该进程对资源的最大需求量。若超过则拒绝分配资源，若没有超过则再测试系统现存的资源能否满足该进程尚需的最大资源量，若能满足则按当前的申请量分配资源，否则也要推迟分配。

（1）数据结构描述

可利用资源矢量 Available：含有 m 个元素的数组，其中的每一个元素代表一类可用的资源数目。Available[j]=K，则表示系统中现有 Rj 类资源 K 个。

最大需求矩阵 Max：为 $n \times m$ 矩阵，定义了系统中 n 个进程中的每一个进程对 m 类资源的最大需求。Max[i, j]=K，则表示进程 i 需要 Rj 类资源的最大数目为 K。

分配矩阵 Allocation：为 $n \times m$ 矩阵，定义了系统中每一类资源当前已分配给每一进程的资源数。Allocation[i, j]=K，则表示进程 i 当前已分得 Rj 类资源的数目为 K。

需求矩阵 Need：为 $n \times m$ 矩阵，表示每个进程尚需的各类资源数。Need[i, j]=K，则表示进程 i 还需要 Rj 类资源的数目为 K。

上述三个矩阵间存在下述关系：

$$\text{Need}[i, j] = \text{Max}[i, j] - \text{Allocation}[i, j]$$

（2）银行家算法描述

设 Request_i 是进程 Pi 的请求矢量，如果 $\text{Request}_i[j]$=K，表示进程 Pi 需要 Rj 类资源 K 个。当 Pi 发出资源请求后，系统按下述步骤进行检查：

① 如果 $\text{Request}_i[j] \leqslant \text{Need}[i, j]$，便转向步骤②；否则认为出错，因为它所需要的资源数已超过它所宣布的最大值。

② 如果 $\text{Request}_i[j] \leqslant \text{Available}[j]$，便转向步骤③；否则，表示尚无足够资源，Pi 须等待。

③ 系统试探着把资源分配给进程 Pi，并修改下面数据结构中的数值：

$\text{Available}[j] = \text{Available}[j] - \text{Request}_i[j]$;

$\text{Allocation}[i, j] = \text{Allocation}[i, j] + \text{Request}_i[j]$;

$\text{Need}[i, j] = \text{Need}[i, j] - \text{Request}_i[j]$;

④ 系统执行安全性算法，检查此次资源分配后，系统是否处于安全状态。若安全，才正式将资源分配给进程 Pi，以完成本次分配；否则，将本次的试探分配作废，恢复原来的资源分配状态，让进程 Pi 等待。

（3）安全性算法

① 设置两个矢量。工作矢量 Work：它表示系统可提供给进程继续运行所需的各类资源数目，它含有 *m* 个元素，在执行安全算法开始时，Work=Available；Finish：它表示系统是否有足够的资源分配给进程，使之运行完成。开始时 Finish[i]=false；当有足够资源分配给进程 Pi 时，再令 Finish[i]=true。

② 从进程集合中找到一个能满足下述条件的进程：Finish[i]=false；Need[i, j]≤Work[j]；若找到，执行下一步骤，否则，执行步骤 4。

③ 当进程 Pi 获得资源后，可顺利执行，直至完成，并释放出分配给它的资源，故应执行：

Work[j]=Work[j]+Allocation[i, j]；

Finish[i]=true；

go to step <2>;

④ 如果所有进程的 Finish[i]=true 都满足，则表示系统处于安全状态；否则，系统处于不安全状态。

3．银行家算法举例

假定系统中有 5 个进程｛P0, P1, P2, P3, P4｝和三类资源｛A, B, C｝，各种资源的数量分别为 10、5、7，在 T0 时刻的资源分配情况见表 2-16。

1）T0 时刻的安全性。利用安全性算法对 T0 时刻的资源分配进行分析，由表 2-17 可知，在 T0 时刻存在着一个安全序列{P1, P3, P4, P2, P0}，故系统是安全的。

表 2-16　T0 时刻的资源分配

资源情况 / 进程	Max A B C	Allocation A B C	Need A B C	Available A B C
P0	7 5 3	0 1 0	7 4 3	3 3 2 (2 3 0)
P1	3 2 2	2 0 0 (3 0 2)	1 2 2 (0 2 0)	
P2	9 0 2	3 0 2	6 0 0	
P3	2 2 2	2 1 1	0 1 1	
P4	4 3 3	0 0 2	4 3 1	

表 2-17　T0 时刻的安全序列

资源情况 / 进程	Work A B C	Need A B C	Allocation A B C	Work+Allocation A B C	Finish
P1	3 3 2	1 2 2	2 0 0	5 3 2	true
P3	5 3 2	0 1 1	2 1 1	7 4 3	true
P4	7 4 3	4 3 1	0 0 2	7 4 5	true
P2	7 4 5	6 0 0	3 0 2	10 4 7	true
P0	10 4 7	7 4 3	0 1 0	10 5 7	true

2）P1 请求资源：P1 发出请求矢量 Request1(1, 0, 2)，系统按银行家算法进行检查：

- $Request_1(1, 0, 2) \leqslant Need_1(1, 2, 2)$。
- $Request_1(1, 0, 2) \leqslant Available_1(3, 3, 2)$。
- 系统先假定可为 P1 分配资源，并修改 Available、$Allocation_1$ 和 $Need_1$ 矢量，由此形成的资源变化情况见表 2-18。
- 再利用安全性算法检查此时系统是否安全。

表 2-18　P1 申请资源时的安全性检测

资源情况 / 进程	Work			Need			Allocation			Work+ Allocation			Finish
	A	B	C	A	B	C	A	B	C	A	B	C	
P1	2	3	0	0	2	0	3	0	2	5	3	2	true
P3	5	3	2	0	1	1	2	1	1	7	4	3	true
P4	7	4	3	4	3	1	0	0	2	7	4	5	true
P0	7	4	5	7	4	3	0	1	0	7	5	5	true
P2	7	5	5	6	0	0	3	0	2	10	5	7	true

3）P4 请求资源：P4 发出请求矢量 $Request_4(3, 3, 0)$，系统按银行家算法进行检查：

- $Request_4(3, 3, 0) \leqslant Need_4(4, 3, 1)$。
- $Request_4(3, 3, 0) > Available(2, 3, 0)$，让 P4 等待。

4）P0 请求资源：P0 发出请求矢量 $Request_0(0, 2, 0)$，系统按银行家算法进行检查：

- $Request_0(0, 2, 0) \leqslant Need_0(7, 4, 3)$。
- $Request_0(0, 2, 0) \leqslant Available(2, 3, 0)$。
- 系统暂时先假定可为 P0 分配资源，并修改有关数据，见表 2-19。

表 2-19　为 P0 分配资源后的有关资源数据

资源情况 / 进程	Allocation			Need			Available		
	A	B	C	A	B	C	A	B	C
P0	0	3	0	7	2	3	2	1	0
P1	3	0	2	0	2	0			
P2	3	0	2	6	0	0			
P3	2	1	1	0	1	1			
P4	0	0	2	4	3	1			

5）进行安全性检测。可用资源 Available(2, 1, 0)已不能满足任何进程的需要，故系统进入不安全状态，此时系统不分配资源。

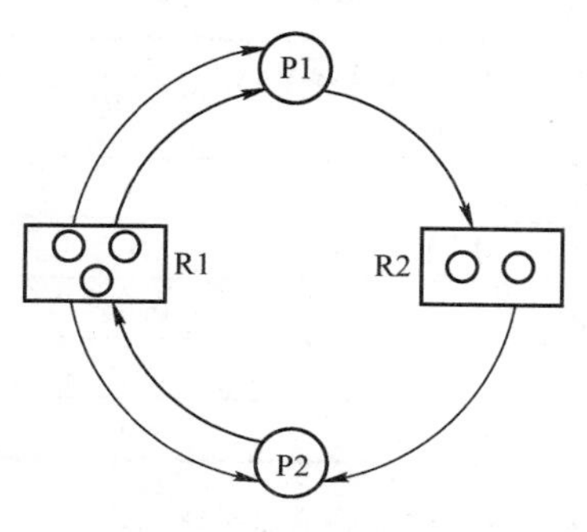

图 2-17　资源分配示例

2.4.5　死锁检测和解除

前面介绍的死锁预防和避免算法，都是在为进程分配资源时施加限制条件或进行检测，若系统为进程分配资源时不采取任何措施，则应该提供死锁检测和解除的手段。

1．资源分配图

系统死锁，可利用资源分配图来描述。如图 2-17 所示，用圆圈代表一个进程，用框代表一类资源。由于一种类型的资源可能有多个，用框中的一个点代表一类资源中的一个资源。从进程到资源的有向边叫请求边，表示该进程申请一个单位的该类资源；从资源到进程的边叫分配边，表示该类资源已经有一个资源被分配给了该进程。

在图 2-17 所示的资源分配图中，进程 P1 已经分得了两个 R1 资源，并又请求一个 R2 资源；进程 P2 分得了一个 R1 和一个 R2 资源，并又请求一个 R1 资源。

2．死锁定理

可以通过将资源分配图简化的方法来检测系统状态 S 是否为死锁状态。简化方法如下：

1）在资源分配图中，找出既不阻塞又不是孤点的进程 Pi（即找出一条有向边与它相连，且该有向边对应资源的申请数量小于等于系统中已有空闲资源数量。若所有的连接该进程的边均满足上述条件，则这个进程能继续运行直至完成，然后释放它所占有的所有资源）。消去它所有的请求边和分配边，使之成为孤立的结点。在图 2-18(a)中，P1 是满足这一条件的进程结点，将 P1 的所有边消去，便得到图 2-18(b)所示的情况。

2）进程 Pi 所释放的资源，可以唤醒某些因等待这些资源而阻塞的进程，原来的阻塞进程可能变为非阻塞进程。在图 2-17 中，进程 P2 就满足这样的条件。根据 1）中的方法进行一系列简化后，若能消去图中所有的边，则称该图是可完全简化的，如图 2-18(c)所示。

S 为死锁的条件是当且仅当 S 状态的资源分配图是不可完全简化的，该条件为**死锁定理**。

3．死锁的解除

一旦检测出死锁，就应立即采取相应的措施，以解除死锁。死锁解除的主要方法有：

1）资源剥夺法。挂起某些死锁进程，并抢占它的资源，将这些资源分配给其他的死锁进程。但应防止被挂起的进程长时间得不到资源，而处于资源匮乏的状态。

2）撤销进程法。强制撤销部分、甚至全部死锁进程并剥夺这些进程的资源。撤销的原则可以按进程优先级和撤销进程代价的高低进行。

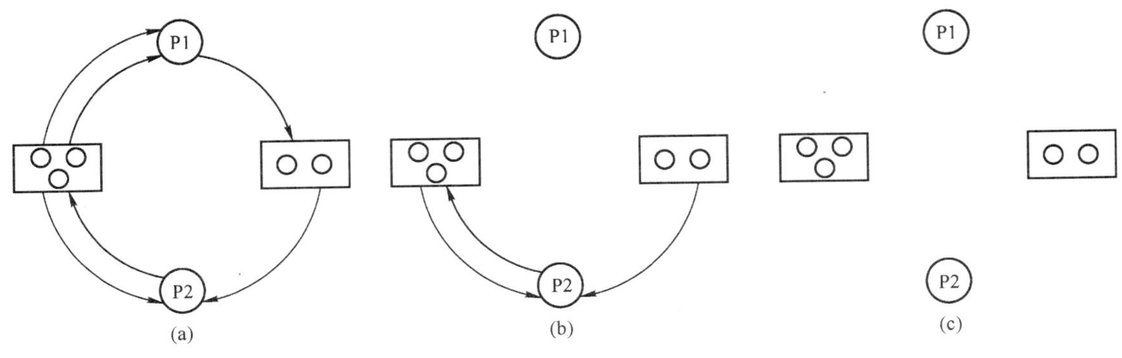

图 2-18　资源分配图的化简

3）进程回退法。让一（多）个进程回退到足以回避死锁的地步，进程回退时自愿释放资源而不是被剥夺。要求系统保持进程的历史信息，设置还原点。

2.4.6　本节习题精选

一、单项选择题

1．出现下列的情况可能导致死锁的是（　　）。

A．进程释放资源　　B．一个进程进入死循环

C．多个进程竞争资源出现了循环等待　　D．多个进程竞争使用共享型的设备

2．在操作系统中，死锁出现是指（　　）。

A．计算机系统发生重大故障

B．资源个数远远小于进程数

C．若干进程因竞争资源而无限等待其他进程释放已占有的资源

D．进程同时申请的资源数超过资源总数

3．一次分配所有资源的方法可以预防死锁的发生，它破坏的死锁四个必要条件中的（　　）。

A．互斥　　B．占有并请求　　C．非剥夺　　D．循环等待

4．系统产生死锁的可能原因是（　　）。

A．独占资源分配不当　　B．系统资源不足

C．进程运行太快　　D．CPU 内核太多

5．死锁的避免是根据（　　）采取措施实现的。

A．配置足够的系统资源　　B．使进程的推进顺序合理

C．破坏死锁的四个必要条件之一　　D．防止系统进入不安全状态

6．死锁预防是保证系统不进入死锁状态的静态策略，其解决办法是破坏产生死锁的四个必要条件之一。下列方法中破坏了“循环等待”条件的是（　　）。

A．银行家算法　　B．一次性分配策略

C．剥夺资源法　　D．资源有序分配策略

7．某系统中有三个并发进程都需要四个同类资源，则该系统必然不会发生死锁的最少资源是（　　）。

A．9　　B．10　　C．11　　D．12

8．某系统中共有 11 台磁带机，X 个进程共享此磁带机设备，每个进程最多请求使用 3 台，则系统必然不会死锁的最大 X 值是（　　）。

A．4　　B．5　　C．6　　D．7

9．【2009 年计算机联考真题】

某计算机系统中有 8 台打印机，由 K 个进程竞争使用，每个进程最多需要 3 台打印机。该系统可能会发生死锁的 K 的最小值是（　　）。

A．2　　B．3　　C．4　　D．5

10．解除死锁通常不采用的方法是（　　）。

A．终止一个死锁进程　　B．终止所有死锁进程

C．从死锁进程处抢夺资源　　D．从非死锁进程处抢夺资源

11．采用资源剥夺法可以解除死锁，还可以采用（　　）方法解除死锁。

A．执行并行操作　　B．撤销进程　　C．拒绝分配新资源　　D．修改信号量

12．在下列死锁的解决方法中，属于死锁预防策略的是（　　）。

A．银行家算法　　B．资源有序分配算法

C．死锁检测算法　　D．资源分配图化简法

13．引入多道程序技术的前提条件之一是系统具有（　　）。

A．多个 CPU　B．多个终端　C．中断功能　D．分时功能

14．在单处理器系统中实现并发技术后（　　）。

A．各进程在某一时刻并行运行，CPU 与外设间并行工作

B．各进程在一个时间段内并行运行，CPU 与外设间并行工作

C．各进程在一个时间段内并行运行，CPU 与外设间串行工作

D．各进程在某一时刻并行运行，CPU 与外设间串行工作

15．三个进程共享四个同类资源，这些资源的分配与释放只能一次一个。已知每一个进程最多需要两个该类资源，则该系统（　　）。

A．有些进程可能永远得不到该类资源　B．必然有死锁

C．进程请求该类资源必然能得到　D．必然是死锁

16．以下有关资源分配图的描述中正确的是（　　）。

A．有向边包括进程指向资源类的分配边和资源类指向进程申请边两类

B．矩形框表示进程，其中圆点表示申请同一类资源的各个进程

C．圆圈结点表示资源类

D．资源分配图是一个有向图，用于表示某时刻系统资源与进程之间的状态

17．死锁的四个必要条件中，无法破坏的是（　　）。

A．环路等待资源　B．互斥使用资源

C．占有且等待资源　D．非抢夺式分配

18．死锁与安全状态的关系是（　　）。

A．死锁状态有可能是安全状态　B．安全状态有可能成为死锁状态

C．不安全状态就是死锁状态　D．死锁状态一定是不安全状态

19．某一系统中，测得其处理器的利用率为 1%，I/O 的利用率为 1%，就绪队列中有进程 2 个，阻塞队列中有进程 31 个，此时系统出现异常，则表明系统中有进程（　　）。

A．空闲　B．饥饿　C．死锁　D．抖动

20．死锁检测时检查的是（　　）。

A．资源有向图　B．前驱图　C．搜索树　D．安全图

21．某个系统采用下列资源分配策略。如果一个进程提出资源请求得不到满足，而此时没有由于等待资源而被阻塞的进程，则自己就被阻塞。而当此时已有等待资源而被阻塞的进程，则检查所有由于等待资源而被阻塞的进程。如果它们有申请进程所需要的资源，则将这些资源取出分配给申请进程。这种分配策略会导致（　　）。

A．死锁　B．颠簸　C．回退　D．饥饿

22．系统的资源分配图在下列情况中，无法判断是否处于死锁的情况有（　　）。

Ⅰ．出现了环路　Ⅱ．没有环路

Ⅲ．每种资源只有一个，并出现环路　Ⅳ．每个进程结点至少有一条请求边

A．Ⅰ、Ⅱ、Ⅲ、Ⅳ　B．Ⅰ、Ⅲ、Ⅳ

C．Ⅰ、Ⅳ　D．以上答案都不正确

23．下列关于死锁的说法正确的有（　　）。

Ⅰ．死锁状态一定是不安全状态

Ⅱ．产生死锁的根本原因是系统资源分配不足和进程推进顺序非法

Ⅲ. 资源的有序分配策略可以破坏死锁的循环等待条件

Ⅳ. 采用资源剥夺法可以解除死锁，还可以采用撤销进程方法解除死锁

A. Ⅰ、Ⅲ　　B. Ⅱ

C. Ⅳ　　D. 四个说法都对

24. 下面是一个并发进程的程序代码，正确的是（　　）。

```
Semaphore x1=x2=y=1;
Int c1=c2=0;
P1()
{
    while(1){
        P(x1);
        if(++c1==1)P(y);
        V(x1);
        computer(A);
        P(x1);
        if(--c1==0)V(y);
        V(x1);
    }
}

P2()
{
    while(1){
        P(x2);
        if(++c2==1)P(y);
        V(x2);
        computer(B);
        P(x2);
        if(--c2==0)V(y);
        V(x2);
    }
}
```

A. 进程不会死锁，也不会“饥饿”　　B. 进程不会死锁，但是会“饥饿”

C. 进程会死锁，但是不会“饥饿”　　D. 进程会死锁，也会“饥饿”

25. 有两个并发进程，对于这段程序的运行，正确的说法是（　　）。

```
int x,y,z,t,u;
P1()
{
while(1){
    x=1;
    y=0;
    if x>=1 then y=y+1;
    z=y;
    }
}

P2()
{
while(1){
    x=0;
    t=0
    if x<=1 then t=t+2;
    u=t;
    }
}
```

A. 程序能正确运行，结果唯一

B. 程序不能正确运行，可能有两种结果

C. 程序不能正确运行，结果不确定

D. 程序不能正确运行，可能会死锁

26. 一个进程在获得资源后，只能在使用完资源后由自己释放，这属于死锁必要条件的（　　）。

A. 互斥条件　　B. 请求和释放条件

C. 不剥夺条件　　D. 防止系统进入不安全状态

27. 死锁定理是用于处理死锁的（　　）方法。

A. 预防死锁　　B. 避免死锁　　C. 检测死锁　　D. 解除死锁

28. 假设具有5个进程的进程集合P={P0, P1, P2, P3, P4}，系统中有三类资源A、B、C，

假设在某时刻有如下状态，见表 2-20。

表 2-20　进程状态

	Allocation	Max	Available
	A B C	A B C	A B C
P0	0 0 3	0 0 4	x y z
P1	1 0 0	1 7 5	
P2	1 3 5	2 3 5	
P3	0 0 2	0 6 4	
P4	0 0 1	0 6 5	

请问当 x、y、z 取下列哪些值时，系统是处于安全状态的？

Ⅰ. 1, 4, 0　　Ⅱ. 0, 6, 2　　Ⅲ. 1, 1, 1　　Ⅳ. 0, 4, 7

A. Ⅱ、Ⅲ　　B. Ⅰ、Ⅱ　　C. 只有Ⅰ　　D. Ⅰ、Ⅲ

29.【2011 年计算机联考真题】

某时刻进程的资源使用情况见表 2-21，此时的安全序列是（　　）。

A. P1, P2, P3, P4　　B. P1, P3, P2, P4

C. P1, P4, P3, P2　　D. 不存在

表 2-21　资源分配情况

进程	已分配资源			尚需分配			可用资源		
	R1	R2	R3	R1	R2	R3	R1	R2	R3
P1	2	0	0	0	0	1	0	2	1
P2	1	2	0	1	3	2			
P3	0	1	1	1	3	1			
P4	0	0	1	2	0	0			

30.【2012 年计算机联考真题】

假设 5 个进程 P0、P1、P2、P3、P4 共享三类资源 R1、R2、R3，这些资源总数分别为 18、6、22。T0 时刻的资源分配情况如下表所示，此时存在的一个安全序列是（　　）。

进程	已分配资源			资源最大需求		
	R1	R2	R3	R1	R2	R3
P0	3	2	3	5	5	10
P1	4	0	3	5	3	6
P2	4	0	5	4	0	11
P3	2	0	4	4	2	5
P4	3	1	4	4	2	4

A. P0, P2, P4, P1, P3　　B. P1, P0, P3, P4, P2

C. P2, P1, P0, P3, P4　　D. P3, P4, P2, P1, P0

二、综合应用题

1. 设系统中有下述解决死锁的方法：

1）银行家算法；

2）检测死锁，终止处于死锁状态的进程，释放该进程占有的资源；

3）资源预分配。

简述哪种办法允许最大的并发性，也即哪种办法允许更多的进程无等待地向前推进？请按“并发性”从大到小对上述三种办法进行排序。

2．某银行计算机系统要实现一个电子转账系统，基本的业务流程是：首先对转出方和转入方的账户进行加锁，然后进行转账业务，最后对转出方和转入方的账户进行解锁。如果不采取任何措施，系统会不会发生死锁？为什么？请设计一个能够避免死锁的办法。

3．设有进程P1和进程P2并发执行，都需要使用资源r1和r2，使用资源的情况见表2-22。

表2-22　资源使用情况

进程P1	进程P2
申请资源r1	申请资源r2
申请资源r2	申请资源r1
释放资源r1	释放资源r2

试判断是否会发生死锁，并加以解释及说明产生死锁的原因和必要条件。

4．系统有同类资源 m 个，供 n 个进程共享，如果每个进程对资源的最大需求量为 k，试问：当 m、n、k 的值为分别是下列情况时（见表2-23），是否会发生死锁？

表2-23　m、n、k 取值

序号	m	n	k	是否会死锁	说明
1	6	3	3		
2	9	3	3		
3	13	6	3		

5．有三个进程P1、P2和P3并发工作。进程P1需要资源S3和资源S1；进程P2需要资源S2和资源S1；进程P3需要资源S3和资源S2。问：

1）若对资源分配不加限制，会发生什么情况？为什么？

2）为保证进程正确运行，应采用怎样的分配策略？列出所有可能的方法。

6．某系统有R1、R2和R3共三种资源，在T0时刻P1、P2、P3和P4这四个进程对资源的占用和需求情况见表2-24，此时系统的可用资源矢量为(2, 1, 2)。试问：

1）将系统中各种资源总数和此刻各进程对各资源的需求数目用矢量或矩阵表示出来。

2）如果此时进程P1和进程P2均发出资源请求矢量Request(1, 0, 1)，为了保证系统的安全性，应如何分配资源给这两个进程？说明所采用策略的原因。

表2-24　T_0 时刻四个进程对资源的占用和需求情况

进程 \ 资源情况	最大资源需求量			已分配资源数量		
	R1	R2	R3	R1	R2	R3
P1	3	2	2	1	0	0
P2	6	1	3	4	1	1
P3	3	1	4	2	1	1
P4	4	2	2	0	0	2

3）如果2）中两个请求立即得到满足后，系统此刻是否处于死锁状态？

7. 考虑某个系统在表 2-25 时刻的状态。

表 2-25　系统资源状态表

	Allocation				Max				Available			
	A	B	C	D	A	B	C	D	A	B	C	D
P0	0	0	1	2	0	0	1	2	1	5	2	0
P1	1	0	0	0	1	7	5	0				
P2	1	3	5	4	2	3	5	6				
P3	0	0	1	4	0	6	5	6				

使用银行家算法回答下面的问题：

1）Need 矩阵是怎样的？

2）系统是否处于安全状态？如安全，请给出一个安全序列。

3）如果从进程 P1 发来一个请求（0，4，2，0），这个请求能否立刻被满足？如安全，请给出一个安全序列。

8. 两个进程 A 和 B，每一个进程都需要读取数据库中的记录 1、2、3。假如这两个进程都以 1、2、3 的次序请求读取记录，系统将不会发生死锁。但如果 A 以 3、2、1 的次序读取记录，B 以 1、2、3 的次序读取记录，则死锁可能会发生。试计算：两个进程 AB 读取的次序不确定，即可能为 ABAB 抑或是 ABBA，那么系统保证不发生死锁的概率是多少？

9. 假设具有 5 个进程的进程集合 P={P0, P1, P2, P3, P4}，系统中有三类资源 A、B、C，假设在某时刻有如下状态：

	Allocation			Max			Available		
	A	B	C	A	B	C	A	B	C
P0	0	0	3	0	0	4	1	4	0
P1	1	0	0	1	7	5			
P2	1	3	5	2	3	5			
P3	0	0	2	0	6	4			
P4	0	0	1	0	6	5			

请问当前系统是否处于安全状态？如果系统中的可利用资源 Available 为（0, 6, 2），系统是否安全？如果系统处在安全状态，请给出安全序列；如果系统处在非安全状态，请简要说明原因。

10. 假定某计算机系统有 R1 和 R2 两类可使用资源（其中 R1 有两个单位，R2 有一个单位），它们被进程 P1 和 P2 所共享，且已知两个进程均以下列顺序使用两类资源：

→申请 R1→申请 R2→申请 R1→释放 R1→释放 R2→释放 R1→

试求出系统运行过程中可能到达的死锁点，并画出死锁点的资源分配图（或称进程资源图）。

2.4.7　答案与解析

一、单项选择题

1. C

引起死锁的四个必要条件是：互斥、占有并等待、非剥夺和循环等待。本题中，出现了循环等待的现象，意味着可能导致死锁的出现。进程释放资源不会导致死锁，进程自己进入死循环只能产生“饥饿”，不涉及别的进程。共享型设备允许多个进程申请使用，故不会造成死锁。

2．C

死锁是指多个进程因竞争系统资源或相互通信而处于永久阻塞状态，若无外力作用，这些进程都将无法推进。

3．B

发生死锁的四个必要条件：互斥、占有并请求、非剥夺和循环等待。一次分配所有资源的方法是当进程需要资源时，一次性提出所有的请求，若请求的所有资源均满足则分配，只要有一项不满足，那么不分配任何资源，该进程阻塞，直到所有的资源空闲后，满足了进程的所有需求时再分配。这种分配方式不会部分地占有资源，所以就打破了死锁的四个必要条件之一，实现了对死锁的预防。但是，这种分配方式需要凑齐所有资源，所以当一个进程所需的资源比较多时，资源的利用率会比较低，甚至会造成进程的“饥饿”。

4．A

系统死锁的可能原因主要是时间上和空间上的。时间上由于进程运行中推进顺序不当，即调度时机不合适，不该切换进程时进行了切换，可能会造成死锁；空间上的原因是对独占资源分配不当，互斥资源部分分配又不可剥夺，极易造成死锁。那么，为什么系统资源不足不是造成死锁的原因呢？系统资源不足只会对进程造成“饥饿”。例如，某系统只有三台打印机，若进程运行中要申请四台，显然不能满足，该进程会永远等待下去。如果该进程在创建时便声明需要四台打印机，那么操作系统立即就会拒绝，这实际上是资源分配不当的一种表现。不能以系统资源不足来描述剩余资源不足的情形。

5．D

死锁避免是在资源动态分配过程中用某些算法加以限制，防止系统进入不安全状态从而避免死锁的发生。选项 B 是避免死锁后的结果，而不是措施的原理。

6．D

资源有序分配策略可以限制循环等待条件的发生。选项 A 是判断是否为不安全状态；选项 B 是破坏了占有请求条件；选项 C 是破坏了非剥夺条件。

7．B

资源数为 9 时，存在三个进程都占有三个资源，为死锁；资源数为 10 时，必然存在一个进程能拿到 4 个资源，然后可以顺利执行完其他进程。

8．B

考虑一下极端情况，每个进程已经分配了两台磁带机，那么其中任何一个进程只要再分配一台磁带机即可满足它的最大需求，该进程总能运行下去直到结束，然后将磁带机归还给系统再次分配给其他进程使用。所以，系统中只要满足 $2X+1=11$ 这个条件即可认为系统不会死锁，解得 $X=5$，也就是说，系统中最多可以并发 5 个这样的进程是不会死锁的。

9．C

这种题用到组合数学中鸽巢原理的思想。考虑最极端情况，因为每个进程最多需要 3 台打印机，如果每个进程已经占有了 2 台打印机，那么只要还有多的打印机，总能满足一个进程达到 3 台的条件，然后顺利执行，所以将 8 台打印机分给 K 个进程，每个进程有 2 台打印机，这个情况就是极端情况，K 为 4。

10．D

解除死锁的方法有，①剥夺资源法：挂起某些死锁进程，并抢占它的资源，将这些资源分配给其他的死锁进程；②撤销进程法：强制撤销部分、甚至全部死锁进程并剥夺这些进程的资源。

11．B

资源剥夺法允许一个进程强行剥夺其他进程所占有的系统资源。而撤销进程是强行释放一个进程已占有的系统资源，与资源剥夺法同理，都是通过破坏死锁的“请求和保持”条件来解除死锁。拒绝分配新资源只能维持死锁的现状，无法解除死锁。

12．B

其中，银行家算法为死锁避免算法，死锁检测算法和资源分配图化简法为死锁检测，根据排除法可以得出资源有序分配算法为死锁预防策略。

13．C

多道程序技术要求进程间能实现并发，需要实现进程调度以保证 CPU 的工作效率，而并发性的实现需要中断功能的支持。

14．B

实现并发技术后，CPU 与外设可以并行工作；但由于是单处理器，所以各进程只能在一个时间段内并行运行。

15．C

不会发生死锁。因为每个进程都分得一个资源时，还有一个资源可以让任意一个进程满足，这样这个进程可以顺利运行完成进而释放它的资源。

16．D

在资源分配图中，用圆圈代表一个进程，用矩形框代表一类资源。由于一种类型的资源可能有多个，用矩形框中的一个点代表一类资源中的一个资源。从进程到资源的有向边叫请求边，表示该进程申请一个单位的该资源；从资源到进程的边叫分配边，表示该资源已经有一个被分配给了该进程。由上所述知 D 选项为正确答案。

17．B

所谓破坏互斥使用资源，指允许多个进程同时访问资源，但有些资源根本不能同时访问，如打印机只能互斥使用。所以，破坏互斥条件而预防死锁的方法不太可行，而且在有的场合应该保护这种互斥性。其他三个条件都可以实现。

18．D

并非所有的不安全状态都是死锁状态，但当系统进入不安全状态后，便可能进入死锁状态；反之，只要系统处于安全状态，系统便可以避免进入死锁状态；死锁状态必定是不安全状态。

19．C

死锁是一种互相争夺资源而引起的阻塞现象，它发生在两个或两个以上的进程之间，可能的原因是资源分配不当和进程推进顺序不当。本题描述的现象是系统的运行效率低下，处理机利用率和 I/O 利用率均很低，而阻塞队列中进程很多，它们既没有等待的 I/O（I/O 利用率才 1%），也不能唤醒，可能的原因是相互等待对方的资源（如信号、消息、中断或内存资源等）造成了部分死锁。“饥饿”一般发生在个别进程中，可以只涉及单独的进程，不应该影响如此多数量的进程。而抖动时内、外存交互极其频繁，I/O 利用率不会很低，因此，可能的结果是死锁。

20．A

死锁检测一般采用两种方法：资源有向图法和资源矩阵法。前驱图只是说明进程之间的同步关系，搜索树用于数据结构的分析，安全图并不存在。

21．D

本题所给的资源分配策略不会产生死锁。因为题中的分配策略规定若一个进程的资源得不到满足，则检查所有由于等待资源而被阻塞的进程，如果它们有申请进程所需要的资源，则将这些资源取出分配给申请进程。从而破坏了产生死锁必要条件中的非剥夺条件，这样系统就不会产生死锁。但是，这种方法会导致某些进程无限期的等待。因为被阻塞进程的资源可以被剥夺，所以被阻塞进程所拥有的资源数量在其被唤醒之前只可能减少。若系统中不断出现其他进程申请资源，这些进程申请的资源与被阻塞进程申请或拥有的资源类型系统且不被阻塞，则系统无法保证被阻塞进程一定能获得所需要的全部资源。

22．C

本题难点主要在于区分资源分配图中的环路和系统状态的环路之间的关系。资源分配图中的环路通过分配资源，是可以消除的，即消边。而系统状态图中的环路其实就是死锁。两者的关系其实可以理解为资源分配图通过简化（消边）后就是系统状态图。如果资源分配图中不存在环路，则系统状态图无环路，则无死锁；故Ⅱ确定不会发生死锁。反之，如果资源分配图中存在环路，经过简化（消边）后，则系统状态图中可能存在环路，也可能不存在环路。根据资源分配图算法，如果每一种资源类型只有一个实例且出现环路，那么无法简化（消边），死锁发生，故Ⅲ可以确定死锁发生。剩下Ⅰ和Ⅳ都不能确定，因为它们的资源分配图中虽然存在环路，但是不能确定是否可以简化成无环路的系统状态图。所以选择 C 选项。

23．D

Ⅰ正确：根据银行家算法可以得出这个结论。不安全状态有可能产生死锁，在进程往前推进中，某些进程可能会释放部分资源，使另一些进程得到资源后能顺利执行完成。

Ⅱ正确：这是产生死锁的两大原因。

Ⅲ正确：在对资源进行有序分配时，进程间不可能出现环形链，即不会出现循环等待。

Ⅳ正确：资源剥夺法允许一个进程强行剥夺其他进程所占有的系统资源。而撤销进程是强行释放一个进程已占有的系统资源，与资源剥夺法同理，都是通过破坏死锁的“请求和保持”条件来解除死锁，所以选择 D 选项。

24．B

仔细考察程序代码，可以看出是一个扩展的单行线问题。也就是说，某单行线只允许单方向的车辆通过，在单行线的入口设置信号量 y，在告示牌上的车辆数量必须互斥进行，为此设置信号量 x1 和 x2。若某方向的车辆需要通过时，首先要将该方向来车数量 c1 或 c2 增加 1，并查看自己是否是第一个进入单行线的车辆，若是，则获取单行线的信号量 y，并进入单行线。通过此路段以后驶出单行线时，将该方向的车辆数 c1 或 c2 减 1（当然是利用 x1 或 x2 来互斥修改），并查看自己是否是最后一辆车，若是，则释放单行线的互斥量 y，否则保留信号量 y，让后继车辆继续通过。双方的操作如出一辙。考虑出现一个极端情况，即当某方向的车辆首先占据单行线且后来者络绎不绝时，另一个方向的车辆就再没有机会通过该单行线了。从而造成“饥饿”。由于有信号量的控制，死锁的可能性没有了（即双方同时进入单行线，在中间相遇，造成双方均无法通过的情景）。

25．C

本题中两个进程不能正确地工作，运行结果的可能性，详见下面说明。

1．x=1;	5．x=0;
2．y=0;	6．t=0
3．If x>=1 then y=y+1;	7．if x<=1 then t=t+2;
4．z=y;	8．u=t;

不确定的原因是由于使用了公共的变量 x，考察程序中与变量 x 有关的语句共四处，若执行的顺序是 1→2→3→4→5→6→7→8 时，结果是 y=1，z=1，t=2，u=2，x=0；当并发执行过程是 1→2→5→6→3→4→7→8 时，结果是 y=0，z=0，t=2，u=2，x=0；若执行的顺序是 5→6→7→8→1→2→3→4 时，结果是 y=1，z=1，t=2，u=2，x=1；若执行的顺序是 5→6→1→2→7→8→3→4 时，结果是 y=1，z=1，t=2，u=2，x=1；可见结果有多种可能性。

明显的，无论执行顺序如何，x 的结果只能是 0 或 1，因此语句 7 的条件一定成立，即 t=u =2 的结果是一定的；而 y=z 必定成立，只可能有 0、1 两种情况，又不可能出现 x=1，y=z=0 的情况，所以总共只有 3 种结果（答案中的 3 种）。

26．C

一个进程在获得资源后，只能在使用完资源后由自己释放，也就是说它的资源不能被系统剥夺，答案为 C 选项。

27．C

死锁定理是用于检测死锁的方法。

28．C

$$\text{Need=Max-Allocation=}\begin{bmatrix}0&0&4\\1&7&5\\2&3&5\\0&6&4\\0&6&5\end{bmatrix}-\begin{bmatrix}0&0&3\\1&0&0\\1&3&5\\0&0&2\\0&0&1\end{bmatrix}=\begin{bmatrix}0&0&1\\0&7&5\\1&0&0\\0&6&2\\0&6&4\end{bmatrix}$$

Ⅰ：根据 need 矩阵可知，当 Available 为（1, 4, 0），可满足 P2 的需求；P2 结束后释放资源，Available 为（2, 7, 5）可以满足 P0、P1、P3、P4 中任一进程的需求，所以系统不会出现死锁，处于安全状态。

Ⅱ：当 Available 为（0, 6, 2），可以满足进程 P0、P3 的需求；这两个进程结束后释放资源，Available 为（0, 6, 7），仅可以满足进程 4 的需求；P4 结束释放后，Available 为（0, 6, 8），此时不能满足余下任一进程的需求，系统出现死锁，故当前处在非安全状态。

Ⅲ：当 Available 为（1, 1, 1），可以满足进程 P0、P2 的需求；这两个进程结束后释放资源，Available 为（2, 4, 9），此时不能满足余下任一进程的需求，系统出现死锁，处于非安全状态。

Ⅳ：当 Available 为（0, 4, 7），可以满足 P0 的需求，进程结束后释放资源，Available 为（0, 4, 10），此时不能满足余下任一进程的需求，系统出现死锁，处于非安全状态。

综上分析：只有Ⅰ处于安全状态。

29．D

本题应采用排除法，逐个代入分析。当剩余资源分配给 P1，待 P1 执行完后，可用资源数为（2，2，1），此时仅能满足 P4 的需求，排除 AB；接着分配给 P4，待 P4 执行完后，可用资源数为（2，2，2），此时已无法满足任何进程的需求，排除 C。

此外，本题还可以使用银行家算法求解（对于选择题来说，显得过于复杂）。

30．D

首先求得各进程的需求矩阵 Need 与可利用资源矢量 Available：

进程	Need		
	R1	R2	R3
P0	2	3	7
P1	1	3	3
P2	0	0	6
P3	2	2	1
P4	1	1	0

Available	R1	R2	R3
	2	3	3

比较 Need，Available 可以发现，初始时进程 P1 与 P3 可满足需求，排除 A、C。尝试给 P1 分配资源，则 P1 完成后 Available 将变为（6,3,6），无法满足 P0 的需求，排除 B。尝试给 P3 分配资源，则 P3 完成后 Available 将变为（4,3,7），该向量能满足其他所有进程的需求。所以，以 P3 开头的所有序列都是安全序列。

二、综合应用题

1．分析：

死锁在系统里不可能完全消灭，但是我们要尽可能地减少死锁的发生。对死锁的处理有四种方法：忽略、检测与恢复、避免和预防，每一种方法对死锁的处理从宽到严，同时系统并发性由大到小。这里银行家算法属于避免死锁，资源预分配属于预防死锁。

解答：

死锁检测方法可以获得最大的并发性。并发性排序：死锁检测方法、银行家算法、资源预分配法。

2．解答：

系统会死锁。因为对两个账户进行加锁操作是可以分割进行的，若此时有两个用户同时进行转账，P1 先对账户 A 进行加锁，再申请账户 B；P2 先对账户 B 进行加锁，再申请账户 A，此时产生死锁。解决的办法是：可以采用资源顺序分配法对 A、B 账户进行编号，用户转账时只能按照编号由小到大进行加锁；也可以采用资源预分配法，要求用户在使用资源之前将所有资源一次性申请到。

3．解答：

这段程序在不同的运行推进速度下，就可能产生死锁。如按顺序：进程 P1 先申请资源 r1，得到资源 r1，然后进程 P2 申请资源 r2，也能得到，进程 P1 又申请资源 r2，则因资源

r2 已分配使进程 P1 阻塞。进程 P1 和进程 P2 两个进程都因申请不到资源而形成死锁。如果改变进程的运行顺序，这两个进程就不会出现死锁现象了。

产生死锁的原因可归结为两点：

1）竞争资源。

2）进程推进顺序非法。

产生死锁的必要条件：

1）互斥条件。

2）请求和保持条件。

3）不剥夺条件。

4）环路等待条件。

4．解答：

不发生死锁要求必须保证至少有一个进程可以得到所需的全部资源并执行完毕，当 m>=n(k−1)+1 则一定不会发生死锁。

序号	m	n	k	是否会死锁	说　明
1	6	3	3	可能会	6<3(3−1)+1
2	9	3	3	不会	9>3(3−1)+1
3	13	6	3	不会	13=3(6−1)+1

5．解答：

1）可能会发生死锁。满足发生死锁的四大条件，例：P1 占有 S1 申请 S3，P2 占有 S2 申请 S1，P3 占有 S3 申请 S2。

2）可有以下几种答案：

A．采用静态分配：由于执行前已获得所需的全部资源，故不会出现占有资源又等待别的资源的现象（或不会出现循环等待资源的现象）。

B．采用按序分配：不会出现循环等待资源的现象。

C．采用银行家算法：因为在分配时，保证了系统处于安全状态。

6．解答：

1）系统中资源总量为某时刻系统中可用资源量与各进程已分配资源量之和，即(2, 1, 2)+(1, 0, 0)+(4, 1, 1)+(2, 1, 1)+(0, 0, 2)=(9, 3, 6)，各进程对资源的需求量为各进程对资源的最大需求量与进程已分配资源量之差，即

$$\begin{pmatrix} 3 & 2 & 2 \\ 6 & 1 & 3 \\ 3 & 1 & 4 \\ 4 & 2 & 2 \end{pmatrix} - \begin{pmatrix} 1 & 0 & 0 \\ 4 & 1 & 1 \\ 2 & 1 & 1 \\ 0 & 0 & 2 \end{pmatrix} = \begin{pmatrix} 2 & 2 & 2 \\ 2 & 0 & 2 \\ 1 & 0 & 3 \\ 4 & 2 & 0 \end{pmatrix}$$

2）若此时 P1 发出资源请求 $Request_1(1, 0, 1)$，按银行家算法进行检查：

$Request_1(1, 0, 1) <= Need_1(2, 2, 2)$

$Request_1(1, 0, 1) <= Available(2, 1, 2)$

试分配并修改相应数据结构，由此形成的进程 P1 请求资源后的资源分配情况见下表。

资源情况 进程	Allocation			Need			Available		
P1	2	0	1	1	2	1	1	1	1
P2	4	1	1	2	0	2			
P3	2	1	1	1	0	3			
P4	0	0	2	4	2	0			

再利用安全性算法检查系统是否安全，可用资源 Available(1, 1, 1)已不能满足任何进程，系统进入不安全状态，此时系统不能将资源分配给进程 P1。

若此时进程 P2 发出资源请求 $Request_2(1, 0, 1)$，按银行家算法进行检查：

$Request_2(1, 0, 1) <= Need_2(2, 0, 2)$

$Request_2(1, 0, 1) <= Available(2, 1, 2)$

试分配并修改相应数据结构，由此形成的进程 P2 请求资源后的资源分配情况下表：

资源情况 进程	Allocation			Need			Available		
P1	1	0	0	2	2	2	1	1	1
P2	5	1	2	1	0	1			
P3	2	1	1	1	0	3			
P4	0	0	2	4	2	0			

再利用安全性算法检查系统是否安全，可得到如下表中所示的安全性检测情况。

资源情况 进程	Work			Need			Allocation			Work+Allocation			Finish
P2	1	1	1	1	0	1	5	1	2	6	2	3	True
P3	6	2	3	1	0	3	2	1	1	8	3	4	True
P4	8	3	4	4	2	0	0	0	2	8	3	6	True
P1	8	3	6	2	2	2	1	0	0	9	3	6	True

从上表中可以看出，此时存在一个安全序列{P2, P3, P4, P1}，故该状态是安全的，可以立即将进程 P2 所申请的资源分配给它。

如果 2）中的两个请求立即得到满足，此刻系统并没有立即进入死锁状态，因为这时所有的进程没有提出新的资源申请，全部进程均没有因资源请求没得到满足而进入阻塞状态。只有当进程提出资源申请且全部进程都进入阻塞状态时，系统才处于死锁状态。

7．解答：

（1）

$$\text{Need} = \text{Max} - \text{Allocation} = \begin{pmatrix} 0 & 0 & 1 & 2 \\ 1 & 7 & 5 & 0 \\ 2 & 3 & 5 & 6 \\ 0 & 6 & 5 & 6 \end{pmatrix} - \begin{pmatrix} 0 & 0 & 1 & 2 \\ 1 & 0 & 0 & 0 \\ 1 & 3 & 5 & 4 \\ 0 & 0 & 1 & 4 \end{pmatrix} = \begin{pmatrix} 0 & 0 & 0 & 0 \\ 0 & 7 & 5 & 0 \\ 1 & 0 & 0 & 2 \\ 0 & 6 & 4 & 2 \end{pmatrix}$$

（2）Work 矢量初始化值=Available(1, 5, 2, 0)

系统安全性分析：

资源情况 进程	Work				Need				Allocation				Work+Allocation				Finish
	A	B	C	D	A	B	C	D	A	B	C	D	A	B	C	D	
P0	1	5	2	0	0	0	0	0	0	0	1	2	1	5	3	2	True
P2	1	5	3	2	1	0	0	2	1	3	5	4	2	8	8	6	True
P1	2	8	8	6	0	7	5	0	1	0	0	0	3	8	8	6	True
P3	3	8	8	6	0	6	4	2	0	0	1	4	3	8	9	10	True

因为存在一个安全序列<P0、P2、P1、P3>，所以系统处于安全状态。

（3）

$Request_1(0, 4, 2, 0) < Need_1(0, 7, 5, 0)$

$Request_1(0, 4, 2, 0) < Available(1, 5, 2, 0)$

假设先试着满足进程 P1 的这个请求，则 Available 变为(1, 1, 0, 0)

系统状态变化见下表：

资源情况 进程	Max				Allocation				Need				Available			
	A	B	C	D	A	B	C	D	A	B	C	D	A	B	C	D
P0	0	0	1	2	0	0	1	2	0	0	0	0	1	1	0	0
P1	1	7	5	0	1	4	2	0	0	3	3	0				
P2	2	3	5	6	1	3	5	4	1	0	0	2				
P3	0	6	5	6	0	0	1	4	0	6	4	2				

再对系统进行安全性分析，见下表：

资源情况 进程	Work				Need				Allocation				Work+Allocation				Finish
	A	B	C	D	A	B	C	D	A	B	C	D	A	B	C	D	
P0	1	1	0	0	0	0	0	0	0	0	1	2	1	1	1	2	True
P2	1	1	1	2	1	0	0	2	1	3	5	4	2	4	6	6	True
P1	2	4	6	6	0	3	3	0	1	4	2	0	3	8	8	6	True
P3	3	8	8	6	0	6	4	2	0	0	1	4	3	8	9	10	True

因为存在一个安全序列<P0、P2、P1、P3>，所以系统仍处于安全状态。所以进程 P1 的这个请求应该马上被满足。

8．解答：

本题中进程请求到一个记录后，会独占读取该记录并继续请求下一个记录，直到进程结束，释放所有记录的读取权。当两个进程都以相同次序请求读取记录时，先请求到读取记录的进程会先执行，而另一进程只有在此进程全部读取结束后才能执行，故系统不会发生死锁。

如果进程 A、B 以不同次序读取记录，死锁可能会发生。按题中条件知，两进程读取次序正好相反，若某一时刻两进程都在读取记录，则随着进程的执行，必定出现各自占有记录并请求读取对方记录的死锁局面。而当 A、B 要读取的首个记录相同时，根据请求与保持原则，必有一个进程阻塞至另一个进程完成。综上所述，只要访问序列的首个记录相同，则不会发生死锁，否则就可能造成死锁局面。

系统所有可能的执行次序的总数为 $A_3^3 \times A_3^3 = 36$，不会发生死锁的总数为 3×2×2=12，故不会发生死锁的概率为 12/36=1/3。

注意：本题可能会有一种错误的思路，按照 6 次读取记录出现 AAABBB 和 BBBAAA 的概率计算，结果为$(C_6^2-2)/C_6^2=1/10$。这里的错误在于，有些读取记录的序列是不可能出现的，如 ABABAB，A 读取记录 3，B 读取记录 1，A 再读取记录 2，这时已经出现死锁，进程不能继续推进。

9．解答：

$$\text{Need} = \text{Max} - \text{Allocation} = \begin{pmatrix} 0 & 0 & 4 \\ 1 & 7 & 5 \\ 2 & 3 & 5 \\ 0 & 6 & 4 \\ 0 & 6 & 5 \end{pmatrix} - \begin{pmatrix} 0 & 0 & 3 \\ 1 & 0 & 0 \\ 1 & 3 & 5 \\ 0 & 0 & 2 \\ 0 & 0 & 1 \end{pmatrix} = \begin{pmatrix} 0 & 0 & 1 \\ 0 & 7 & 5 \\ 1 & 0 & 0 \\ 0 & 6 & 2 \\ 0 & 6 & 4 \end{pmatrix}$$

1）根据 Need 矩阵可知，当前 Available 为（1, 4, 0），可以满足进程 P2 的需求；进程 P2 结束后释放资源，Available 为（2, 7, 5），可以满足 P0、P1、P3 和 P4 中任一进程的需求，所以系统不会出现死锁，当前处于安全状态。

2）若 Available 为（0, 6, 2），可以满足进程 P0、P3 的需求；这两个进程结束后释放资源，Available 为（0, 6, 7），仅可以满足进程 P4 的需求；P4 结束后释放资源，Available 为（0, 6, 8），此时不能满足余下任一进程的需求，系统出现死锁，故当前系统处在非安全状态。

注意：在银行家算法中，实际计算分析系统安全状态时，并不需要逐个进程进行。如本题中，在 1）情况下，当计算至进程 P2 结束并释放资源时，系统当前空闲资源可满足余下任一进程的最大需求量，这时已经不需要考虑进程的执行顺序。系统分配任意一个进程所需的最大需求资源，在其执行结束释放资源后，系统当前空闲资源会增加，所以余下的进程仍然可以满足最大需求量。因此，在这里可以直接判断出系统处于安全状态。在 2）情况下，系统当前可满足进程 P0、P3 的需求，所以可以直接让系统推进到 P0、P3 执行完并释放资源后的情形，这时系统出现死锁；由于此时是系统空闲资源所能达到的最大值，所以按照其他方式推进，系统必然还是出现死锁。因此，在计算过程中，**将每一步中可满足需求的进程作为一个集合，同时执行并释放资源**，可以简化银行家算法的计算。

10．解答：

在本题中，当两个进程都执行完第一步后，即进程 P1 和进程 P2 都申请到了一个 R1 类资源时，系统进入不安全状态。随着两个进程向前推进，无论哪个进程执行完第二步，系统都将进入死锁状态。可能达到的死锁点是：进程 P1 占有一个单位的 R1 类资源及一个单位的 R2 类资源，进程 P2 占有一个单位的 R1 类资源，此时系统内已无空闲资源，而两个进程都在保持已占有资源不释放的情况下继续申请资源，从而造成死锁；或进程 P2 占有一个单位的 R1 类资源及一个单位的 R2 类资源，进程 P1 占有一个单位的 R1 类资源，此时系统内已无空闲资源，而两个进程都在保持已占有资源不释放的情况下继续申请资源，从而造成死锁。

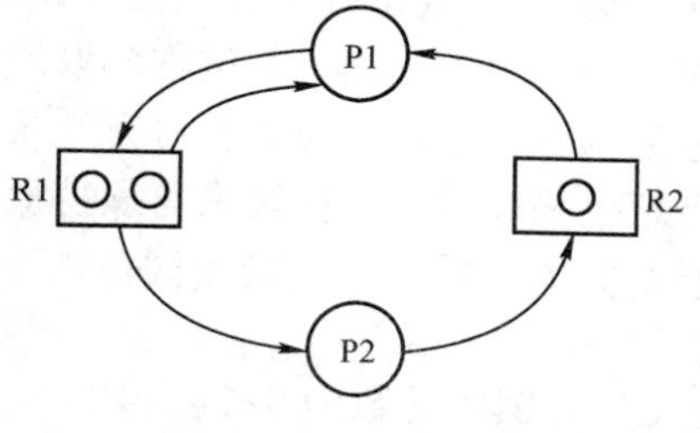

死锁点的资源分配图

假定进程 P1 成功执行了第二步，则死锁点的资源分配如右图所示。

2.5 本章疑难点

1．进程与程序的区别与联系

1）进程是程序及其数据在计算机上的一次运行活动，是一个动态的概念。进程的运行实体是程序，离开程序的进程没有存在的意义。从静态角度看，进程是由程序、数据和进程控制块（PCB）三部分组成的。而程序是一组有序的指令集合，是一种静态的概念。

2）进程是程序的一次执行过程，它是动态地创建和消亡的，具有一定的生命周期，是暂时存在的；而程序则是一组代码的集合，它是永久存在的，可长期保存。

3）一个进程可以执行一个或几个程序，一个程序也可以构成多个进程。进程可创建进程，而程序不可能形成新的程序。

4）进程与程序的组成不同。进程的组成包括程序、数据和 PCB。

2．死锁与饥饿

具有等待队列的信号量的实现可能导致这样的情况：**两个或多个进程无限地等待一个事件，而该事件只能由这些等待进程之一来产生**。这里的事件是 V 操作的执行（即释放资源）。当出现这样的状态时，这些进程称为**死锁（Deadlocked）**。

为了加以说明，考虑到一个系统由两个进程 P0 和 P1 组成，每个进程都访问两个信号量 S 和 Q，这两个信号量的初值均为 1。

```
P0(){                           p1(){
    While(1){                       While(1){
        P(S);                           P(Q);
        P(Q);                           P(S);
        …                               …
        V(S);                           V(Q);
        V(Q);                           V(S);
        }                               }
    }                               }
```

假设进程 P0 执行 P(S)，接着进程 P1 执行 P(Q)。当进程 P0 执行 P(Q)时，它必须等待直到进程 P1 执行 V(Q)。类似地，当进程 P1 执行 P(S)，它必须等待直到进程 P0 执行 V(S)。由于这两个 V 操作都不能执行，那么进程 P0 和进程 P1 就死锁了。

说一组进程处于死锁状态是指：组内的每个进程都等待一个事件，而该事件只可能由组内的另一个进程产生。这里所关心的主要是事件是资源的获取和释放。

与死锁相关的另一个问题是**无限期阻塞**（Indefinite Blocking）或**"饥饿"**（Starvation），即**进程在信号量内无穷等待的情况**。

产生饥饿的主要原因是：在一个动态系统中，对于每类系统资源，操作系统需要确定一个分配策略，当多个进程同时申请某类资源时，由分配策略确定资源分配给进程的次序。有时资源分配策略可能是不公平的，即不能保证等待时间上界的存在。在这种情况下，即使系统没有发生死锁，某些进程也可能会长时间等待。当等待时间给进程推进和响应带来明显影响时，称发生了进程"饥饿"，当"饥饿"到一定程度的进程所赋予的任务即使完成也不再具有实际意义时称该进程被“饿死”。

例如，当有多个进程需要打印文件时，如果系统分配打印机的策略是最短文件优先，那么长文件的打印任务将由于短文件的源源不断到来而被无限期推迟，导致最终的“饥饿”甚至“饿死”。

“饥饿”并不表示系统一定死锁，但至少有一个进程的执行被无限期推迟。“饥饿”与死锁的主要差别有：

1）进入“饥饿”状态的进程可以只有一个，而由于循环等待条件而进入死锁状态的进程却必须大于或等于两个。

2）处于“饥饿”状态的进程可以是一个就绪进程，如静态优先权调度算法时的低优先权进程，而处于死锁状态的进程则必定是阻塞进程。

3．银行家算法的工作原理

银行家算法的主要思想是避免系统进入不安全状态。在每次进行资源分配时，它首先检查系统是否有足够的资源满足要求，如果有，则先进行分配，并对分配后的新状态进行安全性检查。如果新状态安全，则正式分配上述资源，否则就拒绝分配上述资源。这样，它保证系统始终处于安全状态，从而避免死锁现象的发生。

4．进程同步、互斥的区别和联系

并发进程的执行会产生相互制约的关系：一种是进程之间竞争使用临界资源，只能让它们逐个使用，这种现象称为互斥，是一种竞争关系；另一种是进程之间协同完成任务，在关键点上等待另一个进程发来的消息，以便协同一致，是一种协作关系。

5．作业和进程的关系

进程是系统资源的使用者，系统的资源大部分都是以进程为单位分配的。而用户使用计算机是为了实现一串相关的任务，通常把用户要求计算机完成的这一串任务称为作业。

（1）批处理系统中作业与进程的关系（进程组织）

批处理系统中的可以通过磁记录设备或卡片机向系统提交批作业，由系统的 SPOOLing 输入进程将作业放入磁盘的输入井中，作为后备作业。作业调度程序（一般也作为独立的进程运行）每当选择一道后备作业运行时，首先为该作业创建一个进程(称为该作业的根进程)。该进程将执行作业控制语言解释程序解释该作业的作业说明书。父进程在运行过程中可以动态地创建一个或多个子进程，执行说明书中的语句。例如，对一条编译的语句，该进程可以创建一个子进程执行编译程序对用户源程序进行编译。类似地，子进程也可以继续创建子进程去完成指定的功能。因此，一个作业就动态地转换成了一组运行实体——进程族。当父进程遇到作业说明书中的“撤出作业”的语句时，将该作业从运行状态改变为完成状态，将作业及相关结果送入磁盘上的输出井。作业终止进程负责将输出井中的作业利用打印机输出，回收作业所占用的资源，删除作业有关数据结构，删除作业在磁盘输出井中的信息，等等。作业终止进程撤除一道作业后，可向作业调度进程请求进行新的作业调度。至此，一道进入系统运行的作业全部结束。

（2）分时系统中作业与进程的关系

在分时系统中，作业的提交方法、组织形式均与批处理作业有很大差异。分时系统的用户通过命令语言逐条地与系统应答式地输入命令，提交作业步。每输入一条（或一组）命令，便直接在系统内部对应一个（或若干个）进程。在系统启动时，系统为每个终端设备建立一个进程（称为终端进程），该进程执行命令解释程序，命令解释程序从终端设备读入命令，解释执行用户输入的每一条命令。对于每一条终端命令，可以创建一个子进程去具体执行。若当前的终端命令是一条后台命令，则可以和下一条终端命令并行处理。各子进程在运行过程中完全可以根据需要创建子孙进程。终端命令所对应的进程结束后，命令的功能也相应处理完毕。用户本次上机完毕，用户通过一条登出命令即结束上机过程。

分时系统的作业就是用户的一次上机交互过程，可以认为终端进程的创建是一个交互作业的开始，登出命令运行结束代表用户交互作业的终止。

命令解释程序流程扮演着批处理系统中作业控制语言解释程序的角色，只不过命令解释程序是从用户终端接收命令。

（3）交互地提交批作业

在同时支持交互和批处理的操作系统中，人们可以用交互的方式准备好批作业的有关程序、数据及作业控制说明书。比如，可用交互式系统提供的全屏幕编辑命令编辑好自编的一个天气预报程序，用编译及装配命令将程序变成可执行文件，用调试命令进行程序调试。在调试成功后，用户每天都要做如下工作：准备原始天气数据，运行天气预报执行文件处理原始数据，把结果打印出来等。这时，用交互系统提供的全屏幕编辑命令编辑好将要提交的作业控制说明书文件，如 Windows 系统的 BAT 文件和 Linux 系统的 sh 文件。然后用一条作业提交命令将作业提交给系统作业队列中。系统有专门的作业调度进程负责从作业队列中选择作业，为被选取的作业创建一个父进程运行命令解释程序，解释执行作业控制说明书文件中的命令。

第 3 章

内存管理

【考纲内容】

（一）内存管理

1．内存管理概念

2．交换与覆盖

3．连续分配管理方式

4．非连续分配管理方式：分页管理方式；分段管理方式；段页式管理方式

（二）虚拟内存管理

1．虚拟内存概念

2．请求分页管理方式

3．页面置换算法

4．页面分配策略

5．工作集

6．抖动

【真题分布】

年份	单选题/分	综合题/分	考查内容
2009 年	2 题×2	1 题×8	内存保护；分段存储管理；请求分页管理系统
2010 年	2 题×2	1 题×8	存储管理的最佳适配算法；多级分页管理的地址结构；固定分配局部置换策略
2011 年	3 题×2	0	抖动；缺页中断；地址映射
2012 年	1 题×2	1 题×7	虚拟存储器的特性；请求分页系统的分析
2013 年	1 题×2	1 题×7	请求页式存储管理、页表机制

【知识框架】

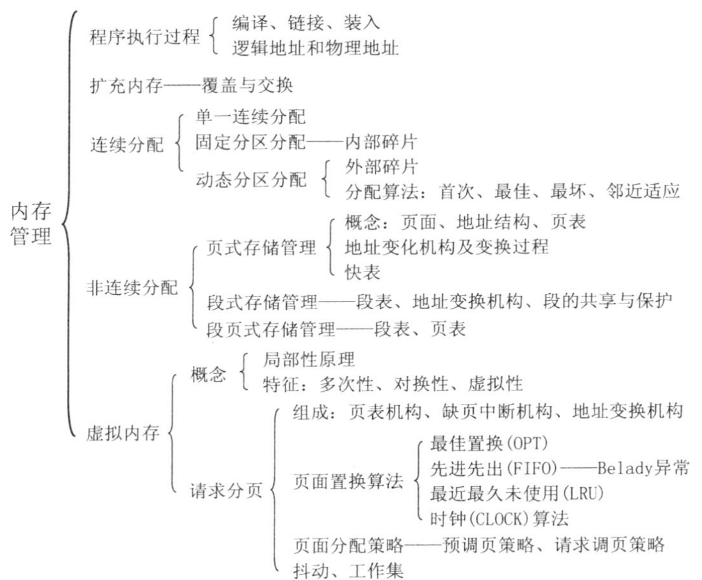

【复习提示】

内存管理和进程管理是操作系统最核心的内容，需要重点复习。这一章可以围绕分页机制展开：通过分页管理方式在物理内存大小的基础上提高内存的利用率，再进一步引入请求分页管理方式，实现虚拟内存，使内存脱离物理大小的限制，从而提高处理器的利用率。

3.1　内存管理概念

3.1.1　内存管理的概念

内存管理（Memory Management）是操作系统设计中最重要和最复杂的内容之一。虽然计算机硬件一直在飞速发展，内存容量也在不断增长，但是仍然不可能将所有用户进程和系统所需要的全部程序和数据放入主存中，所以操作系统必须将内存空间进行合理地划分和有效地动态分配。操作系统对内存的划分和动态分配，就是内存管理的概念。

有效的内存管理在多道程序设计中非常重要，不仅方便用户使用存储器、提高内存利用率，还可以通过虚拟技术从逻辑上扩充存储器。

内存管理的功能有：

- 内存空间的分配与回收：由操作系统完成主存储器空间的分配和管理，使程序员摆脱存储分配的麻烦，提高编程效率。
- 地址转换：在多道程序环境下，程序中的逻辑地址与内存中的物理地址不可能一致，因此存储管理必须提供地址变换功能，把逻辑地址转换成相应的物理地址。
- 内存空间的扩充：利用虚拟存储技术或自动覆盖技术，从逻辑上扩充内存。
- 存储保护：保证各道作业在各自的存储空间内运行，互不干扰。

在进行具体的内存管理之前，需要了解进程运行的基本原理和要求。

1．程序装入和链接

创建进程首先要将程序和数据装入内存。将用户源程序变为可在内存中执行的程序，通常需要以下几个步骤：

- 编译：由编译程序将用户源代码编译成若干个目标模块。
- 链接：由链接程序将编译后形成的一组目标模块，以及所需库函数链接在一起，形成一个完整的装入模块。
- 装入：由装入程序将装入模块装入内存运行。

这三步过程如图 3-1 所示。

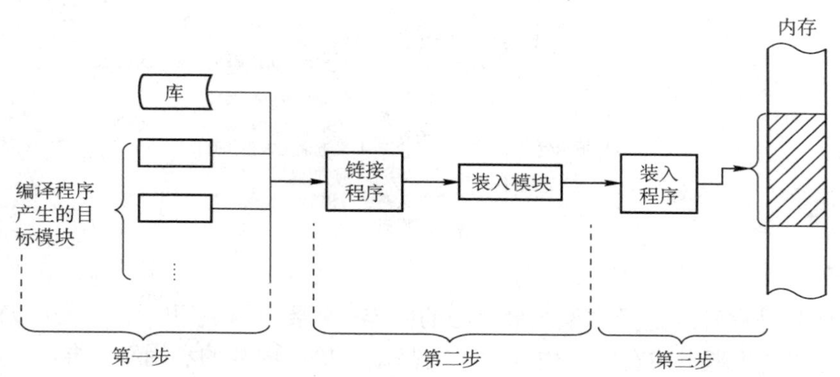

图 3-1　对用户程序的处理步骤

程序的链接有以下三种方式。

- **静态链接**：在程序运行之前，先将各目标模块及它们所需的库函数链接成一个完整的可执行程序，以后不再拆开。
- **装入时动态链接**：将用户源程序编译后所得到的一组目标模块，在装入内存时，采用边装入边链接的链接方式。
- **运行时动态链接**：对某些目标模块的链接，是在程序执行中需要该目标模块时，才对它进行的链接。其优点是便于修改和更新，便于实现对目标模块的共享。

内存的装入模块在装入内存时，同样有以下三种方式：

1）**绝对装入**。在编译时，如果知道程序将驻留在内存的某个位置，编译程序将产生绝对地址的目标代码。绝对装入程序按照装入模块中的地址，将程序和数据装入内存。由于程序中的逻辑地址与实际内存地址完全相同，故不需对程序和数据的地址进行修改。

绝对装入方式只适用于单道程序环境。另外，程序中所使用的绝对地址，可在编译或汇编时给出，也可由程序员直接赋予。而通常情况下在程序中采用的是符号地址，编译或汇编时再转换为绝对地址。

2）**可重定位装入**。在多道程序环境下，多个目标模块的起始地址通常都是从 0 开始，程序中的其他地址都是相对于起始地址的，此时应采用可重定位装入方式。根据内存的当前情况，将装入模块装入到内存的适当位置。装入时对目标程序中指令和数据的修改过程称为重定位，地址变换通常是在装入时一次完成的，所以又称为静态重定位，如图 3-2(a) 所示。

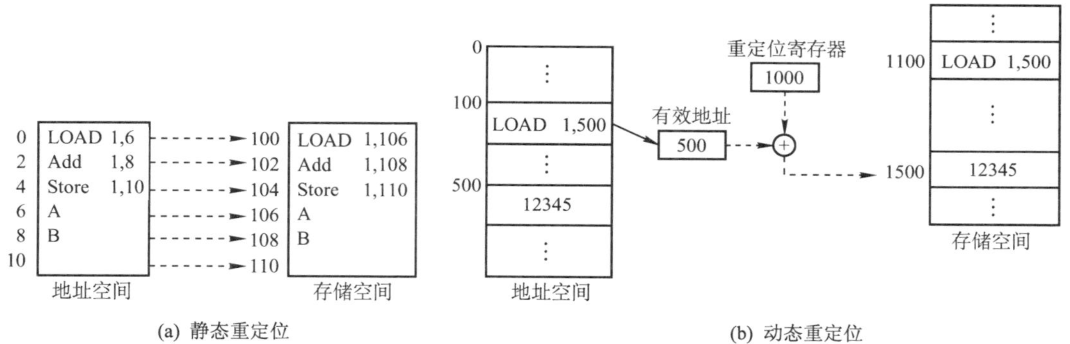

图 3-2 重定向类型

静态重定位的特点是在一个作业装入内存时，必须分配其要求的全部内存空间，如果没有足够的内存，就不能装入该作业。此外，作业一旦进入内存后，在整个运行期间不能在内存中移动，也不能再申请内存空间。

3）**动态运行时装入**，也称为动态重定位，程序在内存中如果发生移动，就需要采用动态的装入方式。装入程序在把装入模块装入内存后，并不立即把装入模块中的相对地址转换为绝对地址，而是把这种地址转换推迟到程序真正要执行时才进行。因此，装入内存后的所有地址均为相对地址。这种方式需要一个重定位寄存器的支持，如图 3-2(b)所示。

动态重定位的特点是可以将程序分配到不连续的存储区中；在程序运行之前可以只装入它的部分代码即可投入运行，然后在程序运行期间，根据需要动态申请分配内存；便于程序段的共享，可以向用户提供一个比存储空间大得多的地址空间。

2．逻辑地址空间与物理地址空间

编译后，每个目标模块都是从 0 号单元开始编址，称为该目标模块的**相对地址**（**或逻辑地址**）。当链接程序将各个模块链接成一个完整的可执行目标程序时，链接程序顺序依次按各个模块的相对地址构成统一的从 0 号单元开始编址的**逻辑地址空间**。用户程序和程序员只需知道逻辑地址，而内存管理的具体机制则是完全透明的，它们只有系统编程人员才会涉及。不同进程可以有相同的逻辑地址，因为这些相同的逻辑地址可以映射到主存的不同位置。

物理地址空间是指内存中物理单元的集合，它是地址转换的最终地址，进程在运行时执行指令和访问数据最后都要通过物理地址从主存中存取。当装入程序将可执行代码装入内存时，必须通过地址转换将逻辑地址转换成物理地址，这个过程称为地址重定位。

3．内存保护

内存分配前，需要保护操作系统不受用户进程的影响，同时保护用户进程不受其他用户进程的影响。通过采用**重定位寄存器**和**界地址寄存器**来实现这种保护。重定位寄存器含最小的物理地址值，界地址寄存器含逻辑地址值。每个逻辑地址值必须小于界地址寄存器；内存管理机构动态地将逻辑地址与界地址寄存器进行比较，如果未发生地址越界，则加上重定位寄存器的值后映射成物理地址，再送交内存单元，如图 3-3 所示。

当 CPU 调度程序选择进程执行时，派遣程序会初始化重定位寄存器和界地址寄存器。每一个逻辑地址都需要与这两个寄存器进行核对，以保证操作系统和其他用户程序及数据不被该进程的运行所影响。

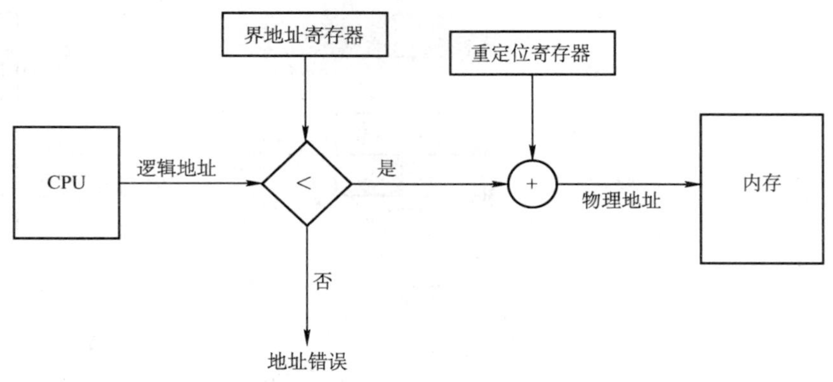

图 3-3　重定位和界地址寄存器的硬件支持

3.1.2　覆盖与交换

覆盖与交换技术是在多道程序环境下用来扩充内存的两种方法。

1．覆盖

早期的计算机系统中，主存容量很小，虽然主存中仅存放一道用户程序，但是存储空间放不下用户进程的现象也经常发生，这一矛盾可以用覆盖技术来解决。

覆盖的基本思想是：由于程序运行时并非任何时候都要访问程序及数据的各个部分（尤其是大程序），因此可以把用户空间分成一个固定区和若干个覆盖区。将经常活跃的部分放在固定区，其余部分按调用关系分段。首先将那些即将要访问的段放入覆盖区，其他段放在外存中，在需要调用前，系统再将其调入覆盖区，替换覆盖区中原有的段。

覆盖技术的特点是打破了必须将一个进程的全部信息装入主存后才能运行的限制，但当同时运行程序的代码量大于主存时仍不能运行。

2．交换

交换（对换）的基本思想是，把处于等待状态（或在 CPU 调度原则下被剥夺运行权利）的程序从内存移到辅存，把内存空间腾出来，这一过程又叫换出；把准备好竞争 CPU 运行的程序从辅存移到内存，这一过程又称为换入。第 2 章介绍的中级调度就是采用交换技术。

例如，有一个 CPU 采用时间片轮转调度算法的多道程序环境。时间片到，内存管理器将刚刚执行过的进程换出，将另一进程换入到刚刚释放的内存空间中。同时，CPU 调度器可以将时间片分配给其他已在内存中的进程。每个进程用完时间片都与另一进程交换。理想情况下，内存管理器的交换过程速度足够快，总有进程在内存中可以执行。

有关交换需要注意以下几个问题：

- 交换需要备份存储，通常是快速磁盘。它必须足够大，并且提供对这些内存映像的直接访问。
- 为了有效使用 CPU，需要每个进程的执行时间比交换时间长，而影响交换时间的主要是转移时间。转移时间与所交换的内存空间成正比。
- 如果换出进程，必须确保该进程是完全处于空闲状态。
- 交换空间通常作为磁盘的一整块，且独立于文件系统，因此使用就可能很快。
- 交换通常在有许多进程运行且内存空间吃紧时开始启动，而系统负荷降低就暂停。

- 普通的交换使用不多，但交换策略的某些变种在许多系统中（如 UNIX 系统）仍发挥作用。

交换技术主要是在**不同进程（或作业）之间**进行，而覆盖则用于**同一个程序或进程**中。由于覆盖技术要求给出程序段之间的覆盖结构，使得其对用户和程序员不透明，所以对于主存无法存放用户程序的矛盾，现代操作系统是通过虚拟内存技术来解决的，覆盖技术则已成为历史；而交换技术在现代操作系统中仍具有较强的生命力。

3.1.3 连续分配管理方式

连续分配方式，是指为一个用户程序分配一个连续的内存空间。它主要包括单一连续分配、固定分区分配和动态分区分配。

1．单一连续分配

内存在此方式下分为系统区和用户区，系统区仅提供给操作系统使用，通常在低地址部分；用户区是为用户提供的、除系统区之外的内存空间。这种方式无需进行内存保护。

这种方式的优点是简单、无外部碎片，可以采用覆盖技术，不需要额外的技术支持。缺点是只能用于单用户、单任务的操作系统中，有内部碎片，存储器的利用率极低。

2．固定分区分配

固定分区分配是最简单的一种多道程序存储管理方式，它将用户内存空间划分为若干个固定大小的区域，每个分区只装入一道作业。当有空闲分区时，便可以再从外存的后备作业队列中，选择适当大小的作业装入该分区，如此循环。

固定分区分配在划分分区时，有两种不同的方法，如图 3-4 所示。

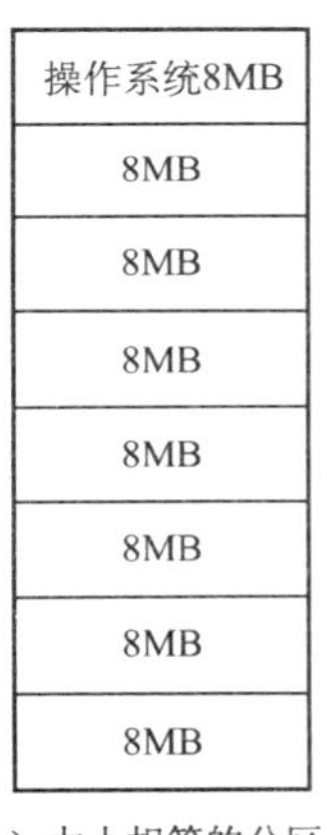

(a) 大小相等的分区

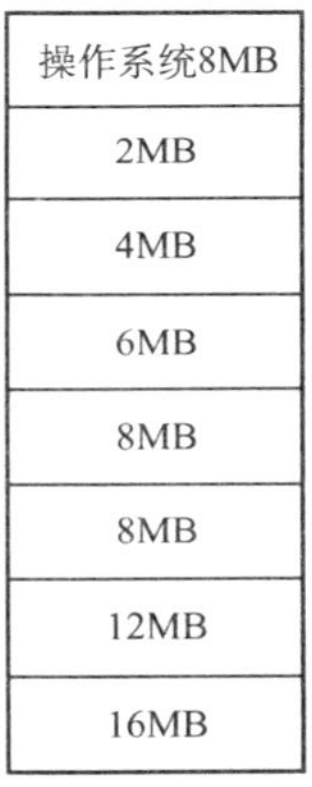

(b) 大小不等的分区

图 3-4 固定分区分配的两种方法

- 分区大小相等：用于利用一台计算机去控制多个相同对象的场合，缺乏灵活性。
- 分区大小不等：划分为含有多个较小的分区、适量的中等分区及少量的大分区。

为便于内存分配，通常将分区按大小排队，并为之建立一张分区说明表，其中各表项包括每个分区的起始地址、大小及状态（是否已分配），如图 3-5(a)所示。当有用户程序要装入时，便检索该表，以找到合适的分区给予分配并将其状态置为“已分配”；未找到合适分区则拒绝为该用户程序分配内存。存储空间的分配情况如图 3-5(b)所示。

这种分区方式存在两个问题：一是程序可能太大而放不进任何一个分区中，这时用户不得不使用覆盖技术来使用内存空间；二是主存利用率低，当程序小于固定分区大小时，也占用了一个完整的内存分区空间，这样分区内部有空间浪费，这种现象称为**内部碎片**。

固定分区是可用于多道程序设计最简单的存储分配，无外部碎片，但不能实现多进程共享一个主存区，所以存储空间利用率低。固定分区分配很少用于现在通用的操作系统中，但在某些用于控制多个相同对象的控制系统中仍发挥着一定的作用。

分区号	大小/KB	起址/KB	状态
1	12	20	已分配
2	32	32	已分配
3	64	64	已分配
4	128	128	已分配

(a) 分区说明表

操作系统
24KB 作业A
32KB 作业B
64KB 作业C
128KB
256KB

(b) 存储空间分配情况

图 3-5 固定分区说明表和内存分配情况

3. 动态分区分配

动态分区分配又称为可变分区分配，是一种动态划分内存的分区方法。这种分区方法不预先将内存划分，而是在进程装入内存时，根据进程的大小动态地建立分区，并使分区的大小正好适合进程的需要。因此系统中分区的大小和数目是可变的。

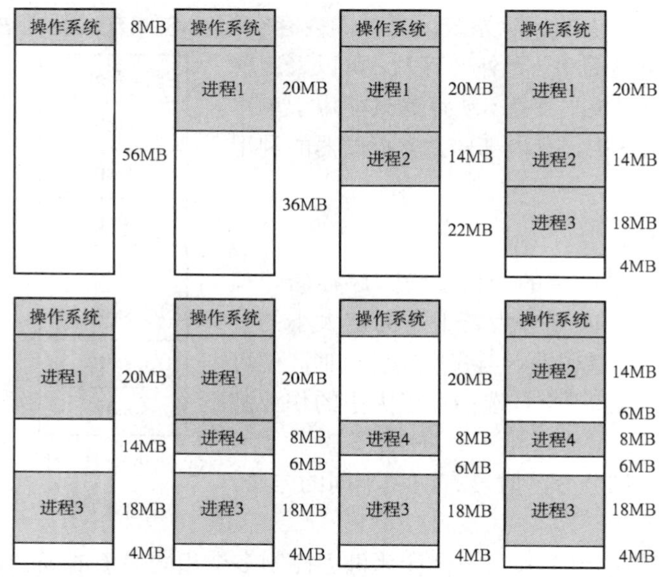

图 3-6 动态分区

如图 3-6 所示，系统有 64MB 内存空间，其中低 8MB 固定分配给操作系统，其余为用户可用内存。开始时装入前三个进程，在它们分别分配到所需空间后，内存只剩下 4MB，进程 4 无法装入。在某个时刻，内存中没有一个就绪进程，CPU 出现空闲，操作系统就换出进程 2，换入进程 4。由于进程 4 比进程 2 小，这样在主存中就产生了一个 6MB 的内存块。之后 CPU 又出现空闲，而主存无法容纳进程 2，操作系统就换出进程 1，换入进程 2。

动态分区在开始分配时是很好的，但是之后会导致内存中出现许多小的内存块。随着时间的推移，内存中会产生越来越多的碎片（图 3-6 中最后的 4MB 和中间的 6MB，且随着进程的换入/换出，很可能会出现更多更小的内存块），内存的利用率随之下降。这些小的内存块称为**外部碎片**，指在所有分区外的存储空间会变成越来越多的碎片，这与固定分区中的**内部碎片**正好相对。克服外部碎片可以通过**紧凑**（Compaction）技术来解决，就是操作系统不时地对进程进行移动和整理。但是这需要动态重定位寄存器的支持，且相对费时。紧凑的过程实际上类似于 Windows 系统中的磁盘整理程序，只不过后者是对外存空间的紧凑。

在进程装入或换入主存时，如果内存中有多个足够大的空闲块，操作系统必须确定分配哪个内存块给进程使用，这就是动态分区的分配策略，考虑以下几种算法：

1）**首次适应**（First Fit）算法：空闲分区以地址递增的次序链接。分配内存时顺序查找，找到大小能满足要求的第一个空闲分区。

2）**最佳适应**（Best Fit）算法：空闲分区按容量递增形成分区链，找到第一个能满足要求的空闲分区。

3）**最坏适应**（Worst Fit）算法：又称最大适应（Largest Fit）算法，空闲分区以容量递减的次序链接。找到第一个能满足要求的空闲分区，也就是挑选出最大的分区。

4）**邻近适应**（Next Fit）算法：又称循环首次适应算法，由首次适应算法演变而成。不同之处是分配内存时从上次查找结束的位置开始继续查找。

在这几种方法中，首次适应算法不仅是最简单的，而且通常也是最好和最快的。在 UNIX 系统的最初版本中，就是使用首次适应算法为进程分配内存空间，其中使用数组的数据结构（而非链表）来实现。不过，首次适应算法会使得内存的低地址部分出现很多小的空闲分区，而每次分配查找时，都要经过这些分区，因此也增加了查找的开销。

邻近适应算法试图解决这个问题，但实际上，它常常会导致在内存的末尾分配空间（因为在一遍扫描中，内存前面部分使用后再释放时，不会参与分配），分裂成小碎片。它通常比首次适应算法的结果要差。

最佳适应算法虽然称为“最佳”，但是性能通常很差，因为每次最佳的分配会留下很小的难以利用的内存块，它会产生最多的外部碎片。

最坏适应算法与最佳适应算法相反，选择最大的可用块，这看起来最不容易产生碎片，但是却把最大的连续内存划分开，会很快导致没有可用的大的内存块，因此性能也非常差。

Knuth 和 Shore 分别就前三种方法对内存空间的利用情况做了模拟实验，结果表明：

首次适应算法可能比最佳适应法效果好，而它们两者一定比最大适应法效果好。另外注意，在算法实现时，分配操作中最佳适应法和最大适应法需要对可用块进行排序或遍历查找，而首次适应法和邻近适应法只需要简单查找；回收操作中，当回收的块与原来的空闲块相邻时（有三种相邻的情况，比较复杂），需要将这些块合并。在算法实现时，使用数组或链表进行管理。除了内存的利用率，这里的算法开销也是操作系统设计需要考虑的一个因素。

表 3-1 三种内存分区管理方式的比较

<table>
<tr><th></th><th>作业道数</th><th>内部碎片</th><th>外部碎片</th><th>硬件支持</th><th>可用空间管理</th><th>解决碎片方法</th><th>解决空间不足</th><th>提高作业道数</th></tr>
<tr><td>单道连续分配</td><td>1</td><td>有</td><td>无</td><td>界地址寄存器、越界检查机构</td><td>—</td><td>—</td><td rowspan="3">覆盖</td><td rowspan="3">交换</td></tr>
<tr><td>多道固定连续分配</td><td>≤N（用户空间划为 N 块）</td><td>有</td><td>无</td><td rowspan="2">1. 上下界寄存器、越界检查机构
2. 基地址寄存器、长度寄存器、动态地址转换机构</td><td>—</td><td>—</td></tr>
<tr><td>多道可变连续分配</td><td>—</td><td>无</td><td>有</td><td>1. 数组
2. 链表</td><td>紧凑</td></tr>
</table>

以上三种内存分区管理方法有一共同特点，即用户进程（或作业）在主存中都是连续存放的。这里对它们进行比较和总结，见表 3-1。

3.1.4 非连续分配管理方式

非连续分配允许一个程序分散地装入到不相邻的内存分区中，根据分区的大小是否固定分为分页存储管理方式和分段存储管理方式。

分页存储管理方式中，又根据运行作业时是否要把作业的所有页面都装入内存才能运行分为基本分页存储管理方式和请求分页存储管理方式。下面介绍基本分页存储管理方式。

1．基本分页存储管理方式

固定分区会产生内部碎片，动态分区会产生外部碎片，这两种技术对内存的利用率都比较低。我们希望内存的使用能尽量避免碎片的产生，这就引入了分页的思想：把主存空间划分为大小相等且固定的块，块相对较小，作为主存的基本单位。每个进程也以块为单位进行划分，进程在执行时，以块为单位逐个申请主存中的块空间。

分页的方法从形式上看，像分区相等的固定分区技术，**分页管理不会产生外部碎片**。但它又有本质的不同点：块的大小相对分区要小很多，而且进程也按照块进行划分，进程运行时按块申请主存可用空间并执行。这样，进程只会在为最后一个不完整的块申请一个主存块空间时，才产生主存碎片，所以尽管会产生内部碎片，但是这种碎片相对于进程来说也是很小的，**每个进程平均只产生半个块大小的内部碎片（也称页内碎片）**。

（1）分页存储的几个基本概念

① 页面和页面大小。进程中的块称为**页**（Page），内存中的块称为**页框**（Page Frame，或页帧）。外存也以同样的单位进行划分，直接称为**块**（Block）。进程在执行时需要申请主存空间，就是要为每个页面分配主存中的可用页框，这就产生了页和页框的一一对应。

为方便地址转换，页面大小应是 2 的整数幂。同时页面大小应该适中，如果页面太小，会使进程的页面数过多，这样页表就过长，占用大量内存，而且也会增加硬件地址转换的开销，降低页面换入/换出的效率；页面过大又会使页内碎片增大，降低内存的利用率。所以页面的大小应该适中，考虑到空间效率和时间效率的权衡。

② 地址结构。分页存储管理的逻辑地址结构如图 3-7 所示。

31 … 12	11 … 0
页号 P	页内偏移量 W

图 3-7 分页存储管理的地址结构

地址结构包含两部分：前一部分为页号 P，后一部分为页内偏移量 W。地址长度为 32 位，其中 0～11 位为页内地址，即每页大小为 4KB；12～31 位为页号，地址空间最多允许有 2^{20} 页。

③ 页表。为了便于在内存中找到进程的每个页面所对应的物理块，系统为每个进程建立一张页表，记录页面在内存中对应的物理块号，页表一般存放在内存中。

在配置了页表后，进程执行时，通过查找该表，即可找到每页在内存中的物理块号。可见，页表的作用是实现从页号到物理块号的地址映射，如图 3-8 所示。

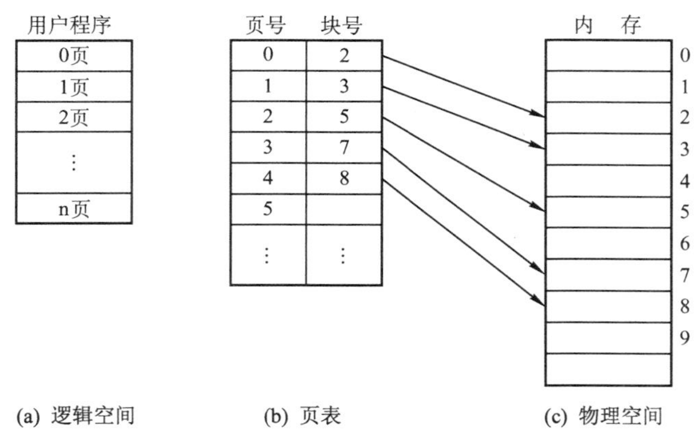

图 3-8　页表的作用

（2）基本地址变换机构

地址变换机构的任务是将逻辑地址转换为内存中物理地址，地址变换是借助于页表实现的。图 3-9 给出了分页存储管理系统中的地址变换机构。

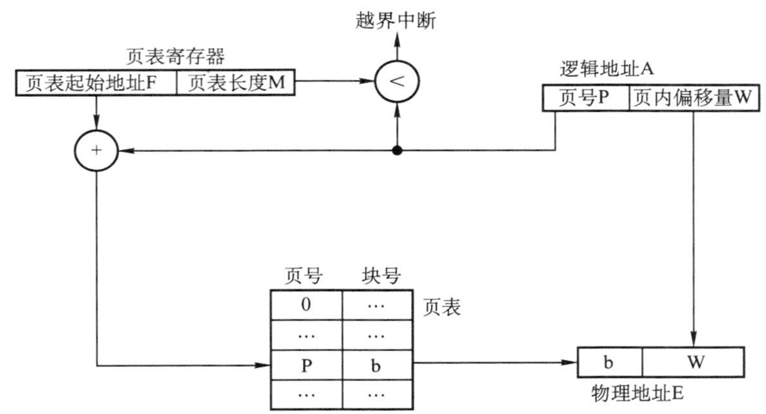

图 3-9　分页存储管理的地址变换机构

在系统中通常设置一个页表寄存器（PTR），存放页表在内存的始址 F 和页表长度 M。进程未执行时，页表的始址和长度存放在进程控制块中，当进程执行时，才将页表始址和长度存入页表寄存器。设页面大小为 L，逻辑地址 A 到物理地址 E 的变换过程如下：

① 计算页号 P（P=A/L）和页内偏移量 W（W=A%L）。

② 比较页号 P 和页表长度 M，若 P≥M，则产生越界中断，否则继续执行。

③ 页表中页号 P 对应的页表项地址=页表起始地址 F+页号 P×页表项长度，取出该页表项内容 b，即为物理块号。

④ 计算 E=b×L+W，用得到的物理地址 E 去访问内存。

以上整个地址变换过程均是由硬件自动完成的。

例如，若页面大小 L 为 1K 字节，页号 2 对应的物理块为 b=8，计算逻辑地址 A=2500 的物理地址 E 的过程如下：P=2500/1K=2，W=2500%1K=452，查找得到页号 2 对应的物理块的块号为 8，E=8×1024+452=8644。

下面讨论分页管理方式存在的两个主要问题：①每次访存操作都需要进行逻辑地址到物理地址的转换，**地址转换过程必须足够快，否则访存速度会降低**；②每个进程引入了页表，用于存储映射机制，**页表不能太大，否则内存利用率会降低。**

（3）具有快表的地址变换机构

由上面介绍的地址变换过程可知，若页表全部放在内存中，则存取一个数据或一条指令至少要访问**两次**内存：一次是访问页表，确定所存取的数据或指令的物理地址，第二次才根据该地址存取数据或指令。显然，这种方法比通常执行指令的速度慢了一半。

为此，在地址变换机构中增设了一个具有并行查找能力的高速缓冲存储器——**快表**，又称**联想寄存器（TLB）**，用来存放当前访问的若干页表项，以加速地址变换的过程。与此对应，主存中的页表也常称为**慢表**，配有快表的地址变换机构如图 3-10 所示。

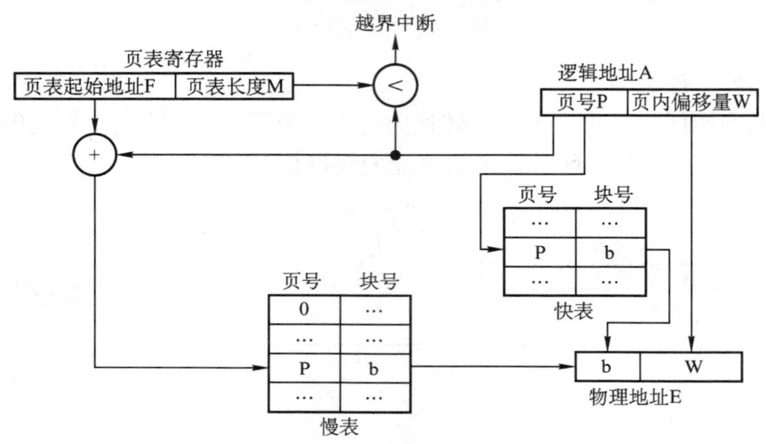

图 3-10　具有快表的地址变换机构

在具有快表的分页机制中，地址的变换过程：

① CPU 给出逻辑地址后，由硬件进行地址转换并将页号送入高速缓存寄存器，并将此页号与快表中的所有页号进行比较。

② 如果找到匹配的页号，说明所要访问的页表项在快表中，则直接从中取出该页对应的页框号，与页内偏移量拼接形成物理地址。这样，存取数据仅一次访存便可实现。

③ 如果没有找到，则需要访问主存中的页表，在读出页表项后，应同时将其存入快表，以便后面可能的再次访问。但若快表已满，则必须按照一定的算法对旧的页表项进行替换。

注意：有些处理机设计为快表和慢表同时查找，如果在快表中查找成功则终止慢表的查找。

一般快表的命中率可以达到 90%以上，这样，分页带来的速度损失就降低到 10%以下。快表的有效性是基于著名的**局部性原理**，这在后面的虚拟内存中将会具体讨论。

（4）两级页表

第二个问题：由于引入了分页管理，进程在执行时不需要将所有页调入内存页框中，而只要将保存有映射关系的页表调入内存中即可。但是我们仍然需要考虑页表的大小。以 32 位逻辑地址空间、页面大小 4KB、页表项大小 4B 为例，若要实现进程对全部逻辑地址空间的映射，则每个进程需要 2^{20}，约 100 万个页表项。也就是说，每个进程仅页表这一项就需要 4MB 主存空间，这显然是不切实际的。而即便不考虑对全部逻辑地址空间进行映射的情况，一个逻辑地址空间稍大的进程，其页表大小也可能是过大的。以一个 40MB 的进程为例，页表项共 40KB，如果将所有页表项内容保存在内存中，那么需要 10 个内存页框来保存整个页表。整个进程大小约为 1 万个页面，而实际执行时只需要几十个页面进入内存页框就可以运行，但如果要求 10 个页面大小的页表必须全部进入内存，这相对实际执行时的几十个进程页面的大小来说，肯定是降低了内存利用率的；从另一方面来说，这 10 页的页表项也并不需要同时保存在内存中，因为大多数情况下，映射所需要的页表项都在页表的同一个页面中。

将页表映射的思想进一步延伸，就可以得到二级分页：将页表的 10 页空间也进行地址映射，建立上一级页表，用于存储页表的映射关系。这里对页表的 10 个页面进行映射只需要 10 个页表项，所以上一级页表只需要 1 页就足够（可以存储 2^{10}=1024 个页表项）。在进程执行时，只需要将这 1 页的上一级页表调入内存即可，进程的页表和进程本身的页面，可以在后面的执行中再调入内存。

如图 3-11 所示，这是 Intel 处理器 80x86 系列的硬件分页的地址转换过程。在 32 位系统中，全部 32 位逻辑地址空间可以分为 2^{20}（4GB/4KB）个页面。这些页面可以再进一步建立顶级页表，需要 2^{10} 个顶级页表项进行索引，这正好是一页的大小，所以建立二级页表即可。

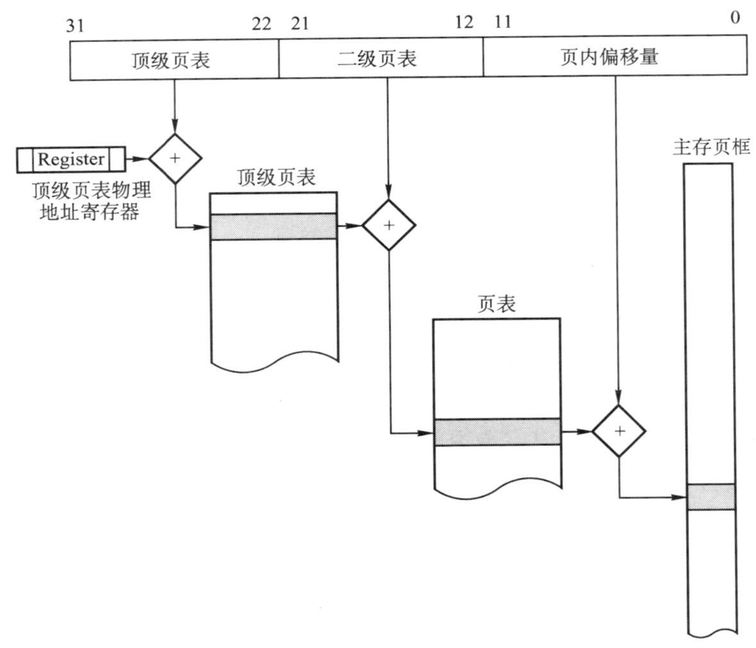

图 3-11　硬件分页地址转换

举例，32 位系统中进程分页的工作过程：假定内核已经给一个正在运行的进程分配的逻辑地址空间是 0x20000000 到 0x2003FFFF，这个空间由 64 个页面组成。在进程运行时，我们不需要知道全部这些页的页框的物理地址，很可能其中很多页还不在主存中。**这里我们只注意在进程运行到某一页时，硬件是如何计算得到这一页的页框的物理地址即可**。现在进程需要读逻辑地址 0x20021406 中的字节内容，这个逻辑地址按如下进行处理：

逻辑地址：　　　0x20021406　（0010 0000 0000 0010 0001 0100 0000 0110 B）

顶级页表字段：　0x80　　　（00 1000 0000 B）
二级页表字段：　0x21　　　（00 0010 0001 B）
页内偏移量字段：0x406　　（0100 0000 0110 B）

顶级页表字段的 0x80 用于选择顶级页表的第 0x80 表项，此表项指向和该进程的页相关的二级页表；二级页表字段 0x21 用于选择二级页表的第 0x21 表项，此表项指向包含所需页的页框；最后的页内偏移量字段 0x406 用于在目标页框中读取偏移量为 0x406 中的字节。

这是 32 位系统下比较实际的一个例子。看似较为复杂的例子，有助于比较深入地理解，希望读者能自己动手计算一遍转换过程。

建立多级页表的目的在于建立索引，这样不用浪费主存空间去存储无用的页表项，也不用盲目地顺序式查找页表项，而**建立索引的要求是最高一级页表项不超过一页的大小**。在 64 位操作系统中，页表的划分则需要重新考虑，这是很多教材和辅导书中的常见题目，但是很多都给出了错误的分析，需要注意。

我们假设仍然采用 4KB 页面大小。偏移量字段 12 位，假设页表项大小为 8B。这样，其上一级分页时，**每个页框只能存储 2^9（4KB/8B）个页表项，而不再是 2^{10} 个，所以上一级页表字段为 9 位**。后面同理继续分页。64=12+9+9+9+9+9+7，所以需 6 级分页才能实现索引。很多书中仍然按 4B 页表项分析，虽然同样得出 6 级分页的结果，但显然是错误的。这里给出两个实际的 64 位操作系统的分页级别（注意：里面没有使用全部 64 位寻址，不过由于地址字节对齐的设计考虑，仍然使用 8B 大小的页表项），理解了表 3-2 中的分级方式，相信对多级分页就非常清楚了。

表 3-2　两种系统的分级方式

平台	页面大小	寻址位数	分页级数	具体分级
Alpha	8 KB	43	3	13+10+10+10
X86_64	4 KB	48	4	12+9+9+9+9

2．基本分段存储管理方式

分页管理方式是从计算机的角度考虑设计的，以提高内存的利用率，提升计算机的性能，且分页通过硬件机制实现，对用户完全透明；而分段管理方式的提出则是考虑了用户和程序员，以满足方便编程、信息保护和共享、动态增长及动态链接等多方面的需要。

1）分段。段式管理方式按照用户进程中的自然段划分逻辑空间。例如，用户进程由主程序、两个子程序、栈和一段数据组成，于是可以把这个用户进程划分为 5 个段，每段从 0 开始编址，并分配一段连续的地址空间（**段内要求连续，段间不要求连续**，因此整个作业的地址空间是二维的）。其逻辑地址由段号 S 与段内偏移量 W 两部分组成。

在图 3-12 中，段号为 16 位，段内偏移量为 16 位，则一个作业最多可有 2^{16}=65536 个段，最大段长为 64KB。

31　…　16	15　…　0
段号 S	段内偏移量 W

图 3-12　分段系统中的逻辑地址结构

在页式系统中，逻辑地址的页号和页内偏移量对用户是透明的，但在段式系统中，段号和段内偏移量必须由用户显示提供，在高级程序设计语言中，这个工作由编译程序完成。

2）段表。每个进程都有一张逻辑空间与内存空间映射的段表，其中每一个段表项对应进程的一个段，段表项记录该段在内存中的起始地址和段的长度。段表的内容如图 3-13 所示。

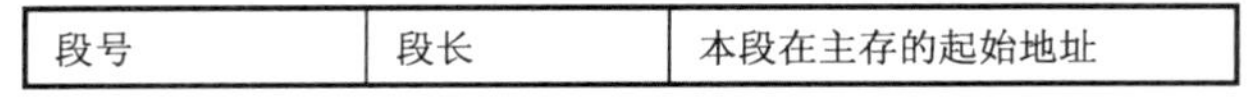

段号	段长	本段在主存的起始地址

图 3-13　段表项

在配置了段表后，执行中的进程可通过查找段表，找到每个段所对应的内存区。可见，段表用于实现从逻辑段到物理内存区的映射，如图 3-14 所示。

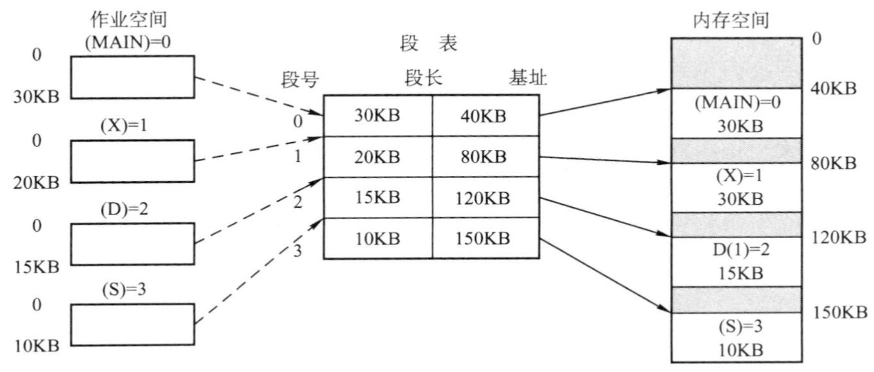

图 3-14　利用段表实现地址映射

3）地址变换机构。分段系统的地址变换过程如图 3-15 所示。为了实现进程从逻辑地址到物理地址的变换功能，在系统中设置了段表寄存器，用于存放段表始址 F 和段表长度 M。其从逻辑地址 A 到物理地址 E 之间的地址变换过程如下：

① 从逻辑地址 A 中取出前几位为段号 S，后几位为段内偏移量 W。

② 比较段号 S 和段表长度 M，若 S≥M，则产生越界中断，否则继续执行。

③ 段表中段号 S 对应的段表项地址=段表起始地址 F+段号 S×段表项长度，取出该段表项的前几位得到段长 C。若段内偏移量≥C，则产生越界中断，否则继续执行。

④ 取出段表项中该段的起始地址 b，计算 E=b+W，用得到的物理地址 E 去访问内存。

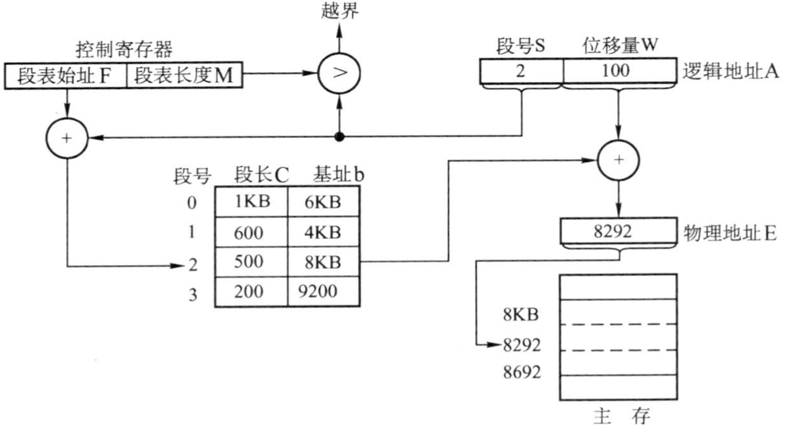

图 3-15　分段系统的地址变换过程

4）段的共享与保护。在分段系统中，段的共享是通过两个作业的段表中相应表项指向被共享的段的同一个物理副本来实现的。当一个作业正从共享段中读取数据时，必须防止另一个作业修改此共享段中的数据。不能修改的代码称为**纯代码或可重入代码**（它不属于临界资源），这样的代码和不能修改的数据是可以共享的，而可修改的代码和数据则不能共享。

与分页管理类似，分段管理的保护方法主要有两种：一种是存取控制保护，另一种是地址越界保护。地址越界保护是利用段表寄存器中的段表长度与逻辑地址中的段号比较，若段号大于段表长度则产生越界中断；再利用段表项中的段长和逻辑地址中的段内位移进行比较，若段内位移大于段长，也会产生越界中断。

3．段页式管理方式

页式存储管理能有效地提高内存利用率，而分段存储管理能反映程序的逻辑结构并有利于段的共享。如果将这两种存储管理方法结合起来，就形成了段页式存储管理方式。

在段页式系统中，作业的地址空间首先被分成若干个逻辑段，每段都有自己的段号，然后再将每一段分成若干个大小固定的页。对内存空间的管理仍然和分页存储管理一样，将其分成若干个和页面大小相同的存储块，对内存的分配以存储块为单位，如图 3-16 所示。

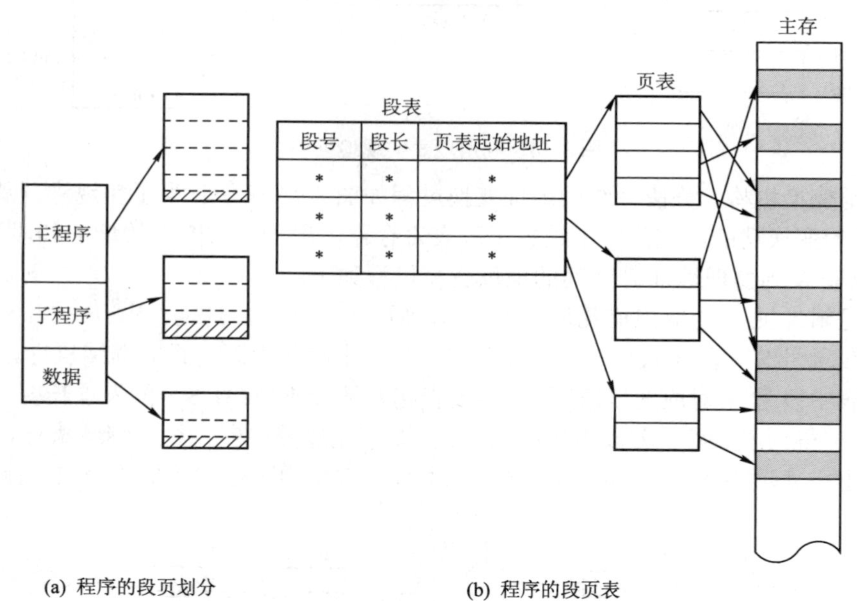

图 3-16　段页式管理方式

在段页式系统中，作业的逻辑地址分为三部分：段号、页号和页内偏移量，如图 3-17 所示。

段号 S	页号 P	页内偏移量 W

图 3-17　段页式系统的逻辑地址结构

为了实现地址变换，系统为每个进程建立一张段表，而每个分段有一张页表。段表表项中至少包括段号、页表长度和页表起始地址，页表表项中至少包括页号和块号。此外，系统中还应有一个段表寄存器，指出作业的段表起始地址和段表长度。

注意：在一个进程中，段表只有一个，而页表可能有多个。

在进行地址变换时，首先通过段表查到页表起始地址，然后通过页表找到页帧号，最后形成物理地址。如图 3-18 所示，进行一次访问实际需要三次访问主存，这里同样可以使用快表以加快查找速度，其关键字由段号、页号组成，值是对应的页帧号和保护码。

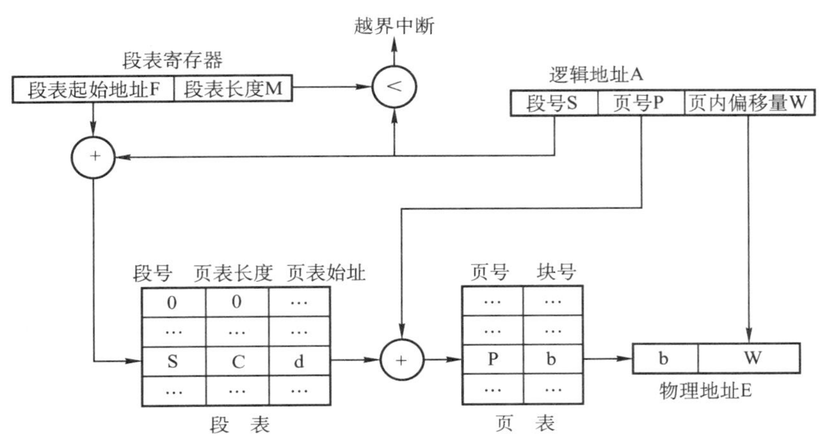

图 3-18　段页式系统的地址变换机构

3.1.5　本节习题精选

一、单项选择题

1.【2011 年计算机联考真题】

在虚拟内存管理中，地址变换机构将逻辑地址变换为物理地址，形成该逻辑地址的阶段是（　　）。

A．编辑　　B．编译　　C．链接　　D．装载

2．下面关于存储管理的叙述中正确的是（　　）。

A．存储保护的目的是限制内存的分配

B．在内存为 M、有 N 个用户的分时系统中，每个用户占用 M/N 的内存空间

C．在虚拟内存系统中，只要磁盘空间无限大，作业就能拥有任意大的编址空间

D．实现虚拟内存管理必须有相应硬件的支持

3．在使用交换技术时，如果一个进程正在（　　）时，则不能交换出主存。

A．创建　　B．I/O 操作　　C．处于临界段　　D．死锁

4．在存储管理中，采用覆盖与交换技术的目的是（　　）。

A．节省主存空间　　B．物理上扩充主存容量

C．提高 CPU 效率　　D．实现主存共享

5.【2009 年计算机联考真题】

分区分配内存管理方式的主要保护措施是（　　）。

A．界地址保护　　B．程序代码保护　　C．数据保护　　D．栈保护

6.【2010 年计算机联考真题】

某基于动态分区存储管理的计算机，其主存容量为 55MB（初始为空），采用最佳适配

（Best Fit）算法，分配和释放的顺序为：分配 15MB，分配 30MB，释放 15MB，分配 8MB，分配 6MB，此时主存中最大空闲分区的大小是（　　）。

A．7MB　　B．9MB　　C．10MB　　D．15MB

7．在页式存储系统中，内存保护信息维持在（　　）中。

A．页表项　　B．页地址寄存器

C．页偏移地址寄存器　　D．保护码

8．段页式存储管理中，地址映射表是（　　）。

A．每个进程一张段表，两张页表

B．每个进程的每个段一张段表，一张页表

C．每个进程一张段表，每个段一张页表

D．每个进程一张页表，每个段一张段表

9．内存保护需要由（　　）完成，以保证进程空间不被非法访问。

A．操作系统　　B．硬件机构

C．操作系统和硬件机构合作　　D．操作系统或者硬件机构独立完成

10．存储管理方案中，（　　）可采用覆盖技术。

A．单一连续存储管理　　B．可变分区存储管理

C．段式存储管理　　D．段页式存储管理

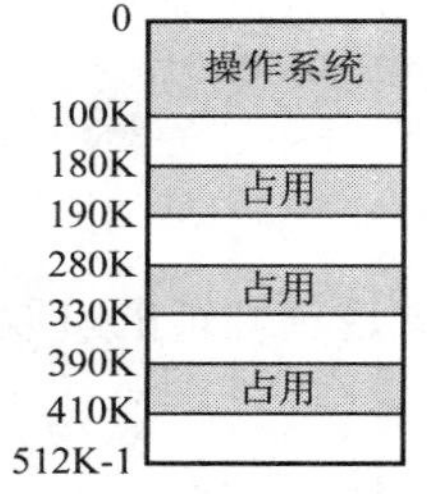

图 3-19　内存分配

11．在可变分区分配方案中，某一进程完成后，系统回收其主存空间并与相邻空闲区合并，为此需修改空闲区表，造成空闲区数减 1 的情况是（　　）。

A．无上邻空闲区也无下邻空闲区

B．有上邻空闲区但无下邻空闲区

C．有下邻空闲区但无上邻空闲区

D．有上邻空闲区也有下邻空闲区

12．设内存的分配情况如图 3-19 所示。若要申请一块 40K 的内存空间，采用最佳适应算法，则所得到的分区首址为（　　）。

A．100K　　B．190K　　C．330K　　D．410K

13．某段表的内容见表 3-3，一逻辑地址为（2，154），它对应的物理地址为（　　）。

A．120K+2　　B．480K+154

C．30K+154　　D．480K+2

表 3-3　段表

段号	段首址	段长度
0	120K	40K
1	760K	30K
2	480K	20K
3	370K	20K

14．动态重定位是在作业的（　　）中进行的。

A．编译过程　　B．装入过程

C．链接过程　　D．执行过程

15．下面的存储管理方案中，（　　）方式可以采用静态重定位。

A．固定分区　　B．可变分区　　C．页式　　D．段式

16．在可变分区管理中，采用拼接技术的目的是（　　）。

A．合并空闲区　　B．合并分配区

C．增加主存容量　　D．便于地址转换

17．在一页式存储管理系统中，页表内容见表 3-4。若页的大小为 4KB，则地址转换机构将逻辑地址 0 转换成的物理地址为（　　）。

A．8192　　B．4096
C．2048　　D．1024

表 3-4　页表内容

页号	块号
0	2
1	1
3	3
4	7

18．不会产生内部碎片的存储管理是（　　）。

A．分页式存储管理　　B．分段式存储管理
C．固定分区式存储管理　　D．段页式存储管理

19．多进程在主存中彼此互不干扰的环境下运行，操作系统是通过（　　）来实现的。

A．内存分配　　B．内存保护　　C．内存扩充　　D．地址映射

20．分区管理中采用最佳适应分配算法时，把空闲区按（　　）次序登记在空闲区表中。

A．长度递增　　B．长度递减　　C．地址递增　　D．地址递减

21．首次适应算法的空闲分区是（　　）。

A．按大小递减顺序连在一起　　B．按大小递增顺序连在一起
C．按地址由小到大排列　　D．按地址由大到小排列

22．采用分页或分段管理后，提供给用户的物理地址空间（　　）。

A．分页支持更大的物理地址空间　　B．分段支持更大的物理地址空间
C．不能确定　　D．一样大

23．分页系统中的页面是为（　　）。

A．用户所感知的　　B．操作系统所感知的
C．编译系统所感知的　　D．连接装配程序所感知的

24．页式存储管理中，页表的始地址存放在（　　）中。

A．内存　　B．存储页表　　C．快表　　D．寄存器

25．对重定位存储管理方式，应（　　）。

A．在整个系统中设置一个重定位寄存器
B．为每道程序设置一个重定位寄存器
C．为每道程序设置两个重定位寄存器
D．为每道程序和数据都设置一个重定位寄存器

26．采用段式存储管理时，一个程序如何分段是在（　　）时决定的。

A．分配主存　　B．用户编程　　C．装作业　　D．程序执行

27．下面的（　　）方法有利于程序的动态链接。

A．分段存储管理　　B．分页存储管理
C．可变式分区管理　　D．固定式分区管理

28．当前编程人员编写好的程序经过编译转换成目标文件后，各条指令的地址编号起始一般定为（　　），称为（　　）地址。

1）A．1　　B．0　　C．IP　　D．CS
2）A．绝对　　B．名义　　C．逻辑　　D．实

29．采用可重入程序是通过（　　）方法来改善系统性能的。

A．改变时间片长度　　B．改变用户数

C. 提高对换速度　　　　D. 减少对换数量

30. 操作系统实现（　　）存储管理的代价最小。

A. 分区　　B. 分页　　C. 分段　　D. 段页式

31. 动态分区又称为可变式分区，它是在系统运行过程中（　　）动态建立的。

A. 在作业装入时　　　　B. 在作业创建时

C. 在作业完成时　　　　D. 在作业未装入时

32. 对外存对换区地管理以（　　）为主要目标。

A. 提高系统吞吐量　　　　B. 提高存储空间的利用率

C. 降低存储费用　　　　D. 提高换入、换出速度

33. 从下列关于虚拟存储器的论述中，正确的论述是（　　）。

A. 作业在运行前，必须全部装入内存，且在运行过程中也一直驻留内存

B. 作业在运行前，不必全部装入内存，且在运行过程中也不必一直驻留内存

C. 作业在运行前，不必全部装入内存，但在运行过程中必须一直驻留内存

D. 作业在运行前，必须全部装入内存，但在运行过程中不必一直驻留内存

34. 在页式存储管理中选择页面的大小，需要考虑下列哪些因素（　　）。

Ⅰ. 页面大的好处是页表比较小

Ⅱ. 页面小的好处是可以减少由内碎片引起的内存浪费

Ⅲ. 通常，影响磁盘访问时间的主要因素不在于页面的大小，所以使用时优先考虑较大的页面

A. Ⅰ和Ⅲ　　B. Ⅱ和Ⅲ　　C. Ⅰ和Ⅱ　　D. Ⅰ、Ⅱ和Ⅲ

35. 某个操作系统对内存的管理采用页式存储管理方法，所划分的页面大小（　　）。

A. 要根据内存大小而定　　　　B. 必须相同

C. 要根据 CPU 的地址结构　　　　D. 要依据外存和内存的大小而定

36. 引入段式存储管理方式，主要是为了更好地满足用户的一系列要求，下面哪个选项不属于这一系列的要求（　　）。

A. 方便操作　　　　B 方便编程

C. 共享和保护　　　　D. 动态链接和增长

37. 存储管理的目的是（　　）。

A. 方便用户　　　　B. 提高内存利用率

C. 方便用户和提高内存利用率　　　　D. 增加内存实际容量

38. 对主存储器的访问，是（　　）。

A. 以块（即页）或段为单位　　　　B. 以字节或字为单位

C. 随存储器的管理方案不同而异　　　　D. 以用户的逻辑记录为单位

39. 把作业空间中使用的逻辑地址变为内存中物理地址称为（　　）。

A. 加载　　B. 重定位　　C. 物理化　　D. 逻辑化

40. 以下存储管理方式中，不适合多道程序设计系统的是（　　）。

A. 单用户连续分配　　　　B. 固定式分区分配

C. 可变式分区分配　　　　D. 分页式存储管理方式

41. 在分页存储管理中，主存的分配是（　　）。

A. 以物理块为单位进行　　　　B. 以作业的大小分配

C．以物理段进行分配　　D．以逻辑记录大小进行分配

42．在段式分配中，CPU 每次从内存中取一次数据需要（　　）次访问内存。

A．1　　B．3　　C．2　　D．4

43．在段页式分配中，CPU 每次从内存中取一次数据需要（　　）次访问内存。

A．1　　B．3　　C．2　　D．4

44．（　　）存储管理方式提供一维地址结构。

A．分段　　B．分页

C．分段和段页式　　D．以上答案都不正确

45．操作系统采用分页存储管理方式，要求（　　）。

A．每个进程拥有一张页表，且进程的页表驻留在内存中

B．每个进程拥有一张页表，但只有执行进程的页表驻留在内存中

C．所有进程共享一张页表，以节约有限的内存空间，但页表必须驻留在内存中

D．所有进程共享一张页表，只有页表中当前使用的页面必须驻留在内存中，以最大限度地节省有限的内存空间

46．【2009 年计算机联考真题】

一个分段存储管理系统中，地址长度为 32 位，其中段号占 8 位，则最大段长是（　　）。

A．2^8 字节　　B．2^{16} 字节　　C．2^{24} 字节　　D．2^{32} 字节

47．在分段存储管理方式中，（　　）。

A．以段为单位，每段是一个连续存储区

B．段与段之间必定不连续

C．段与段之间必定连续

D．每段是等长的

48．段页式存储管理集汲取了页式管理和段式管理的长处，其实现原理结合了页式和段式管理的基本思想，即（　　）。

A．用分段方法来分配和管理物理存储空间，用分页方法来管理用户地址空间

B．用分段方法来分配和管理用户地址空间，用分页方法来管理物理存储空间

C．用分段方法来分配和管理主存空间，用分页方法来管理辅存空间

D．用分段方法来分配和管理辅存空间，用分页方法来管理主存空间

49．以下存储管理方式中，会产生内部碎片的是（　　）。

Ⅰ．分段虚拟存储管理　　Ⅱ．分页虚拟存储管理

Ⅲ．段页式分区管理　　Ⅳ．固定式分区管理

A．Ⅰ、Ⅱ、Ⅲ　　B．Ⅲ、Ⅳ　　C．只有Ⅱ　　D．Ⅱ、Ⅲ、Ⅳ

50．下列关于页式存储正确的有（　　）。

Ⅰ．在页式存储管理中，若关闭 TLB，则每当访问一条指令或存取一个操作数时都要访问 2 次内存

Ⅱ．页式存储管理不会产生内部碎片

Ⅲ．页式存储管理当中的页面是为用户所感知的

Ⅳ．页式存储方式可以采用静态重定位

A．Ⅰ、Ⅱ、Ⅳ　　B．Ⅰ、Ⅳ　　C．只有Ⅰ　　D．全都正确

51.【2010 年计算机联考真题】

某计算机采用二级页表的分页存储管理方式，按字节编址，页大小为 2^{10} 字节，页表项大小为 2 字节，逻辑地址结构为

页目录号	页号	页内偏移量

逻辑地址空间大小为 2^{16} 页，则表示整个逻辑地址空间的页目录表中包含表项的个数至少是（　　）。

A．64　　B．128　　C．256　　D．512

二、综合应用题

1．动态分区和固定分区分配方式相比，是否解决了碎片问题？

2．在一个分区存储管理系统中，按地址从低到高排列的空闲分区的长度分别是：10KB、4KB、20KB、18KB、7KB、9KB、12KB、15KB。对于下列顺序的段请求：12KB、10KB、15KB、18KB 分别使用首次适应算法、最佳适应算法、最坏适应算法和邻近适应算法，试说明空间的使用情况。

3．【2010 年计算机联考真题】

设某计算机的逻辑地址空间和物理地址空间均为 64KB，按字节编址。若某进程最多需要 6 页（Page）数据存储空间，页的大小为 1KB，操作系统采用固定分配局部置换策略为此进程分配 4 个页框（Page Frame），见表 3-5。在时刻 260 前的该进程访问情况见表 3-5（访问位即使用位）。

表 3-5　为进程分配页框

页号	页框号	装入时刻	访问位
0	7	130	1
1	4	230	1
2	2	200	1
3	9	160	1

当该进程执行到时刻 260 时，要访问逻辑地址为 17CAH 的数据。请回答下列问题：

1）该逻辑地址对应的页号是多少？

2）若采用先进先出（FIFO）置换算法，该逻辑地址对应的物理地址是多少？要求给出计算过程。若采用时钟（Clock）置换算法，该逻辑地址对应的物理地址是多少？要求给出计算过程。设搜索下一页的指针沿顺时针方向移动，且当前指向 2 号页框，如图 3-20 所示。

4．某系统的空闲分区见表 3-6，采用可变式分区管理策略，现有如下作业序列：96KB、20KB、200KB。若用首次适应算法和最佳适应算法来处理这些作业序列，则哪一种算法可满足该作业序列请求，为什么？

5．某操作系统采用段式管理，用户区主存为 512KB，空闲块链入空块表，分配时截取空块的前半部分（小地址部分）。初始时全部空闲。在执行了如下申请、释放操作序列后：

reg(300KB)，reg(100KB)，release(300KB)，reg(150KB)，reg(50KB)，reg(90KB)

1）采用最先适配，空块表中有哪些空块？（指出大小及始址）

2）采用最佳适配，空块表中有哪些空块？（指出大小及始址）

3）若随后又要申请 80KB，针对上述两种情况会产生什么后果？这说明了什么问题？

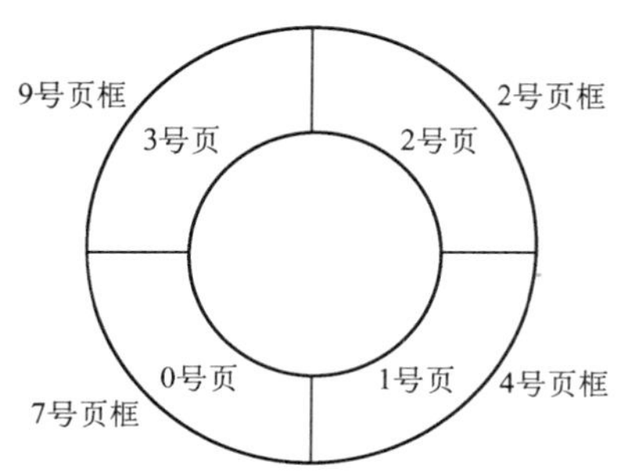

图 3-20　页框示意图

表 3-6　空闲分区表

分区号	大小	起始地址
1	32KB	100KB
2	10KB	150KB
3	5KB	200KB
4	218KB	220KB
5	96KB	530KB

6．图 3-21 所示分别给出了页式或段式两种地址变换示意（假定段式变换对每一段不进行段长越界检查，即段表中无段长信息）。

1）指出这两种变换各属于何种存储管理。

2）计算出这两种变换所对应的物理地址。

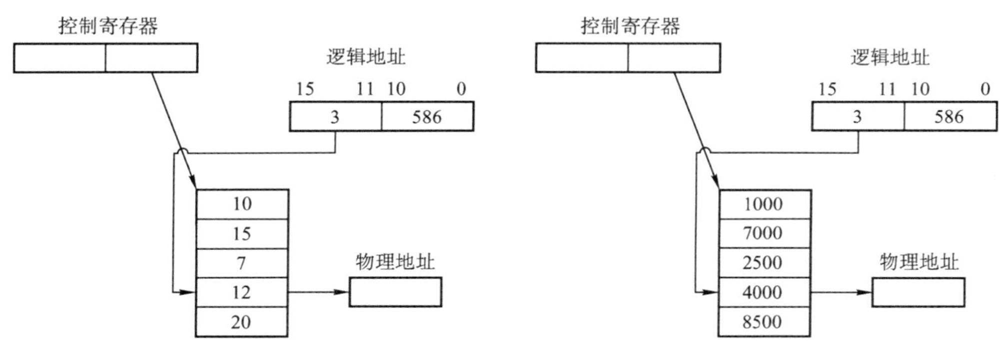

图 3-21　地址变换示意

7．在一个段式存储管理系统中，其段表见表 3-7。试求表 3-8 中的逻辑地址所对应的物理地址。

表 3-7　段表

段号	内存起始地址	段长
0	210	500
1	2350	20
2	100	90
3	1350	590
4	1938	95

表 3-8　逻辑地址

段号	段内位移
0	430
1	10
2	500
3	400
4	112
5	32

8．页式存储管理，允许用户编程空间为 32 个页面（每页 1KB），主存为 16KB，如有一用户程序有 10 页长，且某时刻该用户程序页表见表 3-9。

如果分别遇有以下三个逻辑地址：0AC5H、1AC5H、3AC5H 处的操作，试计算并说明存储管理系统将如何处理。

表 3-9　用户程序页表

逻辑页号	物理块号
0	8
1	7
2	4
3	10

9．在某页式管理系统中，假定主存为 64KB，分成 16

块，块号为 0、1、2、…、15。设某进程有 4 页，其页号为 0、1、2、3，被分别装入主存的第 9、0、1、14 块。

1）该进程的总长度是多大？

2）写出该进程每一页在主存中的起始地址。

3）若给出逻辑地址(0, 0)、(1, 72)、(2, 1023)、(3, 99)，请计算出相应的内存地址（括号内的第一个数为十进制页号，第二个数为十进制页内地址）。

10．某页式存储管理系统中，现有 P1、P2 和 P3 共 3 个进程同驻内存。其中，P2 有 4 个页面，被分别装入到主存的第 3、4、6、8 块中。假定页面和存储块的大小均为 1024B，主存容量为 10KB。

1）写出 P2 的页表；

2）当 P2 在 CPU 上运行时，执行到其地址空间第 500 号处遇到一条传送指令：

MOV　　2100, 3100

计算 MOV 指令中的两个操作数的物理地址。

11．某操作系统存储器采用页式存储管理，页面大小为 64B，假定一进程的代码段的长度为 702B，页表见表 3-10，该进程在快表中的页表见表 3-11。现进程有如下的访问序列：其逻辑地址为八进制的 0105，0217，0567，01120，02500。试问给定的这些地址能否进行转换？

12．某一页式系统，其页表存放在主存中：

1）如果对主存的一次存取需要 1.5μs，试问实现一次页面访问时存取时间是多少？

2）如果系统有快表且其平均命中率为 85%，而页表项在快表中的查找时间可忽略不计，试问此时的存取时间为多少？

13．在页式、段式和段页式存储管理中，当访问一条指令或数据时，各需要访问内存几次？其过程如何？假设一个页式存储系统具有快表，多数活动页表项都可以存在其中。如果页表存放在内存中，内存访问时间是 1μs，检索快表的时间为 0.2μs，若快表的命中率是 85%，则有效存取时间是多少？若快表的命中率为 50%，那么有效存取时间是多少？

14．在一个段式存储管理系统中，其段表见表 3-12。试求表 3-13 中的逻辑地址所对应的物理地址。

表 3-10　进程页表

页号	页帧号
0	F0
1	F1
2	F2
3	F3
4	F4
5	F5
6	F6
7	F7
8	F8
9	F9
10	F10

表 3-11　快表

页号	页帧号
0	F0
1	F1
2	F2
3	F3
4	F4

表 3-12　段表

段号	内存起始地址	段长
0	210	500
1	2350	20
2	100	90
3	1350	590
4	1938	95

15．在一个分页存储管理系统中，地址空间分页（每页 1KB），物理空间分块，设主存总容量是 256KB，描述主存分配情况的位示图如图 3-23 所示（0 表示未分配，1 表示已分配），此时作业调度程序选中一个长为 5.2KB 的作业投入内存。试问：

1）为该作业分配内存后（分配内存时，首先分配低地址的内存空间），请填写该作业的页表内容？

2）页式存储管理有无零头存在，若有，会存在什么零头?为该作业分配内存后，会产生零头吗?如果产生，大小为多少?

表 3-13 逻辑地址

段号	段内位移
0	430
1	10
2	500
3	400
4	112
5	32

1	1	1	1	1	1	1	1	1	1	1	1	1	1	1	1
1	1	1	1	1	0	1	1	1	1	1	0	0	0	1	1
1	1	0	0	0	0	0	0	0	0	0	0	1	1	1	1
1	1	1	1	1	0	0	0	0	1	0	0	0	1	0	1
0	1	0	1	1	0	1	1	0	1	1	0	1	1	0	1
1	0	0	0	0	0	0	0	0	0	0	0	0	0	0	0
0	1	1	1	1	1	1	0	0	0	0	0	0	0	0	0
1 …………………………………															
…………………………………………															

页号	块号（0 开始编址）

图 3-23 主存分配情况

3）假设一个 64MB 内存容量的计算机，其操作系统采用页式存储管理（页面大小为 4KB），内存分配采用位示图方式管理，请问位示图将占用多大的内存？

3.1.6 答案与解析

一、单项选择题

1．C

编译过后的程序需要经过链接才能装载，而链接后形成的目标程序中的地址也就是逻辑地址。以 C 语言为例：C 语言经过预处理（cpp）→编译（ccl）→汇编（as）→链接（ld）产生了可执行文件。其中链接的前一步，产生了可重定位的二进制的目标文件。C 语言采用源文件独立编译的方法，如程序 main.c, file1.c, file2.c, file1.h, file2.h，在链接的前一步生成了 main.o, file1.o, file2.o，这些目标模块采用的逻辑地址都从 0 开始，但只是相对于该模块的逻辑地址。链接器将这三个文件，libc 和其他的库文件链接成一个可执行文件。链接阶段主要完成了重定位，形成整个程序的完整逻辑地址空间。

例如，file1.o 的逻辑地址为 0~1023，main.o 的逻辑地址为 0~1023，假设链接时将 file1.o 链接在 main.o 之后，则重定位之后 file1.o 对应的逻辑地址就应为 1024~2047。

2．D

选项 A、B 显然错误，选项 C 中编址空间的大小取决于硬件的访存能力，一般由地址总线宽度决定。选项 D 中虚拟内存的管理需要有相关的硬件和软件的支持，有请求分页页表机制、缺页中断机构、地址变换机构等。

3. B

进程正在进行I/O操作时不能换出主存，否则它的I/O数据区将被新换入的进程占用，导致错误。不过可以在操作系统中开辟I/O缓冲区，将数据从外设输入或将数据输出到外设的I/O活动在系统缓冲区中进行，这时在系统缓冲区与外设I/O时，进程交换不受限制。

4. A

覆盖和交换的提出就是为了解决主存空间不足的问题，但不是在物理上扩充主存，只是将暂时不用的部分换出主存，以节省空间，从而在逻辑上扩充主存。

5. A

每个进程都拥有自己独立的进程空间，如果一个进程在运行时所产生的地址在其地址空间之外，则发生地址越界，因此需要进行界地址保护，即当程序要访问某个内存单元时，由硬件检查是否允许，如果允许则执行，否则产生地址越界中断。

6. B

最佳适配算法是指每次为作业分配内存空间时，总是找到能满足空间大小需要的最小的空闲分区给作业。可以产生最小的内存空闲分区。下图显示了这个过程的主存空间变化。

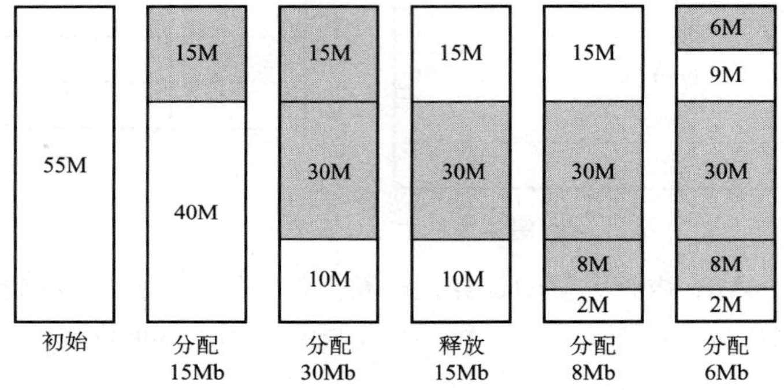

图中，灰色部分为分配出去的空间，白色部分为空闲区。这样，容易发现，此时主存中最大空闲分区的大小为9MB。

7. A

页表项由页框号字段和标志位字段组成，内存保护信息在标志位中。如Intel处理器硬件分段机制中，标志位中有R/W位，为0表示该页为只读，为1时表示可读写。在段式存储系统中，内存保护信息在段表项中的保护码字段中。

8. C

段页式系统中，进程首先划分为段，每段再进一步划分为页。

9. C

内存保护是内存管理的一部分，是操作系统的任务，但是出于安全性和效率考虑，必须由硬件实现，所以需要操作系统和硬件机构的合作来完成。

10. A

覆盖技术是早期在单一连续存储管理中使用的扩大存储容量的一种技术，它同样也可用于固定分区分配的存储管理中。

11. D

将上邻空闲区、下邻空闲区和回收区合并为一个空闲区，因此空闲区数反而减少了一个。

而仅有上邻空闲区或下邻空闲区时，空闲区数并不减少。

12．C

最佳适配算法是指：每次为作业分配内存空间时，总是找到能满足空间大小需要的最小的空闲分区给作业，可以产生最小的内存空闲分区。从图 3-20 中可以看出应选择大小为 60KB 的空闲分区，其首地址为 330K。

13．B

段号为 2，其对应的首地址为 480K，段长度为 20K 大于 154，所以逻辑地址（2，154）对应的物理地址为 480K+154。

14．D

动态重定位是在作业运行时执行到一条访存指令时再把逻辑地址转换为主存中的物理地址，实际中是通过硬件地址转换机制实现的。

15．A

固定分区方式中，作业装入后位置不再改变，可以采用静态重定位。其余三种管理方案均可能在运行过程中改变程序位置，静态重定位不能满足其要求。

16．A

在可变分区管理中，回收空闲区时采用拼接技术对空闲区进行合并。

17．A

按页表内容可知，逻辑地址 0 对应块号 2，页大小为 4KB，故转换成的物理地址为 2×4K=8K=8192。

18．B

分页式存储管理有内部碎片，分段式存储管理有外部碎片，固定分区存储管理方式有内部碎片，段页式存储管理方式有内部碎片。

19．B

多进程的执行通过内存保护实现互不干扰，如页式管理中有页地址越界保护，段式管理中有段地址越界保护。

20．A

最佳适应算法要求从剩余的空闲分区中选出最小且满足存储要求的分区，空闲区应按长度递增登记在空闲区表中。

21．C

首次适应算法的空闲分区按地址递增的次序排列。

22．C

页表和段表同样存储在内存中，系统提供给用户的物理地址空间为总的空间大小减去页表或段表的长度。由于页表和段表的长度不能确定，所以提供给用户的物理地址空间大小也不能确定。

23．B

内存分页管理是在硬件和操作系统层面实现的，对用户、编译系统、连接装配程序等上层是不可见的。

24．D

页表的功能由一组专门的存储器实现，其起始地址放在页表基址寄存器（PTBR）中。

这样才能满足在地址变换时能够较快地完成逻辑地址和物理地址之间的转换。

25．A

为使地址转换不影响到指令的执行速度，必须有硬件地址变换结构的支持，即需在系统中增设一个重定位寄存器，用它来存放程序（数据）在内存中的起始地址。在执行程序或访问数据时，真正访问的内存地址是相对地址与重定位寄存器中的地址相加而成，这时将起始地址存入重定位寄存器，之后的地址访问即可通过硬件变换实现。因为系统处理器在同一时刻只能执行一条指令或访问数据，所以为每道程序（数据）设置一个寄存器是没有必要的（同时也不现实，因为寄存器是很昂贵的硬件部件，而且程序的道数是无法预估的），而只需在切换程序执行时重置寄存器内容即可。

26．B

分段是在用户编程时，将程序按照逻辑划分为几个逻辑段。

27．A

程序的动态链接与程序的逻辑结构相关，分段存储管理将程序按照逻辑段进行划分，故有利于其动态链接。其他的内存管理方式与程序的逻辑结构无关。

28．B、C

编译后一个目标程序所限定的地址范围称为该作业的逻辑地址空间。换句话说，地址空间仅仅是指程序用来访问信息所用的一系列地址单元的集合。这些单元的编号称为逻辑地址。通常，编译地址都是相对起始地址“0”的，因而也称逻辑地址为相对地址。

注意：区分编译后的形成逻辑地址和链接后形成的最终逻辑地址。

29．D

可重入程序主要是通过共享来使用同一块存储空间的，或者通过动态链接的方式将所需的程序段映射到相关进程中去，其最大的优点是减少了对程序段的调入/调出，因此减少了兑换数量。

30．A

实现分页、分段和段页式存储管理需要特定的数据结构支持。例如，页表、段表等。为了提高性能还需要硬件提供快存和地址加法器等，代价高。分区存储管理满足多道程序设计的最简单的存储管理方案，特别适合嵌入式等微型设备。

31．A

动态分区时，在系统启动后，除操作系统占据一部分内存外，其余所有内存空间是一个大空闲区，称为自由空间。如果作业申请内存，则从空闲区中划出一个与作业需求量相适应的分区分配给该作业，将作业创建为进程，在作业运行完毕后，再收回释放的分区。

32．D

操作系统在内存管理中为了提高内存的利用率，引入了覆盖和交换技术，也就是在较小的内存空间中用重复使用的方法来节省存储空间，但是，它付出的代价是需要消耗更多的处理器时间。实际上是一种以时间换空间的技术。为此，从节省处理器时间来讲，换入、换出速度越快，付出的时间代价就越小，反之就越大，大到一定程度时，覆盖和交换技术就没有意义了。

33．B

非虚拟存储器中，作业必须全部装入内存且在运行过程也一直驻留内存；在虚拟存储器中，作业不必全部装入内存且在运行过程中也不用一直驻留内存，这是虚拟存储器和非虚拟存储器的主要区别标志之一。

34. C

页面大，用于管理页面的页表就少，但是页内碎片会比较大；页面小，用于管理页面的页表就大，但是页内碎片少。通过适当的计算可以获得较佳的页面大小和较小的系统开销。

35. B

页式管理中很重要的一个问题便是页面大小如何确定。确定页面大小有很多因素，如进程的平均大小、页表占用的长度等。而一旦确定，所有的页面是等长的（一般取 2 的整数幂倍），这样易于系统管理。

36. A

引入段式存储管理方式，主要是为了满足用户的下列要求：方便编程、分段共享、分段保护、动态链接和动态增长。

37. C

存储管理的目的有两个：一个是方便用户，二是提高内存利用率。

38. B

这里是指主存的访问，不是主存的分配。对主存的访问是以字节或字为单位。

39. B

在一般情况下，一个作业在装入时分配到的内存空间和它的地址空间是不一致的，因此，作业在 CPU 上运行时，其所要访问的指令、数据的物理地址和逻辑地址是不同的。显然，如果在作业装入或执行时，不对有关的地址部分加以相应的修改。将会导致错误的结果。这种将作业的逻辑地址变为物理地址的过程称为地址重定位。

40. A

单用户连续分配管理方式只能适用于单用户、单任务的操作系统中，不适合多道程序设计。

41. A

在分页存储管理中，逻辑地址分配是按页为单位进行分配而主存的分配即物理地址分配是以内存块为单位分配的。

42. C

在段式分配中，取一次数据时先从内存查找段表，再拼成物理地址后访问内存，共需要 2 次内存访问。

43. B

在段页式分配中，取一次数据时先从内存查找段表，再访问内存查找相应的页表，最后拼成物理地址后访问内存，共需要 3 次内存访问。

44. B

分页存储管理中，作业地址空间是一维的，即单一的线性地址空间，程序员只需要一个记忆符来表示地址。在分段存储分配管理中，段之间是独立的，而且段长不定长而页长是固定的，因此作业地址空间是二维的，程序员在标识一个地址时，既需给出段名又需给出段内地址。简言之，确定一个地址需要几个参数就是几维。

45. A

在多个进程并发执行时，所有进程的页表大多数驻留在内存中，在系统中只设置一个页表寄存器（PTR），在其中存放页表在内存的起始地址和页表的长度。平时，进程未执行时，页表的起始地址和页表长度存放在本进程的 PCB 中，当调度到某进程时，才将这两个数据装入页表寄存器中。每个进程都有一个单独的逻辑地址，有一张属于自己的页表。

46．C

分段存储管理的逻辑地址分为段号和位移量两部分，段内位移的最大值就是最大段长。地址长度为 32 位，段号占 8 位，则位移量占 32-8=24 位，故最大段长为 2^{24}B。

47．A

在分段存储管理方式中，以段为单位分配，每段是一个连续存储区，每段不一定等长，段与段之间可连续，也可不连续。

48．B

段页式存储管理兼有页式管理和段式管理的优点，采用分段方法来分配和管理用户地址空间，用分页方法来管理物理存储空间。

49．D

只要是固定的分配就会产生内部碎片，其余的都会产生外部碎片。**如果固定和不固定同时存在（例如段页式），还是看成固定**。分段虚拟存储管理：每一段的长度都不一样（对应不固定），所以会产生外部碎片。分页虚拟存储管理：每一页的长度都一样（对应固定），所以会产生内部碎片。段页式分区管理：既有固定，也有不固定，以固定为主，所以会有内部碎片；固定式分区管理：很明显固定，会产生内部碎片。

综上分析，Ⅱ、Ⅲ、Ⅳ选项会产生内部碎片。

50．C

Ⅰ正确：关闭了 TLB 之后，每当访问一条指令或存取一个操作数时都要先访问页表（内存中），得到物理地址后，再访问一次内存进行相应操作。Ⅱ错误：记住凡是分区固定的都会产生内部碎片，而无外部碎片。Ⅲ错误：页式存储管理对于用户是透明的。Ⅳ错误：静态重定位是在程序运行之前由装配程序完成的，必须分配其要求的全部连续内存空间。而页式存储管理方案是将程序离散地分成若干页（块），从而可以将程序装入不连续的内存空间，显然静态重定位不能满足其要求。

51．B

页大小为 2^{10}B，页表项大小为 2B，故一页可以存放 2^9 个页表项，逻辑地址空间大小为 2^{16} 页，即共需 2^{16} 个页表项，则需要 $2^{16}/2^9=2^7=128$ 个页面保存页表项，即页目录表中包含表项的个数至少是 128。

二、综合应用题

1．解答：

动态分区和固定分区分配方式相比，内存空间的利用率要高些。但是，总会存在一些分散的较小空闲分区，即外部碎片，它们存在于已分配分区之间，不能充分利用。可以采用拼接技术加以解决。固定分区分配方式存在内部碎片，而无外部碎片；而动态分区分配方式存在外部碎片，无内部碎片。

2．解答：

为描述方便起见，对空闲分区进行编号，其编号见下表。

分区号	分区长度
1	10KB
2	4KB
3	20KB
4	18KB
5	7KB
6	9KB
7	12KB
8	15B

1）首次适应算法要求空闲分区按地址递增的次序排列，在进行内存分配时，总是从空闲分区表首开始顺序查找，直至找到第一个能满足要求的空闲分区为止。对于段请求 12KB，选中的是 3 号分区，进行分配后 3 号分区还剩下 8KB；对于段请求 10KB，选中的是 1 号分区，因 1 号分区与申请的长度相等，应从空闲分区表中删除 1 号分区；对于段请求 15KB，选中的是 4 号分区，进行分配后 4 号分区还剩下 3KB；对于段请求 18KB，系统已没有空闲分区能满足其要求，让其等待。显然采用首次适应算法进行内存分配时，无法满足所有的段请求。

2）最佳适应算法总是将作业放入与作业大小最接近的空闲区中，对于段请求 12KB，选中的是 7 号分区，因 7 号分区与申请空间长度相等，应从空闲分区表中删除 7 号分区；对于段请求 10KB，选中的是 1 号分区；对于段请求 15KB，选中的是 8 号分区；对于段请求 18KB，选中的是 4 号分区；显然采用最佳适应算法进行内存分配时，可以满足所有的段请求。因 1 号分区、8 号分区、4 号分区分别与申请的长度相等，应分别从空闲分区表中删去。

3）最坏适应算法总是选择最大的空闲区分配给作业。对于段请求 12KB，选中的是 3 号分区，进行分配后 3 号分区还剩下 8KB；对于段请求 10KB，选中的是 4 号分区，进行分配后 4 号分区还剩下 8KB；对于段请求 15KB，选中的是 8 号分区，因 8 号分区与申请的长度相等，应从空闲分区表中删除 8 号分区；对于段请求 18KB，系统已没有空闲分区能满足其要求，让其等待。显然采用最坏适应算法进行内存分配时，无法满足所有的段请求。

4）邻近适应算法是首次适应算法的变形，在为作业进行内存分配时，总是从上次找到的空闲分区的下一个空闲分区开始顺序查找，直至找到第一个能满足大小要求的空闲分区为止。对于段请求 12KB，选中的是 3 号分区，进行分配后 3 号分区还剩下 8KB；对于段请求 10KB，选中的是 4 号分区，进行分配后 4 号分区还剩下 8KB；对于段请求 15KB，选中的是 8 号分区，因 8 号分区与申请的长度相等，应从空闲分区表中删除 8 号分区；对于段请求 18KB，系统已没有空闲分区能满足其要求，让其等待。显然采用下次适应算法进行内存分配时，无法满足所有的段请求。

3．解答：

1）由于该计算机的逻辑地址空间和物理地址空间均为 $64KB=2^{16}B$，按字节编址，且页的大小为 $1K=2^{10}$，故逻辑地址和物理地址的地址格式均为：

页号/页框号（6 位）	页内偏移量（10 位）

17CAH=0001 0111 1100 1010B，可知该逻辑地址的页号为000101B=5。

2）采用FIFO置换算法，与最早调入的页面即0号页面置换，其所在的页框号为7，于是对应的物理地址为：

0001 1111 1100 1010B=1FCAH

3）采用Clock置换算法，首先从当前位置（2号页框）开始顺时针寻找访问位为0的页面，当指针指向的页面的访问位为1时，就把该访问位清“0”，指针遍历一周后，回到2号页框，此时2号页框的访问位为0，置换该页框的页面，于是对应的物理地址为：

0000 1011 1100 1010B=0BCAH

4．解答：

采用首次适应算法时，96KB大小的作业进入4号空闲分区，20KB大小的作业进入1号空闲分区，这时空闲分区如下表所示。

分区号	大小	起始地址
1	12KB	120KB
2	10KB	150KB
3	5KB	200KB
4	122KB	316KB
5	96KB	530KB

此时再无空闲分区可以满足200KB大小的作业，所以该作业序列请求无法满足。

采用最佳适应算法时，作业序列分别进入5、1、4号空闲分区，可以满足其请求。分配处理之后的空闲分区表见下表：

分区号	大小	起始地址
1	12KB	120KB
2	10KB	150KB
3	5KB	200KB
4	18KB	420KB

5．解答：

1）最先适配的内存分配情况如下图所示。

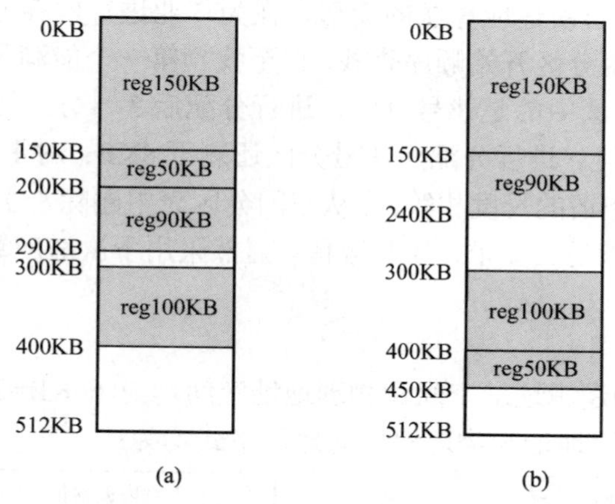

最先适配分配情况

内存中的空块为：

第一块：始址 290KB，大小 10KB；第二块：始址 400KB，大小 112KB；

2）最佳适配的内存分配情况如上图(b)所示。

内存中的空块为：

第一块：始址 240KB，大小 60KB；第二块：始址 450KB，大小 62KB；

3）若随后又要申请 80KB，则最先适配算法可以分配成功，而最佳适配算法则没有足够大的空闲区分配。这说明最先适配算法尽可能地使用了低地址部分的空闲区域，留下了高地址部分的大的空闲区，更有可能满足进程的申请。

6．解答：

1）由题图所示的逻辑地址结构可知：页或段的最大个数为 2^5=32。那么，如果左图是段式管理，段始址 12 加上偏移量 586，远超过了第 1 段的段始址 15，超过了第 4 段的段始址 20，所以左图是页式变换，而右图满足段式变换。对于页式管理，由逻辑地址的位移量位数可知，一页的大小为 2KB。

2）对图中的页式地址变换，其物理地址为 12×2048+586=25162；对图中的段式地址变换，其物理地址为 4000+586=4586。

7．解答：

1）由段表知，第 0 段内存始址为 210，段长为 500，故逻辑地址(0, 430)是合法地址，对应的物理地址为 210+430=640。

2）由段表知，第 1 段内存始址为 2350，段长为 20，故逻辑地址(1, 10)是合法地址，对应的物理地址为 2350+10=2360。

3）由段表知，第 2 段内存始址为 100，段长为 90，故逻辑地址(2, 500)的段内位移 500 已经超过了段长，故为非法地址。

4）由段表知，第 3 段内存始址为 1350，段长为 590，故逻辑地址(3, 400)是合法地址，对应的物理地址为 1350+400=1750。

5）由段表知，第 4 段内存始址为 1938，段长为 95，故逻辑地址(4, 112)的段内位移 112 已经超过了段长，故为非法地址。

6）由段表知，不存在第 5 段，故逻辑地址(5, 32)为非法地址。

8．解答：

页面大小为 1KB，所以低 10 位为页内偏移地址；用户编程空间为 32 个页面，即逻辑地址高 5 位为虚页号；主存为 16 个页面，即物理地址高 4 位为物理块号。

逻辑地址 0AC5H 转换为二进制为 **000 10**10 1100 0101B，虚页号为 2(00010B)，映射至物理块号 4，故系统访问物理地址 12C5H(**01 00**10 1100 0101B)。

逻辑地址 1AC5H 转换为二进制为 **001 10**10 1100 0101B，虚页号为 6(00110B)，不在页面映射表中，会产生缺页中断，系统进行缺页中断处理。

逻辑地址 3AC5H 转换为二进制为 **011 10**10 1100 0101B，页号为 14，而该用户程序只有 10 页，故系统产生越界中断。

注意：题中在对十六进制地址转换为二进制时，我们可能会习惯性地写为 16 位，这是容易犯错的细节。如题中逻辑地址是 15 位，物理地址为 14 位。逻辑地址 0AC5H 的二进制表示为 000 1010 1100 0101B，对应物理地址 12C5H 的二进制表示为 01 0010 1100 0101B。这一点应该注意。

9．解答：

1）一个页面的大小为(64/16)KB=4KB，该进程共有 4 页，所以该进程的总长度为 4×4KB=16KB；

2）页面大小为 4KB，故低 12 位为页内偏移地址；主存分为 16 块，故内存物理地址高 4 位为主存块号。

页号为 0 的页面被装入主存的第 9 块，故该地址在内存的起始地址为 **1001** 0000 0000 0000B，即 9000H。

页号为 1 的页面被装入主存的第 0 块，故该地址在内存的起始地址为 **0000** 0000 0000 0000B，即 0000H。

页号为 2 的页面被装入主存的第 1 块，故该地址在内存的起始地址为 **0001** 0000 0000 0000，即 1000H。

页号为 3 的页面被装入主存的第 14 块，故该地址在内存的起始地址为 **1110** 0000 0000 0000，即 E000H。

3）逻辑地址为(0, 0)，故内存地址为(9, 0)=**1001** 0000 0000 0000B，即 9000H。

逻辑地址为(1, 72)，故内存地址为(0, 72)=**0000** 0000 0100 1000B，即 0048H。

逻辑地址为(2, 1023)，故内存地址为(1, 1023)=**0001** 0011 1111 1111，即 13FFH。

逻辑地址为(3, 99)，故内存地址为(14, 99)=**1110** 0000 0110 0011，即 0E063H。

10．解答：

1）P2 的页表如下表所示：

逻辑页号	物理块号
0	3
1	4
2	6
3	8

2）第一个操作数：[2100/1024]=2，逻辑页号为 2，映射到物理块号 6；2100%1024=52，页内位移为 52，对应块内位移也是 52。故逻辑地址 2100 映射到物理地址 6×1024+52=6196。

第二个操作数：[3100/1024]=3，逻辑页号为 3，映射到物理块号 8；3100%1024=28，页内位移为 28，对应块内位移也是 28。故逻辑地址 3100 映射到物理地址 8×1024+28=8220。

11．解答：

页面大小为 64B，故页内位移为 6 位，进程代码段长度为 702B，故需要 11 个页面，编号为 0～10。

1）八进制逻辑地址 0105 的二进制表示为 0 0100 0101B。逻辑页号为 1，此页号可在快表中查找到，得页帧号为 F1；页内位移为 5。故物理地址为(F1, 5)。

2）八进制逻辑地址 0217 的二进制表示为 0 1000 1111B。逻辑页号为 2，此页号可在快表中查找到，得页帧号为 F2；页内位移为 15。故物理地址为(F2, 15)。

3）八进制逻辑地址 0567 的二进制表示为 1 0111 0111B。逻辑页号为 5，此页号不在快表中，在内存页表中可以查找到，得页帧号为 F5；页内位移为 55。故物理地址为(F5, 55)。

4）八进制逻辑地址 01120 的二进制表示为 0010 0101 0000B。逻辑页号为 9，此页号不在快表中，在内存页表中可以查找到，得页帧号为 F9；页内位移为 16。故物理地址为(F9, 16)。

5）八进制逻辑地址 02500 的二进制表示为 0101 0100 0000B。逻辑页号为 21，此页号已超过页表的最大页号 10，故产生越界中断。

注意：根据题中条件无法得知逻辑地址位数，所以在其二进制表示中，其位数并不一致，只是根据八进制表示进行转换。如果已知逻辑地址空间大小或位数，则二进制表示必须保持一致。

12．解答：

页表在主存时，实现一次存取需要两次访问主存：第一次是访问页表获得所需访问数据所在页面的物理地址，第二次才是根据这个物理地址存取数据。

1）因为页表在主存，所以 CPU 必须两次访问主存，即实现一次页面访问的存取时间是：

$$1.5\times2=3(\mu s)$$

2）系统增加了快表后，在快表中找到页表项的概率为 85%，所以实现一次页面访问的存取时间为：

$$0.85\times(0+1.5)+(1-0.85)\times2\times1.5=1.725(\mu s)$$

13．解答：

1）页式存储管理中，访问指令或数据时，首先要访问内存中的页表，查找到指令或数据所在页面对应的页表项，然后再根据页表项查找访问指令或数据所在的内存页面。需要访问内存两次。

段式存储管理同理，需要访问内存两次。

段页式存储管理，首先要访问内存中的段表，然后再访问内存中的页表，最后访问指令或数据所在的内存页面。需要访问内存三次。

对于比较复杂的情况，如多级页表，若页表划分为 N 级，则需要访问内存 N+1 次。若系统中有快表，则在快表命中时，只需要一次访问内存即可。

2）按 1）中的访问过程分析，有效存取时间为：

$$(0.2+1)\times85\%+(0.2+1+1)\times(1-85\%)=1.35(\mu s)$$

3）同理可计算得：

$$(0.2+1)\times50\%+(0.2+1+1)\times(1-50\%)=1.7(\mu s)$$

从结果可以看出，快表的命中率对访存时间影响非常大。当命中率从 85%降低到 50%时，有效存取时间增加一倍。因此在页式存储系统中，应尽可能地提高快表的命中率，从而提高系统效率。

注意：在有快表的分页存储系统中，计算有效存取时间时，需注意访问快表与访问内存的时间关系。通常的系统中，先访问快表，未命中时再访问内存；在有些系统中，快表与内存的访问同时进行，当快表命中时就停止对内存的访问。这里题中未具体指明，我们按照前者进行计算。但如果题中有具体的说明，计算时则应注意区别。

14．解答：

1）由段表知，第 0 段内存始址为 210，段长为 500，故逻辑地址(0, 430)是合法地址，对应的物理地址为 210+430=640。

2）由段表知，第 1 段内存始址为 2350，段长为 20，故逻辑地址(1, 10)是合法地址，对应的物理地址为 2350+10=2360。

3）由段表知，第 2 段内存始址为 100，段长为 90，故逻辑地址(2, 500)的段内位移 500 已经超过了段长，故为非法地址。

4）由段表知，第 3 段内存始址为 1350，段长为 590，故逻辑地址(3, 400)是合法地址，对应的物理地址为 1350+400=1750。

5）由段表知，第 4 段内存始址为 1938，段长为 95，故逻辑地址(4, 112)的段内位移 112 已经超过了段长，故为非法地址。

6）由段表知，不存在第 5 段，故逻辑地址(5, 32)为非法地址。

15．解答：

1）位示图是利用二进制的一位来表示磁盘中一个盘块的使用情况，其值为“0”时，表示对应盘块空闲，为“1”时，表示已分配，地址空间分页，每页为 1KB，则对应盘块大小也为 1KB，主存总容量为 256KB，则可分成 256 个盘块、长 5.2KB 的作业需要占用 6 页空间，假设页号与物理块号都是从 0 开始，则根据位示图，可得到页表内容。页表内容如下：

页号	块号
0	21
1	27
2	28
3	29
4	34
5	35

2）页式存储管理中有零头的存在，会存在内零头，为该作业分配内存后，会产生零头，因为此作业大小为 5.2KB，占 6 页，前 5 页满，最后一页只占了 0.2KB 的空间，则零头大小为 1KB−0.2KB=0.8KB。

3）64MB 内存，一页大小为 4KB，则共可分成 64K×1K/4K=2^{14} 个物理盘块，在位示图中每一个盘块占 1 位，则共占 2^{14} 位空间，因为 1 字节=8 位，所以此位示图共占 2KB 空间的内存。

3.2 虚拟内存管理

3.2.1 虚拟内存的基本概念

1．传统存储管理方式的特征

上一节所讨论的各种内存管理策略都是为了同时将多个进程保存在内存中以便允许多道程序设计。它们都具有以下两个共同的特征：

1）一次性：作业必须一次性全部装入内存后，方能开始运行。这会导致两种情况发生：

①当作业很大，不能全部被装入内存时，将使该作业无法运行；②当大量作业要求运行时，由于内存不足以容纳所有作业，只能使少数作业先运行，导致多道程序度的下降。

2）驻留性：作业被装入内存后，就一直驻留在内存中，其任何部分都不会被换出，直至作业运行结束。运行中的进程，会因等待 I/O 而被阻塞，可能处于长期等待状态。

由以上分析可知，许多在程序运行中不用或暂时不用的程序（数据）占据了大量的内存空间，而一些需要运行的作业又无法装入运行，显然浪费了宝贵的内存资源。

2．局部性原理

要真正理解虚拟内存技术的思想，首先必须了解计算机中著名的局部性原理。著名的 Bill Joy（SUN 公司 CEO）说过："在研究所的时候，我经常开玩笑地说高速缓存是计算机科学中唯一重要的思想。事实上，高速缓存技术确实极大地影响了计算机系统的设计。"快表、页高速缓存以及虚拟内存技术从广义上讲，都是属于**高速缓存**技术。这个技术所依赖的原理就是**局部性原理**。局部性原理既适用于程序结构，也适用于数据结构（更远地讲，Dijkstra 著名的关于"goto 语句有害"的论文也是出于对程序局部性原理的深刻认识和理解）。

局部性原理表现在以下两个方面：

1）**时间局部性**：如果程序中的某条指令一旦执行，不久以后该指令可能再次执行；如果某数据被访问过，不久以后该数据可能再次被访问。产生时间局部性的典型原因，是由于在程序中存在着大量的循环操作。

2）**空间局部性**：一旦程序访问了某个存储单元，在不久之后，其附近的存储单元也将被访问，即程序在一段时间内所访问的地址，可能集中在一定的范围之内，这是因为指令通常是顺序存放、顺序执行的，数据也一般是以向量、数组、表等形式簇聚存储的。

时间局部性是通过将近来使用的指令和数据保存到高速缓存存储器中，并使用高速缓存的层次结构实现。空间局部性通常是使用较大的高速缓存，并将预取机制集成到高速缓存控制逻辑中实现。虚拟内存技术实际上就是建立了"内存—外存"的两级存储器的结构，利用局部性原理实现高速缓存。

3．虚拟存储器的定义和特征

基于局部性原理，在程序装入时，可以将程序的一部分装入内存，而将其余部分留在外存，就可以启动程序执行。在程序执行过程中，当所访问的信息不在内存时，由操作系统将所需要的部分调入内存，然后继续执行程序。另一方面，操作系统将内存中暂时不使用的内容换出到外存上，从而腾出空间存放将要调入内存的信息。这样，系统好像为用户提供了一个比实际内存大得多的存储器，称为**虚拟存储器**。

之所以将其称为虚拟存储器，是因为这种存储器实际上并不存在，只是由于系统提供了部分装入、请求调入和置换功能后（对用户完全透明），给用户的感觉是好像存在一个比实际物理内存大得多的存储器。虚拟存储器的大小由计算机的地址结构决定，并非是内存和外存的简单相加。虚拟存储器有以下三个主要特征：

1）多次性，是指无需在作业运行时一次性地全部装入内存，而是允许被分成多次调入内存运行。

2）对换性，是指无需在作业运行时一直常驻内存，而是允许在作业的运行过程中，进行换进和换出。

3）虚拟性，是指从逻辑上扩充内存的容量，使用户所看到的内存容量，远大于实际的内存容量。

4. 虚拟内存技术的实现

虚拟内存中，允许将一个作业分多次调入内存。采用连续分配方式时，会使相当一部分内存空间都处于暂时或“永久”的空闲状态，造成内存资源的严重浪费，而且也无法从逻辑上扩大内存容量。因此，虚拟内存的实现需要建立在离散分配的内存管理方式的基础上。

虚拟内存的实现有以下三种方式：

- 请求分页存储管理。
- 请求分段存储管理。
- 请求段页式存储管理。

不管哪种方式，都需要有一定的硬件支持。一般需要的支持有以下几个方面：

- 一定容量的内存和外存。
- 页表机制（或段表机制），作为主要的数据结构。
- 中断机构，当用户程序要访问的部分尚未调入内存，则产生中断。
- 地址变换机构，逻辑地址到物理地址的变换。

3.2.2 请求分页管理方式

请求分页系统建立在基本分页系统基础之上，为了支持虚拟存储器功能而增加了请求调页功能和页面置换功能。请求分页是目前最常用的一种实现虚拟存储器的方法。

在请求分页系统中，只要求将当前需要的一部分页面装入内存，便可以启动作业运行。在作业执行过程中，当所要访问的页面不在内存时，再通过调页功能将其调入，同时还可以通过置换功能将暂时不用的页面换出到外存上，以便腾出内存空间。

为了实现请求分页，系统必须提供一定的硬件支持。除了需要一定容量的内存及外存的计算机系统，还需要有页表机制、缺页中断机构和地址变换机构。

1. 页表机制

请求分页系统的页表机制不同于基本分页系统，请求分页系统在一个作业运行之前不要求全部一次性调入内存，因此在作业的运行过程中，必然会出现要访问的页面不在内存的情况，如何发现和处理这种情况是请求分页系统必须解决的两个基本问题。为此，在请求页表项中增加了四个字段，如图 3-24 所示。

页号	物理块号	状态位 P	访问字段 A	修改位 M	外存地址

图 3-24　请求分页系统中的页表项

增加的四个字段说明如下：

- 状态位 P：用于指示该页是否已调入内存，供程序访问时参考。
- 访问字段 A：用于记录本页在一段时间内被访问的次数，或记录本页最近已有多长时间未被访问，供置换算法换出页面时参考。
- 修改位 M：标识该页在调入内存后是否被修改过。
- 外存地址：用于指出该页在外存上的地址，通常是物理块号，供调入该页时参考。

2．缺页中断机构

在请求分页系统中，每当所要访问的页面不在内存时，便产生一个缺页中断，请求操作系统将所缺的页调入内存。此时应将缺页的进程阻塞（调页完成唤醒），如果内存中有空闲块，则分配一个块，将要调入的页装入该块，并修改页表中相应页表项，若此时内存中没有空闲块，则要淘汰某页（若被淘汰页在内存期间被修改过，则要将其写回外存）。

缺页中断作为中断同样要经历，诸如保护 CPU 环境、分析中断原因、转入缺页中断处理程序、恢复 CPU 环境等几个步骤。但与一般的中断相比，它有以下两个明显的区别：

- 在指令执行期间产生和处理中断信号，而非一条指令执行完后，属于内部中断。
- 一条指令在执行期间，可能产生多次缺页中断。

3．地址变换机构

请求分页系统中的地址变换机构，是在分页系统地址变换机构的基础上，为实现虚拟内存，又增加了某些功能而形成的。

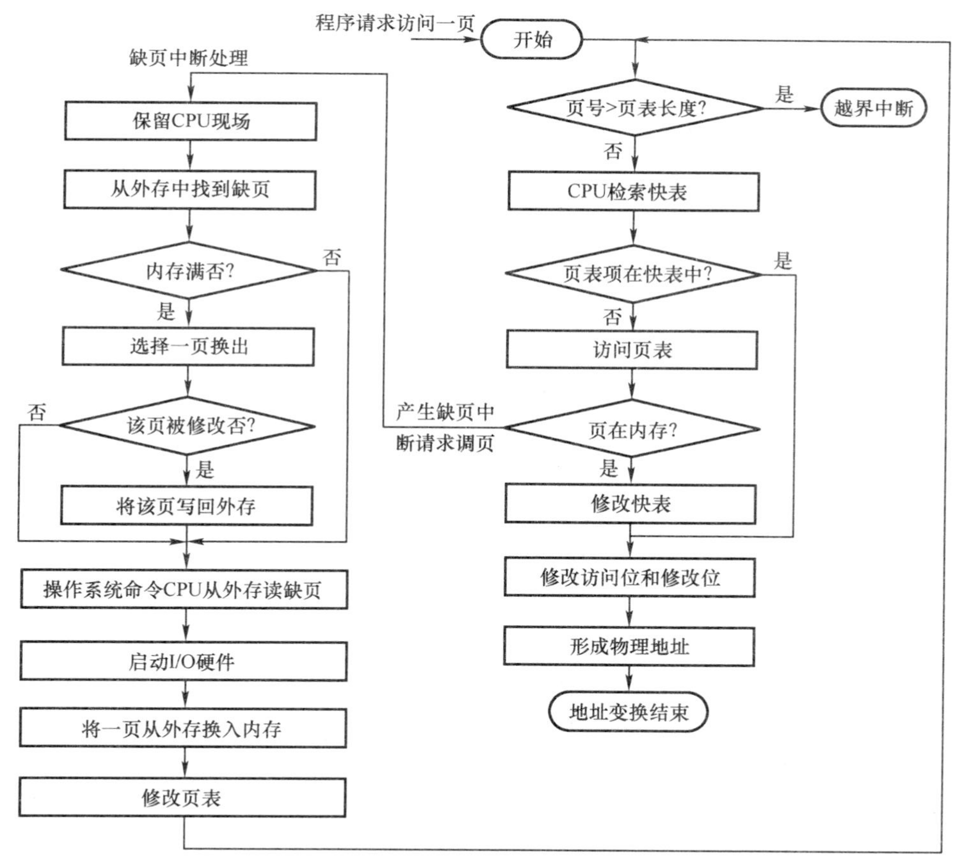

图 3-25　请求分页中的地址变换过程

如图 3-25 所示，在进行地址变换时，先检索快表：

- 若找到要访问的页，便修改页表项中的访问位（写指令则还须重置修改位），然后利用页表项中给出的物理块号和页内地址形成物理地址。

- 若未找到该页的页表项，应到内存中去查找页表，再对比页表项中的状态位 P，看该页是否已调入内存，未调入则产生缺页中断，请求从外存把该页调入内存。

3.2.3 页面置换算法

进程运行时，若其访问的页面不在内存而需将其调入，但内存已无空闲空间时，就需要从内存中调出一页程序或数据，送入磁盘的对换区。

而选择调出页面的算法就称为**页面置换算法**。好的页面置换算法应有较低的页面更换频率，也就是说，应将以后不会再访问或者以后较长时间内不会再访问的页面先调出。

常见的置换算法有以下四种。

1．最佳置换算法（OPT）

最佳（Optimal，OPT）置换算法所选择的被淘汰页面将是以后永不使用的，或者是在最长时间内不再被访问的页面，这样可以保证获得最低的缺页率。但由于人们目前无法预知进程在内存下的若干页面中哪个是未来最长时间内不再被访问的，因而该算法无法实现。

最佳置换算法可以用来评价其他算法。假定系统为某进程分配了三个物理块，并考虑有以下页面号引用串：

7, 0, 1, 2, 0, 3, 0, 4, 2, 3, 0, 3, 2, 1, 2, 0, 1, 7, 0, 1

进程运行时，先将 7, 0, 1 三个页面依次装入内存。进程要访问页面 2 时，产生缺页中断，根据最佳置换算法，选择第 18 次访问才需调入的页面 7 予以淘汰。然后，访问页面 0 时，因为已在内存中所以不必产生缺页中断。访问页面 3 时又会根据最佳置换算法将页面 1 淘汰……依此类推，如图 3-26 所示。从图中可以看出采用最佳置换算法时的情况。

可以看到，发生缺页中断的次数为 9，页面置换的次数为 6。

访问页面	7	0	1	2	0	3	0	4	2	3	0	3	2	1	2	0	1	7	0	1
物理块 1	7	7	7	2		2		2			2			2				7		
物理块 2		0	0	0		0		4			0			0				0		
物理块 3			1	1		3		3			3			1				1		
缺页否	√	√	√	√		√		√			√			√				√		

图 3-26 利用最佳置换算法时的置换图

2．先进先出（FIFO）页面置换算法

优先淘汰最早进入内存的页面，亦即在内存中驻留时间最久的页面。该算法实现简单，只需把调入内存的页面根据先后次序链接成队列，设置一个指针总指向最早的页面。但该算法与进程实际运行时的规律不适应，因为在进程中，有的页面经常被访问。

访问页面	7	0	1	2	0	3	0	4	2	3	0	3	2	1	2	0	1	7	0	1
物理块 1	7	7	7	2		2	2	4	4	4	0			0	0			7	7	7
物理块 2		0	0	0		3	3	3	2	2	2			1	1			1	0	0
物理块 3			1	1		1	0	0	0	3	3			3	2			2	2	1
缺页否	√	√	√	√		√	√	√	√	√	√			√	√			√	√	√

图 3-27 利用 FIFO 置换算法时的置换图

这里仍用上面的实例，采用 FIFO 算法进行页面置换。进程访问页面 2 时，把最早进入内存的页面 7 换出。然后访问页面 3 时，再把 2, 0, 1 中最先进入内存的页面 0 换出。由图 3-27 可以看出，利用 FIFO 算法时进行了 12 次页面置换，比最佳置换算法正好多一倍。

FIFO 算法还会产生当所分配的物理块数增大而页故障数不减反增的异常现象，这是由 Belady 于 1969 年发现，故称为 **Belady 异常**，如图 3-28 所示。只有 **FIFO 算法可能出现 Belady 异常，而 LRU 和 OPT 算法永远不会出现 Belady 异常**。

访问页面	1	2	3	4	1	2	5	1	2	3	4	5
物理块 1	1	1	1	4	4	4	5			5	5	
物理块 2		2	2	2	1	1	1			3	3	
物理块 3			3	3	3	2	2			2	4	
缺页否	√	√	√	√	√	√	√			√	√	
物理块 1*	1	1	1	1			5	5	5	5	4	4
物理块 2*		2	2	2			2	1	1	1	1	5
物理块 3*			3	3			3	3	2	2	2	2
物理块 4*				4			4	4	4	3	3	3
缺页否	√	√	√				√	√	√	√	√	√

图 3-28　Belady 异常

3．最近最久未使用（LRU）置换算法

选择最近最长时间未访问过的页面予以淘汰，它认为过去一段时间内未访问过的页面，在最近的将来可能也不会被访问。该算法为每个页面设置一个访问字段，来记录页面自上次被访问以来所经历的时间，淘汰页面时选择现有页面中值最大的予以淘汰。

再对上面的实例采用 LRU 算法进行页面置换，如图 3-29 所示。进程第一次对页面 2 访问时，将最近最久未被访问的页面 7 置换出去。然后访问页面 3 时，将最近最久未使用的页面 1 换出。

访问页面	7	0	1	2	0	3	0	4	2	3	0	3	2	1	2	0	1	7	0	1
物理块 1	7	7	7	2		2		4	4	4	0			1		1		1		
物理块 2		0	0	0		0		0	0	3	3			3		0		0		
物理块 3			1	1		3		3	2	2	2			2		2		7		
缺页否	√	√	√	√		√		√	√	√	√			√		√		√		

图 3-29　LRU 页面置换算法时的置换图

在图 3-29 中，前 5 次置换的情况与最佳置换算法相同，但两种算法并无必然联系。实际上，LRU 算法根据各页以前的情况，是“向前看”的，而最佳置换算法则根据各页以后的使用情况，是“向后看”的。

LRU 性能较好，但需要寄存器和栈的硬件支持。LRU 是堆栈类的算法。理论上可以证明，**堆栈类算法不可能出现 Belady 异常**。FIFO 算法基于队列实现，不是堆栈类算法。

4．时钟（CLOCK）置换算法

LRU 算法的性能接近于 OPT，但是实现起来比较困难，且开销大；FIFO 算法实现简单，但性能差。所以操作系统的设计者尝试了很多算法，试图用比较小的开销接近 LRU 的性能，这类算法都是 CLOCK 算法的变体。

简单的 CLOCK 算法是给每一帧关联一个附加位，称为使用位。当某一页首次装入主存时，该帧的使用位设置为 1；当该页随后再被访问到时，它的使用位也被置为 1。对于页替换算法，用于替换的候选帧集合看做一个循环缓冲区，并且有一个指针与之相关联。当某一页被替换时，该指针被设置成指向缓冲区中的下一帧。当需要替换一页时，操作系统扫描缓冲区，以查找使用位被置为 0 的一帧。每当遇到一个使用位为 1 的帧时，操作系统就将该位重新置为 0；如果在这个过程开始时，缓冲区中所有帧的使用位均为 0，则选择遇到的第一个帧替换；如果所有帧的使用位均为 1，则指针在缓冲区中完整地循环一周，把所有使用位都置为 0，并且停留在最初的位置上，替换该帧中的页。由于该算法循环地检查各页面的情况，故称为 **CLOCK 算法**，又称为**最近未用（Not Recently Used，NRU）算法**。

CLOCK 算法的性能比较接近 LRU，而通过增加使用的位数目，可以使得 CLOCK 算法更加高效。在使用位的基础上再增加一个修改位，则得到**改进型的 CLOCK 置换算法**。这样，每一帧都处于以下四种情况之一：

1）最近未被访问，也未被修改（u=0，m=0）。

2）最近被访问，但未被修改（u=1，m=0）。

3）最近未被访问，但被修改（u=0，m=1）。

4）最近被访问，被修改（u=1，m=1）。

算法执行如下操作步骤：

1）从指针的当前位置开始，扫描帧缓冲区。在这次扫描过程中，对使用位不做任何修改。选择遇到的第一个帧（u=0，m=0）用于替换。

2）如果第 1）步失败，则重新扫描，查找（u=0，m=1）的帧。选择遇到的第一个这样的帧用于替换。在这个扫描过程中，对每个跳过的帧，把它的使用位设置成 0。

3）如果第 2）步失败，指针将回到它的最初位置，并且集合中所有帧的使用位均为 0。重复第 1 步，并且如果有必要，重复第 2 步。这样将可以找到供替换的帧。

改进型的 CLOCK 算法优于简单 CLOCK 算法之处在于替换时首选没有变化的页。由于修改过的页在被替换之前必须写回，因而这样做会节省时间。

3.2.4 页面分配策略

1. 驻留集大小

对于分页式的虚拟内存，在准备执行时，不需要也不可能把一个进程的所有页都读取到主存，因此，操作系统必须决定读取多少页。也就是说，给特定的进程分配多大的主存空间，这需要考虑以下几点：

1）分配给一个进程的存储量越小，在任何时候驻留在主存中的进程数就越多，从而可以提高处理机的时间利用效率。

2）如果一个进程在主存中的页数过少，尽管有局部性原理，页错误率仍然会相对较高。

3）如果页数过多，由于局部性原理，给特定的进程分配更多的主存空间对该进程的错误率没有明显的影响。

基于这些因素，现代操作系统通常采用三种策略：

1）**固定分配局部置换**。它为每个进程分配一定数目的物理块，在整个运行期间都不改变。若进程在运行中发生缺页，则只能从该进程在内存中的页面中选出一页换出，然后再调入需要的页面。实现这种策略难以确定为每个进程应分配的物理块数目：太少会频繁出现缺页中断，太多又会使 CPU 和其他资源利用率下降。

2）**可变分配全局置换**。这是最易于实现的物理块分配和置换策略，为系统中的每个进程分配一定数目的物理块，操作系统自身也保持一个空闲物理块队列。当某进程发生缺页时，系统从空闲物理块队列中取出一个物理块分配给该进程，并将欲调入的页装入其中。

3）**可变分配局部置换**。它为每个进程分配一定数目的物理块，当某进程发生缺页时，只允许从该进程在内存的页面中选出一页换出，这样就不会影响其他进程的运行。如果进程在运行中频繁地缺页，系统再为该进程分配若干物理块，直至该进程缺页率趋于适当程度；反之，若进程在运行中缺页率特别低，则可适当减少分配给该进程的物理块。

2．调入页面的时机

为确定系统将进程运行时所缺的页面调入内存的时机，可采取以下两种调页策略：

1）**预调页策略**。根据局部性原理，一次调入若干个相邻的页可能会比一次调入一页更高效。但如果调入的一批页面中大多数都未被访问，则又是低效的。所以就需要采用以预测为基础的预调页策略，将预计在不久之后便会被访问的页面预先调入内存。但目前预调页的成功率仅约 50%。故这种策略主要用于进程的首次调入时，由程序员指出应该先调入哪些页。

2）**请求调页策略**。进程在运行中需要访问的页面不在内存而提出请求，由系统将所需页面调入内存。由这种策略调入的页一定会被访问，且这种策略比较易于实现，故在目前的虚拟存储器中大多采用此策略。它的缺点在于每次只调入一页，调入调出页面数多时会花费过多的 I/O 开销。

3．从何处调入页面

请求分页系统中的外存分为两部分：用于存放文件的文件区和用于存放对换页面的对换区。对换区通常是采用连续分配方式，而文件区采用离散分配方式，故对换区的磁盘 I/O 速度比文件区的更快。这样从何处调入页面有三种情况：

1）系统拥有足够的对换区空间：可以全部从对换区调入所需页面，以提高调页速度。为此，在进程运行前，需将与该进程有关的文件从文件区复制到对换区。

2）系统缺少足够的对换区空间：凡不会被修改的文件都直接从文件区调入；而当换出这些页面时，由于它们未被修改而不必再将它们换出。但对于那些可能被修改的部分，在将它们换出时须调到对换区，以后需要时再从对换区调入。

3）UNIX 方式：与进程有关的文件都放在文件区，故未运行过的页面，都应从文件区调入。曾经运行过但又被换出的页面，由于是被放在对换区，因此下次调入时应从对换区调入。进程请求的共享页面若被其他进程调入内存，则无需再从对换区调入。

3.2.5 抖动

在页面置换过程中的一种最糟糕的情形是，刚刚换出的页面马上又要换入主存，刚刚换入的页面马上就要换出主存，这种频繁的页面调度行为称为**抖动**，或**颠簸**。如果一个进程在换页上用的时间多于执行时间，那么这个进程就在颠簸。

频繁的发生缺页中断（抖动），其主要原因是某个进程频繁访问的页面数目高于可用的物理页帧数目。虚拟内存技术可以在内存中保留更多的进程以提高系统效率。在稳定状态，几乎主存的所有空间都被进程块占据，处理机和操作系统可以直接访问到尽可能多的进程。但如果管理不当，处理机的大部分时间都将用于交换块，即请求调入页面的操作，而不是执行进程的指令，这就会大大降低系统效率。

3.2.6 工作集

工作集（或驻留集）是指在某段时间间隔内，进程要访问的页面集合。经常被使用的页面需要在工作集中，而长期不被使用的页面要从工作集中被丢弃。为了防止系统出现抖动现象，需要选择合适的工作集大小。

工作集模型的原理是：让操作系统跟踪每个进程的工作集，并为进程分配大于其工作集的物理块。如果还有空闲物理块，则可以再调一个进程到内存以增加多道程序数。如果所有工作集之和增加以至于超过了可用物理块的总数，那么操作系统会暂停一个进程，将其页面调出并且将其物理块分配给其他进程，防止出现抖动现象。

正确选择工作集的大小，对存储器的利用率和系统吞吐量的提高，都将产生重要影响。

3.2.7 本节习题精选

一、单项选择题

1.【2012 年计算机联考真题】

下列关于虚拟存储器的叙述中，正确的是（　　）。

A．虚拟存储只能基于连续分配技术　　B．虚拟存储只能基于非连续分配技术

C．虚拟存储容量只受外存容量的限制　　D．虚拟存储容量只受内存容量的限制

2．请求分页存储管理中，若把页面尺寸增大一倍而且可容纳的最大页数不变，则在程序顺序执行时缺页中断次数会（　　）。

A．增加　　B．减少

C．不变　　D．可能增加也可能减少

3．进程在执行中发生了缺页中断，经操作系统处理后，应让其执行（　　）指令。

A．被中断的前一条　　B．被中断的那一条

C．被中断的后一条　　D．启动时的第一条

4.【2011 年计算机联考真题】

在缺页处理过程中，操作系统执行的操作可能是（　　）。

Ⅰ．修改页表　　Ⅱ．磁盘 I/O　　Ⅲ．分配页框

A．仅Ⅰ、Ⅱ　　B．仅Ⅱ　　C．仅Ⅲ　　D．Ⅰ、Ⅱ和Ⅲ

5．虚拟存储技术是（　　）。

A．补充内存物理空间的技术　　B．补充内存逻辑空间的技术

C．补充外存空间的技术　　D．扩充输入输出缓冲区的技术

6．以下不属于虚拟内存特征的是（　　）。

A．一次性　　B．多次性　　C．对换性　　D．离散性

7．为使虚存系统有效地发挥其预期的作用，所运行的程序应具有的特性是（　　）。

A．该程序不应含有过多的 I/O 操作
B．该程序的大小不应超过实际的内存容量
C．该程序应具有较好的局部性
D．该程序的指令相关性不应过多

8．（　　）是请求分页存储管理方式和基本分页存储管理方式的区别。

A．地址重定向　　B．不必将作业全部装入内存
C．采用快表技术　　D．不必将作业装入连续区域

9．下面关于请求页式系统的页面调度算法中，说法错误的是（　　）。

A．一个好的页面调度算法应减少和避免抖动现象
B．FIFO 算法实现简单，选择最先进入主存储器的页面调出
C．LRU 算法基于局部性原理，首先调出最近一段时间内最长时间未被访问过的页面
D．CLOCK 算法首先调出一段时间内被访问次数多的页面

10．考虑页面置换算法，系统有 m 个物理块供调度，初始时全空，页面引用串长度为 p，包含了 n 个不同的页号，无论用什么算法，缺页次数不会少于（　　）。

A．m　　B．p　　C．n　　D．min(m, n)

11．在请求分页存储管理中，若采用 FIFO 页面淘汰算法，则当可供分配的页帧数增加时，缺页中断的次数（　　）。

A．减少　　B．增加
C．无影响　　D．可能增加也可能减少

12．设主存容量为 1MB，外存容量为 400MB，计算机系统的地址寄存器有 32 位，那么虚拟存储器的最大容量是（　　）。

A．1MB　　B．401MB　　C．$1MB+2^{32}MB$　　D．$2^{32}B$

13．虚拟存储器的最大容量（　　）。

A．为内外存容量之和　　B．由计算机的地址结构决定
C．是任意的　　D．由作业的地址空间决定

14．某虚拟存储器系统采用页式内存管理，使用 LRU 页面替换算法，考虑下面的页面访问地址序列：

1 8 1 7 8 2 7 2 1 8 3 8 2 1 3 1 7 1 3 7

假定内存容量为 4 个页面，开始时是空的，则页面失效次数是（　　）。

A．4　　B．5　　C．6　　D．7

15．引起 LRU 算法的实现耗费高的原因是（　　）。

A．需要硬件的特殊支持　　B．需要特殊的中断处理程序
C．需要在页表中标明特殊的页类型　　D．需要对所有的页进行排序

16．在虚拟存储器系统的页表项中，决定是否会发生页故障的是（　　）。

A．合法位　　B．修改位　　C．页类型　　D．保护码

17．在页面置换策略中，（　　）策略可能引起抖动。

A．FIFO　　B．LRU　　C．没有一种　　D．所有

18．虚拟存储管理系统的基础是程序的（　　）理论。

A．动态性　　B．虚拟性　　C．局部性　　D．全局性

19．使用（　　）方法可以实现虚拟存储。

A．分区合并　　B．覆盖、交换　　C．快表　　D．段合并

20．请求分页存储管理的主要特点是（　　）。

A．消除了页内零头　　B．扩充了内存

C．便于动态链接　　D．便于信息共享

21．在请求分页存储管理的页表中增加了若干项信息，其中修改位和访问位供（　　）参考。

A．分配页面　　B．调入页面　　C．置换算法　　D．程序访问

22．产生内存抖动主要原因是（　　）。

A．内存空间太小　　B．CPU 运行速度太慢

C．CPU 调度算法不合理　　D．页面置换算法不合理

23．在页面置换算法中，存在 Belady 现象的算法是（　　）。

A．最佳页面置换算法（OPT）　　B．先进先出置换算法（FIFO）

C．最近最久未使用算法（LRU）　　D．最近未使用算法（NUR）

24．页式虚拟存储管理的主要特点是（　　）。

A．不要求将作业装入到主存的连续区域

B．不要求将作业同时全部装入到主存的连续区域

C．不要求进行缺页中断处理

D．不要求进行页面置换

25．提供虚拟存储技术的存储管理方法有（　　）。

A．动态分区存储管理　　B．页式存储管理

C．请求段式存储管理　　D．存储覆盖技术

26．快表在计算机系统中是用于（　　）。

A．存储文件信息　　B．与主存交换信息

C．地址变换　　D．存储通道程序

27．在虚拟分页存储管理系统中，若进程访问的页面不在主存，且主存中没有可用的空闲帧时，系统正确的处理顺序为（　　）。

A．决定淘汰页→页面调出→缺页中断→页面调入

B．决定淘汰页→页面调入→缺页中断→页面调出

C．缺页中断→决定淘汰页→页面调出→页面调入

D．缺页中断→决定淘汰页→页面调入→页面调出

28．已知系统为 32 位实地址，采用 48 位虚拟地址，页面大小为 4KB，页表项大小为 8B。假设系统使用纯页式存储，则要采用（　　）级页表，页内偏移（　　）位。

A．3，12　　B．3，14　　C．4，12　　D．4，14

29．下列说法正确的有（　　）。

Ⅰ．先进先出（FIFO）页面置换算法会产生 Belady 现象

Ⅱ．最近最少使用（LRU）页面置换算法会产生 Belady 现象

Ⅲ．在进程运行时，如果它的工作集页面都在虚拟存储器内，能够使该进程有效地运行，否则会出现频繁的页面调入/调出现象

Ⅳ. 在进程运行时，如果它的工作集页面都在主存储器内，能够使该进程有效地运行，否则会出现频繁的页面调入/调出现象

A. Ⅰ、Ⅲ　　B. Ⅰ、Ⅳ　　C. Ⅱ、Ⅲ　　D. Ⅱ、Ⅳ

30. 测得某个采用按需调页策略的计算机系统部分状态数据为：CPU 利用率 20%，用于交换空间的磁盘利用率 97.7%，其他设备的利用率 5%。由此判断系统出现异常，这种情况下（　　）能提高系统性能。

A. 安装一个更快的硬盘

B. 通过扩大硬盘容量增加交换空间

C. 增加运行进程数

D. 加内存条来增加物理空间容量

31. 假定有一个请求分页存储管理系统，测得系统各相关设备的利用率为：CPU 利用率为 10%，磁盘交换区为 99.7%：其他 I/O 设备为 5%。试问：下面（　　）措施将可能改进 CPU 的利用率？

Ⅰ. 增大内存的容量

Ⅱ. 增大磁盘交换区的容量

Ⅲ. 减少多道程序的度数

Ⅳ. 增加多道程序的度数

Ⅴ. 使用更快速的磁盘交换区

Ⅵ. 使用更快速的 CPU

A. Ⅰ、Ⅱ、Ⅲ、Ⅳ

B. Ⅰ、Ⅲ

C. Ⅱ、Ⅲ、Ⅴ

D. Ⅱ、Ⅵ

32.【2011 年计算机联考真题】

当系统发生抖动（Thrashing）时，可用采取的有效措施是（　　）。

Ⅰ. 撤销部分进程

Ⅱ. 增加磁盘交换区的容量

Ⅲ. 提高用户进程的优先级

A. 仅Ⅰ

B. 仅Ⅱ

C. 仅Ⅲ

D. 仅Ⅰ、Ⅱ

二、综合应用题

1. 覆盖技术与虚拟存储技术有何本质不同？交换技术与虚拟存储技术中使用的调入/调出技术有何相同与不同之处？

2. 假定某操作系统存储器采用页式存储管理，一个进程在联想存储器中的页表见表 3-14，不在联想存储器的页表项见表 3-15。

表 3-14　联想存储器中的页表

页号	页帧号
0	f1
1	f2
2	f3
3	f4

表 3-15　内存中的页表

页号	页帧号
4	f5
5	f6
6	f7
7	f8
8	f9
9	f10

注：只列出不在联想存储器中的页表项。

假定该进程长度为320B，每页32B。现有逻辑地址（八进制）为101、204、576，如果上述逻辑地址能转换成物理地址，说明转换的过程，并指出具体的物理地址；如果不能转换，说明其原因。

3．考虑下面的访问串：

1、2、3、4、2、1、5、6、2、1、2、3、7、6、3、2、1、2、3、6

假定分配的物理块有4、5、6三种情况，应用下面的页面替换算法，计算各会出现多少次缺页中断？注意，所给定的页块初始均为空，因此，首次访问一页时就会发生缺页中断。

1）LRU（最近最久未使用算法）；

2）FIFO（先进先出算法）；

3）Optimal（最佳算法）。

4．某分页式虚拟存储系统，用于页面交换的磁盘的平均访问及传输时间是20ms。页表保存在主存，访问时间为1μs，即每引用一次指令或数据，需要访问两次内存。为改善性能，可以增设一个关联寄存器，如果页表项在关联寄存器里，则只要访问一次内存就可以。假设80%的访问其页表项在关联寄存器中，剩下的20%中，10%的访问（即总数的2%）会产生缺页。请计算有效访问时间。

5．在页式虚存管理系统中，假定驻留集为m个页帧（初始所有页帧均为空），在长为p的引用串中具有n个不同页号（n>m），对于FIFO、LRU两种页面置换算法，试给出页故障数的上限和下限，说明理由并举例说明。

6．【2009年计算机联考真题】

请求分页管理系统中，假设某进程的页表内容见表3-16。

表3-16　页表内容

页号	页框（Page Frame）号	有效位（存在位）
0	101H	1
1	—	0
2	254H	1

页面大小为4KB，一次内存的访问时间是100ns，一次快表（TLB）的访问时间是10ns，处理一次缺页的平均时间10^8ns（已含更新TLB和页表的时间），进程的驻留集大小固定为2，采用最近最少使用置换算法（LRU）和局部淘汰策略。假设①TLB初始为空；②地址转换时先访问TLB，若TLB未命中，再访问页表（忽略访问页表之后的TLB更新时间）；③有效位为0表示页面不在内存，产生缺页中断，缺页中断处理后，返回到产生缺页中断的指令处重新执行。设有虚地址访问序列2362H、1565H、25A5H，请问：

1）依次访问上述三个虚拟地址，各需多少时间？给出计算过程。

2）基于上述访问序列，虚地址1565H的物理地址是多少？请说明理由。

7．在一个请求分页存储管理系统中，一个作业的页面走向为4, 3, 2, 1, 4, 3, 5, 4, 3, 2, 1, 5，当分配给作业的物理块数分别为3和4时，试计算采用下述页面淘汰算法时的缺页率（假设开始执行时主存中没有页面），并比较结果。

1）最佳置换算法；

2）先进先出置换算法；

3）最近最久未使用算法。

8．一个页式虚拟存储系统，其并发进程数固定为4个。最近测试了它的CPU利用率和用于页面交换的磁盘的利用率，得到的结果就是下列3组数据中的1组。针对每一组数据，说明系统发生了什么事情？增加并发进程数能提升 CPU 的利用率吗？页式虚拟存储系统有用吗？

1）CPU 利用率 13%；磁盘利用率 97%；

2）CPU 利用率 87%；磁盘利用率 3%；

3）CPU 利用率 13%；磁盘利用率 3%。

9．现有一请求页式系统，页表保存在寄存器中。若有一个可用的空页或被置换的页未被修改，则它处理一个缺页中断需要 8ms；若被置换的页已被修改，则处理一缺页中断因增加写回外存时间而需要 20ms，内存的存取时间为 1μs。假定 70%被置换的页被修改过，为保证有效存取时间不超过 2μs，可接受的最大缺页中断率是多少？

10．已知系统为 32 位实地址，采用 48 位虚拟地址，页面大小 4KB，页表项大小为 8B；每段最大为 4GB。

1）假设系统使用纯页式存储，则要采用多少级页表，页内偏移多少位？

2）假设系统采用一级页表，TLB 命中率为 98%，TLB 访问时间 10ns，内存访问时间 100ns，并假设当 TLB 访问失败时才开始访问内存，问平均页面访问时间是多少？

3）如果是二级页表，页面平均访问时间是多少？

4）上题中，如果要满足访问时间小于 120ns，那么命中率需要至少多少？

5）若系统采用段页式存储，则每用户最多可以有多少个段？段内采用几级页表？

11．在一个请求页式存储管理系统中，进程 P 共有 5 页，访问串为：3, 2, 1, 0, 3, 2, 4, 3, 2, 1, 0, 4 时，试采用 FIFO 置换算法和 LRU 置换算法，计算当分配给该进程的页面数分别为 3 和 4 时，访问过程中发生的缺页次数和缺页率，比较所得的结果并解释原因。

12．在一个请求分页系统中，采用 LRU 页面置换算法时，假如一个作业的页面走向为：1, 3, 2, 1, 1, 3, 5, 1, 3, 2, 1, 5，当分配给该作业的物理块数分别为 3 和 4 时，试计算在访问过程中所发生的缺页次数和缺页率。

13．一进程已分配到 4 个页帧，见表 3-17（编号为十进制，从 0 开始）。当进程访问第 4 页时，产生缺页中断，请分别用 FIFO（先进先出）、LRU（最近最少使用）、NRU（最近不用）算法，决定缺页中断服务程序选择换出的页面。

表 3-17　进程分配表

虚拟页号	页帧	装入时间	最近访问时间	访问位	修改位
2	0	60	161	0	1
1	1	130	160	0	0
0	2	26	162	1	0
3	3	20	163	1	1

14．在页式虚拟管理的页面替换算法中，对于任何给定的驻留集大小，在什么样的访问串情况下，FIFO 与 LRU 替换算法一样（即被替换的页面和缺页情况完全一样）？

15．【2012 年计算机联考真题】

某请求分页系统的页面置换策略如下：

从 0 时刻开始扫描，每隔 5 个时间单位扫描一轮驻留集（扫描时间忽略不计）且在本轮没有被访问过的页框将被系统回收，并放入到空闲页框链尾，其中内容在下一次分配之前不清空。当放发生缺页时，如果该页曾被使用过且还在空闲页链表中，则重新放回进程的驻留集中；否则，从空闲页框链表头部取出一个页框。

忽略其他进程的影响和系统开销。初始时进程驻留集为空。目前系统空闲页的页框号依次为 32、15、21、41。进程 P 依次访问的<虚拟页号，访问时刻>为<1,1>、<3,2>、<0,4>、<0,6>、<1,11>、<0,13>、<2,14>。请回答下列问题。

1）当虚拟页为<0,4>时，对应的页框号是什么？

2）当虚拟页为<1,11>时，对应的页框号是什么？说明理由。

3）当虚拟页为<2,14>时，对应的页框号是什么？说明理由。

4）这种方法是否适合于时间局部性好的程序？说明理由。

16．某系统有 4 个页框，某个进程页面使用情况见表 3-18，请问采用 FIFO、LRU、简单 CLOCK 和改进型 CLOCK 置换算法，将会替换哪一页？

表 3-18　进程页面使用情况

页号	装入时间	上次引用时间	R	M
0	126	279	0	0
1	230	260	1	0
2	120	272	1	1
3	160	280	1	1

其中，R 是读标志位，M 是修改标志位。

17．有一矩阵 int A[100, 100]以行优先进行存储。计算机采用虚拟存储系统，物理内存共有三页，其中一页用来存放程序，其余两页用于存放数据。假设程序已在内存中占一页，其余两页空闲。若每页可存放 200 个整数，程序 1、程序 2 执行过程各会发生多少次缺页？试问：若每页只能存放 100 个整数呢？以上说明了什么问题？

程序 1：

```
for(i=0; i<100; i++)
    for(j=0; j<100; j++)
        A[i, j]=0;
```

程序 2：

```
for(j=0; j<100; j++)
    for(i=0; i<100; i++)
        A[i, j]=0;
```

18．某一计算机系统采用段页式虚拟存储器方式，已知虚拟地址有 32 位，按字编址段表字段占用 16 位，每页 16K 字，主存储器容量 64M 字。

1）计算虚拟存储器的容量；

2）分析逻辑地址和物理地址的格式；

3）计算出段表和段内页表的长度。

19．Gribble 公司正在开发一款 64 位的计算机体系结构，也就是说，在访问内存的时候，最多可以使用 64 位的地址。假设采用的是虚拟页式存储管理，现在要为这款机器设计相应的地址映射机制。

1）假设页面的大小是 4KB，每个页表项的长度是 4B，而且必须采用三级页表结构，每一级页表结构当中的每个页表都必须正好存放在一个物理页面当中，请问在这种情形下，如何来实现地址的映射？具体来说，对于给定的一个虚拟地址，应该把它划分为几部分，每部分的长度分别是多少，功能是什么？另外，在采用了这种地址映射机制后，可以访问的虚拟地址空间有多大？（提示：64 位地址并不一定全部用上）

2）假设每个页表项的长度变成了 8B，而且必须采用四级页表结构，每级页表结构当中的页表都必须正好存放在一个物理页面当中，请问在这种情形下，系统能够支持的最大的页面大小是多少？此时，虚拟地址应该如何划分？

20．在一个段式存储管理系统中，逻辑地址为 32 位，其中高 16 位为段号，低 16 位为段内偏移，以下是段表（其中的数据均为 16 进制见表 3-19）：

表 3-19　段表

段	基地址	长度	保护
0	10000	18C0	只读
1	11900	3FF	只读
2	11D00	1FF	读/写
3	0	0	禁止访问
4	11F00	1000	读/写
5	0	0	禁止访问
6	0	0	禁止访问
7	13000	FFF	读/写

以下是代码段的内容：

main	sin
240　push　x[10108] 244　call sin 248　…	360　mov r2, 4+(sp) 364　push r2 366　… 488　ret

试问：

1）x 的逻辑地址为 10108H，它的物理地址是多少？

2）栈指针的当前地址是 70FF0H，物理地址是多少？

3）第一条指令的逻辑地址和物理地址各为多少？

4）“push x”指令的执行过程：将 SP（堆栈寄存器）减 4，然后存储 x 的值。试问：x 被存储在什么地方（物理地址）？

5）“call sin”指令的执行过程：先将当前 PC 值入栈，然后在 PC 内装入目标 PC 值。请问：哪个值被压入栈了？新的栈指针的值是多少？新的 PC 值是多少？

6）“mov r2, 4+(sp)”的功能是什么？

3.2.8　答案与解析

一、单项选择题

1．B

在程序装入时，可以只将程序的一部分装入内存，而将其余部分留在外存，就可以启动程序执行。采用连续分配方式时，会使相当一部分内存空间都处于暂时或“永久”的空闲状态，造成内存资源的严重浪费，也无法从逻辑上扩大内存容量，因此虚拟内存的实现只能建立在离散分配的内存管理的基础上。有以下三种实现方式：①请求分页存储管理；②请求分段存储管理；③请求段页式存储管理。虚拟存储器容量既不受外存容量限制，也不受内存容量限制，而是由 CPU 的寻址范围决定的。

2．B

在请求分页存储器中，由于页面尺寸增大，存放程序需要的页帧数就会减少，因此缺页中断的次数也会减少。

3．B

缺页中断是访存指令引起的，说明所要访问页面不在内存中，在进行缺页中断处理后，调入所要访问的页后，访存指令显然应该重新执行。

4．D

缺页中断调入新页面，肯定要修改页表项和分配页框，所以Ⅰ、Ⅲ可能发生，同时内存没有页面，需要从外存读入，会发生磁盘 I/O。

5．B

虚拟存储技术并没有实际扩充内、外存，而是采用相关技术相对地扩充主存。

6．A

多次性、对换性和离散性是虚拟内存的特征；一次性则是传统存储系统的特征。

7．C

虚拟存储技术是基于程序的局部性原理。局部性越好虚拟存储系统越能更好地发挥其作用。

8．B

请求分页存储管理方式和基本分页存储管理方式的区别是，前者采用虚拟技术，因此开始运行时，不必将作业全部一次性装入内存，而后者不是。

9．D

CLOCK 算法选择将最近未使用的页面置换出去，故又称 NRU 算法。

10．C

无论采用什么页面置换算法，每种页面第一次访问时不可能在内存中，必然发生缺页，所以缺页次数大于等于 n。

11．D

请求分页存储管理中，若采用 FIFO 页面淘汰算法可能会产生当驻留集增大时页故障数不减反增的 Belady 异常。但还有另外一种情况，页面序列为 1，2，3，1，2，3 当页帧数为 2 时产生 6 次缺页中断，当页帧数为 3 时产生 3 次缺页中断。所以在请求分页存储管理中，若采用 FIFO 页面淘汰算法，则当可供分配的页帧数增加时，缺页中断的次数可能增加也可能减少。

12．D

虚拟存储器的最大容量是由计算机的地址结构确定的，与主存容量和外存容量没有必然的联系，其虚拟地址空间=2^{32}B。

13．B

虽然从实际使用来说，虚拟存储器使得进程可使用内存扩大到内外存容量之和；但是进程的内存寻址还是由计算机的地址结构决定，这就决定了虚拟存储器理论上的最大容量。比如，64 位系统环境下，虚拟内存技术使得进程可用内存空间达 2^{64}B，但外存显然是达不到这个大小的。

14．C

利用 LRU 置换算法时的置换如下图所示。

访问页面	1	8	1	7	8	2	7	2	1	8	3	8	2	1	3	1	7	1	3	7
物理块 1	1	1		1		1					1						1			
物理块 2		8		8		8					8						7			
物理块 3				7		7					3						3			
物理块 4						2					2						2			
缺页否	√	√		√		√					√						√			

分别在访问第 1 个，第 2 个，第 4 个，第 6 个，第 11 个，第 17 个页面访问时产生中断，共产生 6 次中断。

15．D

LRU 算法需要对所有的页最近一次被访问的时间进行记录，查找时间最久的进行替换，这涉及排序，对置换算法而言，开销太大。

16．A

页表项中合法位信息显示着本页面是否在内存中，也即决定了是否会发生页面故障。

17．D

抖动是进程的页面置换过程中，频繁的页面调度（缺页中断）行为，所有的页面调度策略都不可能完全避免抖动。

18．C

基于局部性原理：在程序装入时，不必将其全部读入到内存，而只需将当前需要执行的部分页或段读入内存，就可让程序开始执行。在程序执行过程中，如果需执行的指令或访问的数据尚未在内存（称为缺页或缺段），则由处理器通知操作系统将相应的页或段调入到内存，然后继续执行程序。由于程序具有局部性，虚拟存储管理在扩充逻辑地址空间的同时，对程序执行时内存调换的代价很小。

19．B

虚拟存储扩充内存的基本方法是将一些页或段从内存中调入、调出，而调入、调出的基本手段是覆盖与交换。

20．B

请求分页存储管理就是为了解决内存容量不足而使用的方法，它基于局部性原理实现了以时间换取空间的目的。它的主要特点自然是间接扩充了内存。

21．C

当需要置换页面时，置换算法根据修改位和访问位选择调出内存的页面。

22．D

内存抖动是指频繁地引起主存页面淘汰后又立即调入，调入后又很快淘汰的现象。这是由页面置换算法不合理引起的一种现象，是页面置换算法应当尽量避免的。

23．B

FIFO 是队列类算法，有 Belady 现象；C、D 均为堆栈类算法，理论上可以证明不会出现 Belady 现象。

24．B

页式虚拟存储管理的主要特点是不要求将作业同时全部装入到主存的连续区域，一般只装入 10%~30%。不要求将作业装入主存连续区域是所有离散式存储管理（包括页式存储管理）的特点；页式虚拟存储管理需要进行缺页中断处理和页面置换。

25．C

虚拟存储技术是基于页或段从内存的调入/调出实现的，需要有请求机制的支持。

26．C

计算机系统中，为了提高系统的存取速度，在地址映射机制中增加一个小容量的硬件部件——快表（又称相联存储器），用来存放当前访问最频繁的少数活动页面的页号。快表查找内存块的物理地址消耗的时间大大降低，使得系统效率得到很大提高。

27．C

根据缺页中断的处理流程，产生缺页中断后；首先去内存寻找空闲物理块，若内存没有空闲物理块，使用相应的页面置换算法决定淘汰页面，然后调出该淘汰页面；最后在调入该进程需要访问的页面。

28．C

页面大小为 4KB，故页内偏移为 12 位。系统采用 48 位虚拟地址，故虚页号 48−12=36 位。采用多级页表时，最高级页表项不能超出一页大小；每页能容纳页表项数为：4KB/8B=512=2^9，36/9=4。故应采用 4 级页表，最高级页表项正好占据一页空间，所以本题选择 C 选项。

29．B

Ⅰ正确：例如，使用先进先出（FIFO）页面置换算法，页面引用串为 1、2、3、4、1、2、5、1、2、3、4、5 时，当分配 3 帧时产生 9 次缺页中断，分配 4 帧时产生 10 次缺页中断。Ⅱ错误：最近最少使用（LRU）页面置换算法没有这样的问题。Ⅲ错误。Ⅳ正确：若页面在内存中，不会产生缺页中断，也即不会出现页面的调入/调出。而不是虚拟存储器（包括作为虚拟内存那部分硬盘）。综上分析：Ⅰ、Ⅳ正确。

30．D

用于交换空间的磁盘利用率已达到 97.7%，其他设备利用率 5%，CPU 利用率 20%，说明在任务作业不多的情况下交换操作非常频繁，故判断物理内存严重短缺。

31．B

Ⅰ正确：增大内存的容量。增大内存可使每个程序得到更多的页面，能减少缺页率，因而减少换入/换出过程，可提高 CPU 的利用率。Ⅱ错误：增大磁盘交换区的容量。因为系统实际已处于频繁的换入/换出过程中，不是因为磁盘交换区容量不够，因此增大磁盘交换区的容量无用。Ⅲ正确：减少多道程序的度数。可以提高 CPU 的利用率，因为从给定的条件中磁盘交换区的利用率为 99.7%，说明系统现在已经处于频繁的换入/换出过程中，可减少主存中的程序。Ⅳ错误：增加多道程序的度数。系统处于频繁的换入/换出过程中，再增加主存中的用户进程数，只能导致系统的换入/换出更频繁，使性能更差。Ⅴ错误：使用更快速的磁盘交换区。因为系统现在处于频繁的换入/换出过程中，即使采用更快的磁盘交换区，其换入/换出频率也不会改变，因此没用。Ⅵ错误：使用更快速的 CPU。系统处于频繁的换入/换出过程中，CPU 处于空闲状态，利用率不高，提高 CPU 的速度无济于事。综上分析：Ⅰ、Ⅲ可以改进 CPU 的利用率。

32．A

在具有对换功能的操作系统中，通常把外存分为文件区和对换区。前者用于存放文件，后者用于存放从内存换出的进程。抖动现象是指刚刚被换出的页很快又要被访问，为此又要换出其他页，而该页又很快被访问，如此频繁地置换页面，以致大部分时间都花在页面置换上，引起系统性能下降。撤销部分进程可以减少所要用到的页面数，防止抖动。对换区大小和进程优先级都与抖动无关。

二、综合应用题

1．解答：

1）覆盖技术与虚拟存储技术最本质的不同在于覆盖程序段的最大长度要受内存容量大小的限制，而虚拟存储器中程序的最大长度不受内存容量的限制，只受计算机地址结构的限制。另外，覆盖技术中的覆盖段由程序员设计，且要求覆盖段中的各个覆盖具有相对独立性，不存在直接联系或相互交叉访问；而虚拟存储技术对用户的程序段之间没有这种要求。

2）交换技术就是把暂时不用的某个程序及数据从内存移到外存中去，以便腾出必要的内存空间，或把指定的程序或数据从外存读到内存中的一种内存扩充技术。交换技术与虚存中使用的调入/调出技术的主要相同点是：都要在内存与外存之间交换信息。交换技术与虚存中使用的调入/调出技术的主要区别是：交换技术调入/调出整个进程，因此一个进程的大小要受内存容量大小的限制；而虚存中使用的调入/调出技术在内存和外存之间来回传递的是页面或分段，而不是整个进程，从而使得进程的地址映射具有了更大的灵活性，且允许进程的大小比可用的内存空间大。

2．解答：

一页的大小为 32B，逻辑地址结构为：低 5 位为页内位移，其余高位为页号。

101（八进制）=001000001（二进制），则页号为 2，在联想存储器中，对应的页帧号为 f3，即物理地址为（f3，1）。

204（八进制）=010000100（二进制），则页号为 4，不在联想存储器中，查内存的页表得页帧号为 f5，即物理地址为（f5，4），并用其更新联想存储器中的一项。

576（八进制）=101111110（二进制），则页号为 11，已超出页表范围，即产生越界中断。

3．解答：

1）采用 LRU 页面置换算法时，缺页中断次数各为 10，8，7。

2）采用 FIFO 页面置换算法时，缺页中断次数各为 14，10，10。

3）采用 OPT 页面置换算法时，缺页中断次数各为 8，7，7。

4．解答：

有效访问时间为

$$80\%\times1+(1-80\%)\times((1-10\%)\times1\times2)+2\%\times(1\times3+20\times1000)=401.22(\mu s)$$

5．解答：

发生页故障的原因是当前访问的页不在主存，需要将该页调入主存。此时不管主存中是否已满（已满则先调出一页），都要发生一次页故障，即无论怎样安排，n 个不同的页号在首次进入主存必须要发生一次页故障，总共发生 n 次，这是页故障数的下限。虽然不同页号数为 n，小于或等于总长度 p（访问串可能会有一些页重复出现），但驻留集 m<n，所以可能会有某些页进入主存后又被调出主存，当再次访问时又发生一次页故障的现象，即有些页可能会出现多次页故障。最差的情况是每访问一个页号时，该页都不在主存，这样共发生 p 次故障。

所以，对于 FIFO、LRU 置换算法，页故障数的上限均为 p，下限均为 n。例如，当 m=3，p=12，n=4 时，有如下访问串：

1 1 1 2 2 3 3 3 4 4 4 4

则页故障数为 4，这是下限 n 的情况。

又如访问串：

1 2 3 4 1 2 3 4 1 2 3 4

则页故障数为 12，这是上限 p 的情况。

6．解答：

1）根据页式管理的工作原理，应先考虑页面大小，以便将页号和页内位移分解出来。页面大小为 4KB，即 2^{12}，则得到页内位移占虚地址的低 12 位，页号占剩余高位。可得三个虚地址的页号 P 如下（十六进制的一位数字转换成 4 位二进制，因此，十六进制的低三位正好为页内位移，最高位为页号）：

2362H：P=2，访问快表 10ns，因初始为空，访问页表 100ns 得到页框号，合成物理地址后访问主存 100ns，共计 10ns+100ns+100ns=210ns。

1565H：P=1，访问快表 10ns，落空，访问页表 100ns 落空，进行缺页中断处理 10^8ns，访问快表 10ns，合成物理地址后访问主存 100ns，共计 10ns+100ns+10^8ns+10ns+100ns=100 000 220ns。

25A5H：P=2，访问快表，因第一次访问已将该页号放入快表，因此花费 10ns 便可合成物理地址，访问主存 100ns，共计 10ns+100ns=110ns。

2）当访问虚地址 1565H 时，产生缺页中断，合法驻留集为 2，必须从页表中淘汰一个页面，根据题目的置换算法，应淘汰 0 号页面，因此 1565H 的对应页框号为 101H。由此可得 1565H 的物理地址为 101565H。

7．解答：

1）根据页面走向，使用最佳置换算法时，页面置换情况见下表。

物理块数为 3 时：

走向	4	3	2	1	4	3	5	4	3	2	1	5
块 1	4	4	4	4	4	4	4	4	4	2	2	2
块 2		3	3	3	3	3	3	3	3	3	1	1
块 3			2	1	1	1	5	5	5	5	5	5
缺页	√	√	√	√			√			√	√	

缺页率为：7/12。

物理块数为 4 时：

走向	4	3	2	1	4	3	5	4	3	2	1	5
块 1	4	4	4	4	4	4	4	4	4	4	1	1
块 2		3	3	3	3	3	3	3	3	3	3	3
块 3			2	2	2	2	2	2	2	2	2	2
块 4				1	1	1	5	5	5	5	5	5
缺页	√	√	√	√			√				√	

缺页率为：6/12。

由上述结果可以看出，增加分配作业的内存块数可以降低缺页率。

2）根据页面走向，使用先进先出页面淘汰算法时，页面置换情况见下表。

物理块数为 3 时：

走向	4	3	2	1	4	3	5	4	3	2	1	5
块 1	4	4	4	1	1	1	5	5	5	5	5	
块 2		3	3	3	4	4	4	4	4	2	2	
块 3			2	2	2	3	3	3	3	3	1	
缺页	√	√	√	√	√	√	√			√	√	

缺页率为：9/12。

物理块数为 4 时：

走向	4	3	2	1	4	3	5	4	3	2	1	5
块 1	4	4	4	4	4	4	5	5	5	5	1	1
块 2		3	3	3	3	3	3	4	4	4	4	5
块 3			2	2	2	2	2	2	3	3	3	3
块 4				1	1	1	1	1	1	2	2	2
缺页	√	√	√	√			√	√	√	√	√	√

缺页率为：10/12。

由上述结果可以看出，对先进先出算法而言，增加分配作业的内存块数反而使缺页率上升，即出现 Belady 现象。

3）根据页面走向，使用最近最久未使用页面淘汰算法时，页面置换情况见下表。

物理块数为 3 时：

走向	4	3	2	1	4	3	5	4	3	2	1	5
块 1	4	4	4	1	1	1	5	5	5	2	2	2
块 2		3	3	3	4	4	4	4	4	4	1	1
块 3			2	2	2	3	3	3	3	3	3	5
缺页	√	√	√	√	√	√	√			√	√	√

缺页率为：10/12。

物理块数为 4 时：

走向	4	3	2	1	4	3	5	4	3	2	1	5
块 1	4	4	4	4	4	4	4	4	4	4	4	5
块 2		3	3	3	3	3	3	3	3	3	3	3
块 3			2	2	2	2	5	5	5	5	1	1
块 4				1	1	1	1	1	1	2	2	2
缺页	√	√	√	√			√			√	√	√

缺页率为：8/12。

由上述结果可以看出，增加分配作业的内存块数可以降低缺页率。

8．解答：

1）系统出现“抖动”现象。这时若再增加并发进程数反而会恶化系统性能。页式虚拟存储系统因“抖动”现象而未能充分发挥功用。

2）系统正常。不需要采取什么措施。

3）CPU 没有充分利用。应该增加并发进程数。

9．解答：

在缺页中断处理完成，调入请求页面后，还需 1μs 的存取访问，即当：

1）当未缺页时，直接访问内存，用时 1μs；

2）当缺页时，如果未修改，则用时 8ms+1μs；

3）当缺页时，而且修改了，则用时 20ms+1μs；

因此，设最大缺页中断率为 p，则有

$(1-p)\times 1\mu s+(1-70\%)\times p\times(1\mu s+8ms)+70\%\times p\times(1\mu s+20ms)=2\mu s$

即　$1\mu s+(1-70\%)\times p\times 8ms+70\%\times p\times 20ms=2\mu s$

解得 p=0.00006。

10．解答：

1）页面大小为 4KB，故页内偏移为 12 位。系统采用 48 位虚拟地址，故虚页号为 48−12=36 位。采用多级页表时，最高级页表项不能超出一页大小；每页能容纳页表项数为 4KB/8B=512=2^9。36/9=4，故应采用 4 级页表，最高级页表项正好占据一页空间。

2）系统进行页面访问操作时，首先读取页面对应的页表项，有 98%的概率可以在 TLB 中直接读取到，然后进行地址转换，访问内存读取页面；如果 TLB 未命中，则要通过一次内存访问来读取页表项。页面平均访问时间为：

$98\%\times(10+100)+(1-98\%)\times(10+100+100)=112(ns)$

3）二级页表的平均访问时间计算同理：

$98\%\times(10+100)+(1-98\%)\times(10+100+100+100)=114(ns)$

4）设快表命中率为 p，则应满足：

$p\times(10+100)+(1-p)\times(10+100+100+100)\leqslant 120(ns)$

解得 $p\geqslant 95\%$

5）系统采用 48 位虚拟地址，每段最大为 4GB，故段内地址为 32 位，段号为 48−32=16 位。每个用户最多可以有 2^{16} 个段。段内采用页式地址，与 1）中计算同理，(32−12)/9，取上整为 3，故段内应采用 3 级页表。

注意：在采用多级页表的页式存储管理中，若快表命中，则只需要一次访问内存操作即可存取指令或数据，这一点需要注意和理解。以本题 1）中假设的条件为例，不考虑分段时，需要 4 级页表。如果快表未命中，则需要从虚拟地址的高位起，每 9 位逐级访问各级页表，第 5 次才能访问到指令或数据所在的内存页面。

如果快表命中，首先考虑快表中的实际内容：快表存放经常被访问的页面对应的页表项，页表项中是完整的 48−12=36 位页面号，所以根据快表可以直接对虚拟地址进行转换。故多级页表中，快表命中时同样只需要一次访问内存操作。根本原因在于，快表提供了进行地址转换的完整的页面号，而不是某一级的页面号。

11．解答：

1）采用 FIFO 置换算法，分配给进程的页面数为 3 时的缺页情况见下表：

访问串	3	2	1	0	3	2	4	3	2	1	0	4
内存	3	3	3	0	0	0	4	4	4	4	4	4
		2	2	2	3	3	3	3	3	1	1	1
			1	1	1	2	2	2	2	2	0	0
缺页	√	√	√	√	√	√	√			√	√	

共缺页 9 次，缺页率为 9/12=75%。

2）采用 FIFO 置换算法，分配给进程的页面数为 4 时的缺页情况见下表：

访问串	3	2	1	0	3	2	4	3	2	1	0	4
内存	3	3	3	3	3	3	4	4	4	4	0	0
		2	2	2	2	2	2	3	3	3	3	4
			1	1	1	1	1	1	2	2	2	2
				0	0	0	0	0	0	1	1	1
缺页	√	√	√	√			√	√	√	√	√	√

共缺页 10 次，缺页率为 10/12=83%。

3）采用 LRU 置换算法，分配给进程的页面数为 3 时的缺页情况见下表：

访问串	3	2	1	0	3	2	4	3	2	1	0	4
内存	3	3	3	0	0	0	4	4	4	1	1	1
		2	2	2	3	3	3	3	3	3	0	0
			1	1	1	2	2	2	2	2	2	4
缺页	√	√	√	√	√	√	√			√	√	√

缺页次数为 10 次，缺页率为 10/12=83%。

4）采用 LRU 置换算法，分配给进程的页面数为 4 时的缺页情况见下表：

访问串	3	2	1	0	3	2	4	3	2	1	0	4
内存	3	3	3	3	3	3	3	3	3	3	3	4
		2	2	2	2	2	2	2	2	2	2	2
			1	1	1	1	4	4	4	4	0	0
				0	0	0	0	0	0	1	1	1
缺页	√	√	√	√			√			√	√	√

缺页次数为 8 次，缺页率为 8/12=67%。

比较结果可以看出：在 FIFO 置换算法中，缺页率可能会随着所分配的物理块数的增加而增加，即出现 Belady 异常现象；而 LRU 这类堆栈类算法则不会出现这种现象。

注意：这里需要说明一下这里的页面置换示意图的表示方法。有些教材中采用的是下表中的方式（FIFO 置换算法，3 个页面）。其中，每次进行页面访问后，都将内存中的页面按照 FIFO 置换算法的队列关系或 LRU 置换算法的堆栈关系进行调整排序，这样下一次缺页时不需要再进行选择，直接置换最上面的页面即可。

访问串	3	2	1	0	3	2	4	3	2	1	0	4
内存	3	2	1	0	3	2	4	4	4	1	0	0
		3	2	1	0	3	2	2	2	4	1	1
			3	2	1	0	3	3	3	2	4	4
缺页	√	√	√	√	√	√	√			√	√	

我们这里不采用这种表示方式，而是保持页面在内存中的位置不变，这符合实际的情形。对于缺页时的置换，通过横向观察，同样可以容易地选择。以 FIFO 置换算法，4 个页面情况见下表：

访问串	3	2	1	0	3	2	4	3	2	1	0	4
内存	3	3	3	3	3	3	4					
		2	2	2	2	2	2					
			1	1	1	1	1					
				0	0	0	0					
缺页	√	√	√	√			√					

在访问页面 3 时，此页不在内存中，发生缺页中断；这时对内存中的每个页面进行横向观察，其横向连续的长度即为在内存中驻留的时间，也就对应了进入内存的顺序。此时页面 4、2、1、0 的横向长度（阴影部分）分别为 1、6、5、4，故选择驻留时间为 6 的页面 2 置换。

再以 LRU 置换算法，4 个页面情况见下表：

访问串	3	2	1	0	3	2	4	3	2	1	0	4
内存	3	3	3	3	3	3						
		2	2	2	2	2						
			1	1	1	1						
				0	0	0						
缺页	√	√	√	√								

在访问页面 4 时，此页不在内存中，发生缺页中断；这时对内存中的每个页面进行横向观察，它与最近一次访问之间的横向连续的长度，即为最近访问后在内存中驻留的时间，也就对应了 LRU 的堆栈顺序。此时页面 3、2、1、0 的横向长度（阴影部分）分别为 2、1、4、3，故选择最近驻留时间为 4 的页面 1 置换。

12．解答：

1）物理块数为 3 时，缺页情况见下表：

访问串	1	3	2	1	1	3	5	1	3	2	1	5
内存	1	1	1	1	1	1	1	1	1	1	1	1
		3	3	3	3	3	3	3	3	3	3	5
			2	2	2	2	5	5	5	2	2	2
缺页	√	√	√				√			√		√

缺页次数为 6，缺页率为 6/12=50%。

2）物理块数为 4 时，缺页情况见下表：

访问串	1	3	2	1	1	3	5	1	3	2	1	5
内存	1	1	1	1	1	1	1	1	1	1	1	1
		3	3	3	3	3	3	3	3	3	3	3
			2	2	2	2	2	2	2	2	2	2
							5	5	5	5	5	5
缺页	√	√	√				√					

缺页次数为 4，缺页率为 4/12=33%。

注意：*当分配给作业的物理块数为 4 时，注意到作业请求页面序列中只有 4 个页面，可以直接得出缺页次数为 4，而不需要按表中列出缺页情况。*

13．解答：

1）FIFO 算法：按照先进先出规则，最先进入的页帧号应最先替换，因此访问第 4 页时，缺页中断程序应选择的是第 3 号页帧。由于该页帧的修改位是 1，在换出主存后应先进行回写，即重新保存。

2）LRU 算法：最近一次访问时间离当前最远的页帧应被选择换出，因此缺页中断程序选择的是 1 号页帧。

3）NRU 算法：选择访问位为 0 的页帧换出主存，因此缺页中断程序选择 0 号页帧换出。

14．解答：

由于驻留集大小任意，现要求两种算法的替换页面和缺页情况完全一样，就意味着要求 FIFO 与 LRU 的置换选择一致。FIFO 是替换最早进入主存的页面，LRU 是替换上次访问以来最久未被访问的页面，这两个页面一致。就是说，最先进入主存的页面在此次缺页之前不能再被访问，这样该页面也就同时是最久未被访问的页面。

例如，合法驻留集大小为 4 时，对访问串 1、2、3、4、1、2、5，当 5 号页面调入主存时，应在 1、2、3、4 页中选择一个替换，FIFO 选择 1，LRU 选择 3。原因在于 1 号页面虽然最先进入主存，但由于其进入主存后又被再次访问，所以它不是最久未被访问页面。如果去掉对 1 号页面的第二次访问，则 FIFO 与 LRU 的替换选择就相同。同理，当 5 号页面调入主存后，若再访问新的 6 号页面，则 2 号页面会遇到同样的问题。所以依此类推，访问串中的所有页面号都应不同，但注意到，连续访问相同页面时不影响后面的替换选择，所以对访问串的要求是：

不连续的页面号均不相同。

15．解答：

1）页框号为 21。因为起始驻留集为空，而 0 页对应的页框为空闲链表中的第三个空闲页框（21），其对应的页框号为 21。

2）页框号为 32。理由：因 11>10 故发生第三轮扫描，页号为 1 的页框在第二轮已处于空闲页框链表中，此刻该页又被重新访问，因此应被重新放回驻留集中，其页框号为 32。

3）页框号为 41。理由：因为第 2 页从来没有被访问过，它不在驻留集中，因此从空闲页框链表中取出链表头的页框 41，页框号为 41。

4）合适。理由：如果程序的时间局部性越好，从空闲页框链表中重新取回的机会越大，该策略的优势越明显。

16．解答：

1）FIFO 置换算法选择最先进入内存的页面进行替换。由表中装入时间可知，第 2 页最先进入内存，故 FIFO 置换算法将选择第 2 页替换。

2）LRU 置换算法选择最近最长时间未使用的页面进行替换。由表中上次引用时间可知，第 1 页是最长时间未使用的页面，故 LRU 置换算法将选择第 1 页替换。

3）简单 CLOCK 置换算法从上一次位置开始扫描，选择第一个访问位为 0 的页面进行替换。由表中 R（读）标志位可知，依次扫描 1、2、0、3（按装入顺序），页面 0 未被访问，扫描结束，故简单 CLOCK 置换算法将选择第 0 页替换。

4）改进型 CLOCK 置换算法从上一次位置开始扫描，首先寻找未被访问和修改的页面。由表中 R（读）标志位和 M（修改）标志位可知，只有页面 0 满足 R=0 和 M=0，故改进型 CLOCK 置换算法将选择第 0 页替换。

17．解答：

程序 1 按行优先的顺序访问数组元素，与数组在内存中存放的顺序一致，每个内存页面可存放 200 个数组元素。这样，程序 1 每访问两行数组元素产生一次缺页中断，所以程序 1 的执行过程会发生 50 次缺页。

程序 2 按列优先的顺序访问数组元素，由于每个内存页面存放两行数组元素，故程序 2 每访问两个数组元素就产生一次缺页中断，整个执行过程会发生 5000 次缺页。

若每页只能存放 100 个整数，则每页仅能存放一行数组元素，同理可以计算出：程序 1 的执行过程产生 100 次缺页；程序 2 的执行过程产生 10000 次缺页。

以上说明缺页的次数与内存中数据存放的方式及程序执行的顺序有很大关系；同时说明，当缺页中断次数不多时，减小页面大小影响并不大，但缺页中断次数很多时，减小页面大小会带来很严重的影响。

18．解答：

1）根据题意，虚拟地址有 32 位，所以虚拟存储器的容量为 2^{32} 字。

2）在段页式虚拟存储器中，虚拟地址的格式为：

段号 S	段内页号 P	页内地址偏移量 D

根据题意，每个字段最多可有 1K，所以段表最多可有 2^{10} 个项，段号 S=10 位，又已知页面大小为 16K 字，所以页内地址偏移量 D=14；虚拟地址总共 32 位，所段内页号 P=32−10−14=8（位）。根据在段页式虚拟存储器中物理地址的格式为：

物理页号	页内地址

其中，页内地址与虚拟地址中的页内地址偏移量相同，为 14 位，而题目中已知主存储

器容量 64MB，所以主存地址为 26 位，物理页号应为 26−14=12 位。

3）根据 2）可知，段表长度为 1K，又因为 P=8 位，所以页表长度为 2^8=256。

19．解答：

1）页面大小为 4KB，每个页表项大小为 4B，因此在每个页表当中，总共有 1024 个页表项，对于每个层次的页表来说，都满足这一点，这样每级页表的索引均为 10 位，由于页面大小为 4KB，所以页内偏移地址为 12 位。逻辑地址被划分为五个部分：

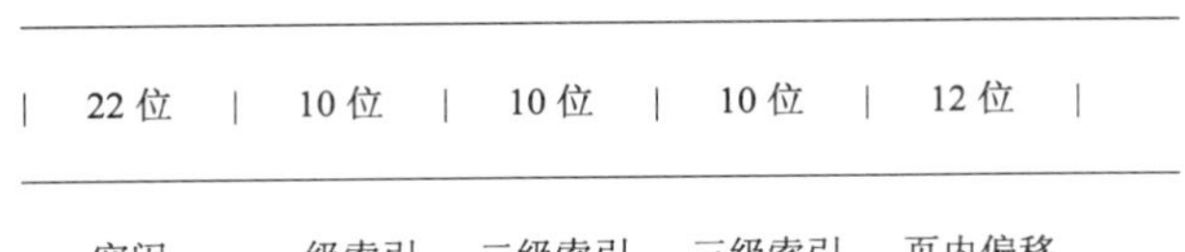

可访问的虚拟地址空间大小为 2^{42}B=4TB。

2）假定一个页面的大小为 2^Y，即页内偏移地址为 Y 位，每个页面可以包含 $2^Y/8=2^{(Y-3)}$ 个页表项，因此每级页表的索引位为 Y−3 位，总共有 4 级页表，所以：

$4(Y-3)+Y \leqslant 64$。

$Y \leqslant 15.2$ 因此 Y=15。

所以最大的页面大小为 2^{15}B=32KB。

总结：像这类题目关键是对逻辑地址的清楚划分，把逻辑地址每个部分是什么划分清楚了，这类题就很容易解决。

20．解答：

1）高 16 位为段号，低 16 位为段内偏移，则 1 为段号（对应基址 11900H），0108H 为段内偏移，则逻辑地址 10108H 对应的物理地址为基址加段内偏移，即 11900H+0108H=11A08H。

2）同 1）问，7 为段号，0FF0H 为段内偏移，13000H+0FF0H=13FF0H。

3）逻辑地址 240H，物理地址为基址加段内偏移，即 10000H+240H=10240H。

4）在 2）中，知道 SP 对应物理地址为 13FF0H，减 4 之后为，13FECH，即 x 存储地址为 13FECH。

5）PC 在调用“call sin”命令之后，自增为 248。所以逻辑地址 248 被压入栈。由第 4）问我们知道，每次入栈栈指针是减少 4，那么将当前 PC 值入栈后，则栈指针的值为 70FF0−4−4=70FE8H。即新的栈指针值为 70FE8H，新的 PC 值为 360。

6）70FE8(sp)+4=70FEC，即 x 的逻辑地址，所以功能是把 r2 的数值存入 x 的地址中去。

易错点：本题需要注意题目所问的地址是逻辑地址和物理地址，PC 值和栈指针值指的都是逻辑地址，不是其物理地址，这也可以从第 2）问得知。

3.3 本章疑难点

分页管理方式和分段管理方式在很多地方相似，比如内存中都是不连续的、都有地址变换机构来进行地址映射等。但两者也存在着许多区别，表 3-20 列出了分页管理方式和分段管理方式在各个方面的对比。

表 3-20　分页管理方式和分段管理方式的比较

	分　页	分　段
目的	页是信息的**物理单位**，分页是为实现离散分配方式，以消减内存的外零头，提高内存的利用率。或者说，分页仅仅是由于系统管理的需要而不是用户的需要	是信息的**逻辑单位**，它含有一组其意义相对完整的信息。分段的目的是为了能更好地满足用户的需要
长度	页的大小固定且由系统决定，由系统把逻辑地址划分为页号和页内地址两部分，是由机器硬件实现的，因而在系统中只能有一种大小的页面	段的长度不固定，决定于用户所编写的程序，通常由编译程序在对流程序进行编译时，根据信息的性质来划分
地址空间	作业地址空间是一维的，即单一的线性地址空间，程序员只需利用一个记忆符，即可表示一个地址	作业地址空间是二维的，程序员在标识一个地址时，既需给出段名，又需给出段内地址
碎片	有内部碎片无外部碎片	有外部碎片无内部碎片
“共享”和“动态链接”	不容易实现	容易实现

第 4 章

文件管理

【考纲内容】

（一）文件系统基础

1．文件概念

2．文件的逻辑结构

顺序文件，索引文件，索引顺序文件

3．目录结构

文件控制块和索引结点，单级目录结构和两级目录结构，树形目录结构，图形目录结构

4．文件共享

5．文件保护

访问类型，访问控制

（二）文件系统实现

文件系统层次结构；目录实现；文件实现

（三）磁盘组织与管理

磁盘的结构；磁盘调度算法；磁盘的管理

【真题分布】

年份	单选题/分	综合题/分	考 查 内 容
2009 年	4 题×2	0	文件的物理结构；磁盘调度算法；文件控制块的内容；文件的共享
2010 年	2 题×2	1 题×7	文件索引分配；当前目录的作用；磁盘块空闲管理和磁盘调度算法
2011 年	0	1 题×7	FCB（文件控制块）的相关分析
2012 年	1 题×2	1 题×8	读文件系统调用；FCB（文件控制块）的相关分析
2013 年	3 题×2	0	文件目录、FCB（进程控制块）；磁盘寻道；索引结点

【知识框架】

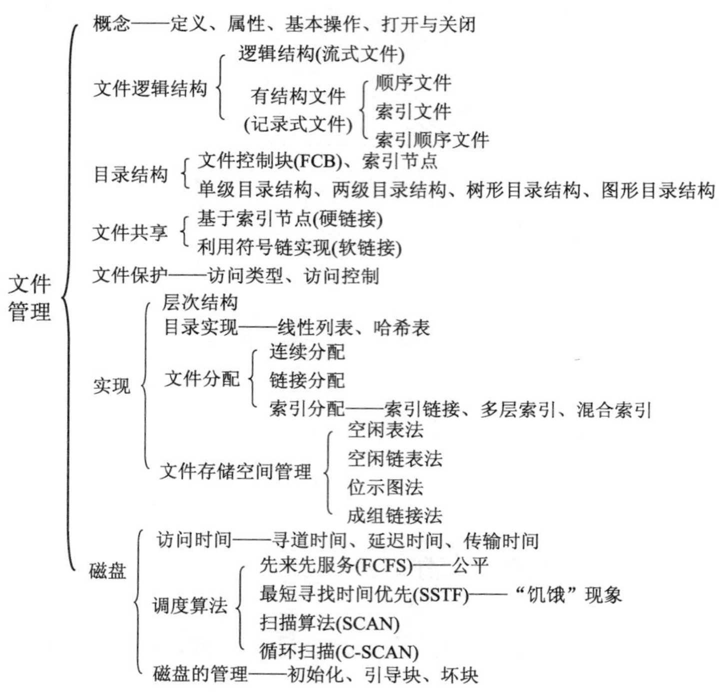

【复习提示】

本章内容较为具体，要注意对概念的理解。重点掌握文件系统的结构及其实现和磁盘的相关知识点等。要掌握文件系统的文件控制块、物理分配方法、索引结构，以及磁盘特性和结构、磁盘调度算法，能分析磁盘相关的性能等。这些都是综合题易考查的内容。

4.1 文件系统基础

4.1.1 文件的概念

1. 文件的定义

文件（File）是操作系统中的一个重要概念。**在系统运行时，计算机以进程为基本单位**进行资源的调度和分配；而**在用户进行的输入、输出中，则以文件为基本单位**。大多数应用程序的输入都是通过文件来实现的，其输出也都保存在文件中，以便信息的长期存储及将来的访问。当用户将文件用于应用程序的输入、输出时，还希望可以访问文件、修改文件和保存文件等，实现对文件的维护管理，这就需要系统提供一个文件管理系统，操作系统中的**文件系统**（File System）就是用于实现用户的这些管理要求。

从用户的角度看，文件系统是操作系统的重要部分之一。用户关心的是如何命名、分类和查找文件，如何保证文件数据的安全性以及对文件可以进行哪些操作等。而对其中的细节，如文件如何存储在辅存上、如何管理文件辅存区域等关心甚少。

文件系统提供了与二级存储相关的资源的抽象，让用户能在不了解文件的各种属性、文件存储介质的特征以及文件在存储介质上的具体位置等情况下，方便快捷地使用文件。

用户通过文件系统建立文件，提供应用程序的输入、输出，对资源进行管理。首先了解文件的结构，我们通过自底向上的方式来定义。

1）**数据项**。数据项是文件系统中最低级的数据组织形式，可分为以下两种类型：

基本数据项：用于描述一个对象的某种属性的一个值，如姓名、日期或证件号等，是数据中可命名的最小逻辑数据单位，即原子数据。

组合数据项：由多个基本数据项组成。

2）**记录**。记录是一组相关的数据项的集合，用于描述一个对象在某方面的属性，如一个考生报名记录包括考生姓名、出生日期、报考学校代号、身份证号等一系列域。

3）**文件**。文件是指由创建者所定义的一组相关信息的集合，逻辑上可分为有结构文件和无结构文件两种。在有结构文件中，文件由一组相似记录组成，如报考某学校的所有考生的报考信息记录，又称记录式文件；而无结构文件则被看成是一个字符流，比如一个二进制文件或字符文件，又称流式文件。

虽然上面给出了结构化的表述，但实际上关于文件并无严格的定义。通常在操作系统中将程序和数据组织成文件。文件可以是数字、字母或二进制代码，基本访问单元可以是字节、行或记录。文件可以长期存储于硬盘或其他二级存储器中，允许可控制的进程间共享访问，能够被组织成复杂的结构。

2．文件的属性

文件有一定的**属性**，这根据系统的不同而有所不同，但是通常都包括如下属性：

① **名称**：文件名称唯一，以容易读取的形式保存。

② **标识符**：标识文件系统内文件的唯一标签，通常为数字，它是对人不可读的一种内部名称。

③ **类型**：被支持不同类型的文件系统所使用。

④ **位置**：指向设备和设备上文件的指针。

⑤ **大小**：文件当前大小（用字节、字或块表示），也可包含文件允许的最大值。

⑥ **保护**：对文件进行保护的访问控制信息。

⑦ **时间、日期和用户标识**：文件创建、上次修改和上次访问的相关信息，用于保护、安全和跟踪文件的使用。

所有文件的信息都保存在目录结构中，而目录结构也保存在外存上。文件信息当需要时再调入内存。通常，目录条目包括文件名称及其唯一标识符，而标识符定位其他属性的信息。

3．文件的基本操作

文件属于抽象数据类型。为了恰当地定义文件，就需要考虑有关文件的**操作**。操作系统提供系统调用，它对文件进行创建、写、读、定位和截断。

① **创建文件**：创建文件有两个必要步骤，一是在文件系统中为文件找到空间；二是在目录中为新文件创建条目，该条目记录文件名称、在文件系统中的位置及其他可能信息。

② **写文件**：为了写文件，执行一个系统调用，指明文件名称和要写入文件的内容。对于给定文件名称，系统搜索目录以查找文件位置。系统必须为该文件维护一个写位置的指针。每当发生写操作，便更新写指针。

③ **读文件**：为了读文件，执行一个系统调用，指明文件名称和要读入文件块的内存位置。同样，需要搜索目录以找到相关目录项，系统维护一个读位置的指针。每当发生读操作时，更新读指针。一个进程通常只对一个文件读或写，所以当前操作位置可作为每个进程当

前文件位置指针。由于读和写操作都使用同一指针，节省了空间也降低了系统复杂度。

④ **文件重定位**（文件寻址）：按某条件搜索目录，将当前文件位置设为给定值，并且不会读、写文件。

⑤ **删除文件**：先从目录中找到要删除文件的目录项，使之成为空项，然后回收该文件所占用的存储空间。

⑥ **截断文件**：允许文件所有属性不变，并删除文件内容，即将其长度设为 0 并释放其空间。

这 6 个基本操作可以组合执行其他文件操作。例如，一个文件的复制，可以创建新文件、从旧文件读出并写入到新文件。

4．文件的打开与关闭

因为许多文件操作都涉及为给定文件搜索相关目录条目，许多系统要求在首次使用文件时，使用系统调用 open，将指明文件的属性（包括该文件在外存上的物理位置）从外存拷贝到内存打开文件目录表的一个表目中，并将该表目的编号（或称为索引）返回给用户。操作系统维护一个包含所有打开文件信息的表（打开文件表，open-file table）。当用户需要一个文件操作时，可通过该表的一个索引指定文件，就省略了搜索环节。当文件不再使用时，进程可以关闭它，操作系统从打开文件表中删除这一条目。

大部分操作系统要求在文件使用之前就被显式地打开。操作 open 会根据文件名搜索目录，并将目录条目复制到打开文件表。如果调用 open 的请求（创建、只读、读写、添加等）得到允许，进程就可以打开文件，而 open 通常返回一个指向打开文件表中的一个条目的指针。通过使用该指针（而非文件名）进行所有 I/O 操作，以简化步骤并节省资源。

整个系统表包含进程相关信息，如文件在磁盘的位置、访问日期和大小。一个进程打开一个文件，系统打开文件表就会为打开的文件增加相应的条目。当另一个进程执行 open 时，只不过是在其进程打开表中增加一个条目，并指向整个系统表的相应条目。通常，系统打开文件表的每个文件时，还用一个文件打开计数器（Open Count），以记录多少进程打开了该文件。每个关闭操作 close 则使 count 递减，当打开计数器为 0 时，表示该文件不再被使用。系统将回收分配给该文件的内存空间等资源，若文件被修改过，则将文件写回外存，并将系统打开文件表中相应条目删除，最后释放文件的文件控制块（File Control Block，FCB）。

每个打开文件都有如下关联信息：

- **文件指针**：系统跟踪上次读写位置作为当前文件位置指针，这种指针对打开文件的某个进程来说是唯一的，因此必须与磁盘文件属性分开保存。
- **文件打开计数**：文件关闭时，操作系统必须重用其打开文件表条目，否则表内空间会不够用。因为多个进程可能打开同一个文件，所以系统在删除打开文件条目之前，必须等待最后一个进程关闭文件。该计数器跟踪打开和关闭的数量，当该计数为 0 时，系统关闭文件，删除该条目。
- **文件磁盘位置**：绝大多数文件操作都要求系统修改文件数据。该信息保存在内存中以免为每个操作都从磁盘中读取。
- **访问权限**：每个进程打开文件都需要有一个访问模式（创建、只读、读写、添加等）。该信息保存在进程的打开文件表中以便操作系统能允许或拒绝之后的 I/O 请求。

4.1.2 文件的逻辑结构

文件的逻辑结构是从用户观点出发看到的文件的组织形式。文件的物理结构（见 3.2.1 节）**是从实现观点出发**，又称为文件的存储结构，是指文件在外存上的存储组织形式。文件的逻辑结构与存储介质特性无关，但文件的物理结构与存储介质的特性有很大关系。

按逻辑结构，文件有无结构文件和有结构文件两种类型：

1．无结构文件（流式文件）

无结构文件是最简单的文件组织形式。无结构文件将数据按顺序组织成记录并积累保存，它是有序相关信息项的集合，以**字节（Byte）**为单位。由于无结构文件没有结构，因而对记录的访问只能通过穷举搜索的方式，故这种文件形式对大多数应用不适用。但字符流的无结构文件管理简单，用户可以方便地对其进行操作。所以，那些对基本信息单位操作不多的文件较适于采用字符流的无结构方式，如源程序文件、目标代码文件等。

2．有结构文件（记录式文件）

有结构文件按记录的组织形式可以分为：

1）**顺序文件**。文件中的记录一个接一个地顺序排列，记录可以是定长的或变长的，可以顺序存储或以链表形式存储，在访问时需要顺序搜索文件。顺序文件有以下两种结构：

第一种是串结构，记录之间的顺序与关键字无关。 通常的办法是由时间决定，即按存入时间的先后排列，最先存入的记录作为第 1 个记录，其次存入的为第 2 个记录，依此类推。

第二种是顺序结构，指文件中的所有记录按关键字顺序排列。

在对记录进行批量操作时，即每次要读或写一大批记录，对顺序文件的效率是所有逻辑文件中最高的；此外，也只有顺序文件才能存储在磁带上，并能有效地工作，但顺序文件对查找、修改、增加或删除单个记录的操作比较困难。

2）**索引文件**。如图 4-1 所示。对于定长记录文件，如果要查找第 i 个记录，可直接根据下式计算来获得第 i 个记录相对于第一个记录的地址：

$$A_i=i\times L$$

然而，对于可变长记录的文件，要查找第 i 个记录时，必须顺序地查找前 $i-1$ 个记录，从而获得相应记录的长度 L，然后才能按下式计算出第 i 个记录的首址：

$$A_i=\sum_{i=0}^{i-1}L_i+i$$

注意：假定每个记录前用一个字节指明该记录的长度。

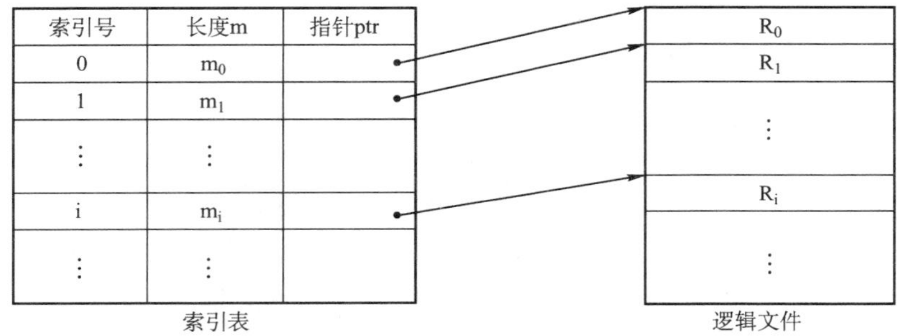

图 4-1 索引文件示意图

变长记录文件只能顺序查找，系统开销较大。为此可以建立一张索引表以加快检索速度，**索引表本身是定长记录的顺序文件**。在记录很多或是访问要求高的文件中，需要引入索引以提供有效的访问。实际中，通过索引可以成百上千倍地提高访问速度。

3）**索引顺序文件**是顺序和索引两种组织形式的结合。索引顺序文件将顺序文件中的所有记录分为若干个组，为顺序文件建立一张索引表，在索引表中为每组中的第一个记录建立一个索引项，其中含有该记录的关键字值和指向该记录的指针。

如图 4-2 所示，主文件名包含姓名和其他数据项。姓名为关键字，索引表中为每组的第一个记录（不是每个记录）的关键字值，用指针指向主文件中该记录的起始位置。索引表只包含关键字和指针两个数据项，所有姓名关键字递增排列。主文件中记录分组排列，同一个组中关键字可以无序，但组与组之间关键字必须有序。查找一个记录时，通过索引表找到其所在的组，然后在该组中使用顺序查找就能很快地找到记录。

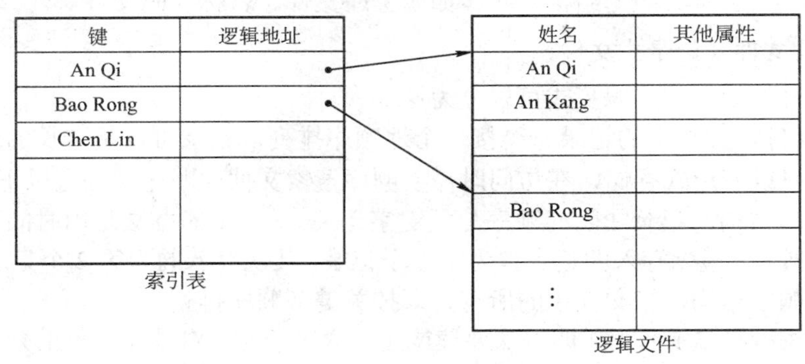

图 4-2　索引顺序文件示意图

对于含有 N 个记录的顺序文件，查找某关键字值的记录时平均需要查找 $N/2$ 次。在索引顺序文件中，假设 N 个记录分为 $\sqrt{N}$ 组，索引表中有 $\sqrt{N}$ 个表项，每组有 $\sqrt{N}$ 个记录，在查找某关键字值的记录时，先顺序查找索引表，需要查找 $\sqrt{N}/2$ 次，然后再在主文件中对应的组中顺序查找，也需要查找 $\sqrt{N}/2$ 次，这样总共查找 $\sqrt{N}/2+\sqrt{N}/2=\sqrt{N}$ 次。显然，索引顺序文件提高了查找效率，如果记录数很多，可以采用两级或多级索引。

索引文件和索引顺序文件都提高了存取的速度，但因为配置索引表而增加了存储空间。

4）**直接文件或散列文件**（Hash File）：给定记录的键值或通过 Hash 函数转换的键值直接决定记录的物理地址。这种映射结构不同于顺序文件或索引文件，**没有顺序的特性**。

散列文件有很高的存取速度，但是会引起冲突，即不同关键字的散列函数值相同。

4.1.3　目录结构

与文件管理系统和文件集合相关联的是文件目录，它包含有关文件的信息，包括属性、位置和所有权等，这些信息主要是由操作系统进行管理。首先我们来看目录管理的基本要求：从用户的角度看，目录在用户（应用程序）所需要的文件名和文件之间提供一种映射，所以目录管理要实现“按名存取”；目录存取的效率直接影响到系统的性能，所以要提高对目录的检索速度；在共享系统中，目录还需要提供用于控制访问文件的信息。此外，文件允许重名也是用户的合理和必然要求，目录管理通过树形结构来解决和实现。

1．文件控制块和索引结点

同进程管理一样，为实现目录管理，操作系统中引入了**文件控制块**的数据结构。

1）**文件控制块**。文件控制块（FCB）是用来存放控制文件需要的各种信息的数据结构，以实现“按名存取”。FCB 的有序集合称为文件目录，一个 FCB 就是一个文件目录项。为了创建一个新文件，系统将分配一个 FCB 并存放在文件目录中，成为目录项。

FCB 主要包含以下信息：

- **基本信息**，如文件名、文件的物理位置、文件的逻辑结构、文件的物理结构等。
- **存取控制信息**，如文件存取权限等。
- **使用信息**，如文件建立时间、修改时间等。

2）**索引结点**。在检索目录文件的过程中，只用到了文件名，仅当找到一个目录项（查找文件名与目录项中文件名匹配）时，才需要从该目录项中读出该文件的物理地址。也就是说，在检索目录时，文件的其他描述信息不会用到，也不需调入内存。因此，有的系统（如 UNIX，见表 4-1）采用了文件名和文件描述信息分开的方法，文件描述信息单独形成一个称为索引结点的数据结构，简称为 i 结点。在文件目录中的每个目录项仅由文件名和指向该文件所对应的 i 结点的指针构成。

表 4-1　UNIX 的文件目录结构

文件名	索引结点编号
文件名 1	
文件名 2	
⋮	
⋮	

一个 FCB 的大小是 64 字节，盘块大小是 1KB，则在每个盘块中可以存放 16 个 FCB（注意，FCB 必须连续存放）。而在 UNIX 系统中一个目录项仅占 16 字节，其中 14 字节是文件名，2 字节是 i 结点指针。在 1KB 的盘块中可存放 64 个目录项。这样，可使查找文件时平均启动磁盘次数减少到原来的 1/4，大大节省了系统开销。

存放在磁盘上的索引结点称为**磁盘索引结点**，UNIX 中的每个文件都有一个唯一的磁盘索引结点，主要包括以下几个方面：

- **文件主标识符**，拥有该文件的个人或小组的标识符。
- **文件类型**，包括普通文件、目录文件或特别文件。
- **文件存取权限**，各类用户对该文件的存取权限。
- **文件物理地址**，每个索引结点中含有 13 个地址项，即 iaddr(0)～iaddr(12)，它们以直接或间接方式给出数据文件所在盘块的编号。
- **文件长度**，以字节为单位。
- **文件链接计数**，在本文件系统中所有指向该文件的文件名的指针计数。
- **文件存取时间**，本文件最近被进程存取的时间、最近被修改的时间以及索引结点最近被修改的时间。
- 文件被打开时，磁盘索引结点复制到内存的索引结点中，以便于使用。在**内存索引结点**中又增加了以下内容：
- **索引结点编号**，用于标识内存索引结点。
- **状态**，指示 i 结点是否上锁或被修改。
- **访问计数**，每当有一进程要访问此 i 结点时，计数加 1，访问结束减 1。
- **逻辑设备号**，文件所属文件系统的逻辑设备号。
- **链接指针**，设置分别指向空闲链表和散列队列的指针。

2．目录结构

在理解一个文件系统的需求前，我们首先来考虑在目录这个层次上所需要执行的操作，这有助于后面文件系统的整体理解。

- **搜索**：当用户使用一个文件时，需要搜索目录，以找到该文件的对应目录项。
- **创建文件**：当创建一个新文件时，需要在目录中增加一个目录项。
- **删除文件**：当删除一个文件时，需要在目录中删除相应的目录项。
- **显示目录**：用户可以请求显示目录的内容，如显示该用户目录中的所有文件及属性。
- **修改目录**：某些文件属性保存在目录中，因而这些属性的变化需要改变相应的目录项。

操作时，考虑以下几种目录结构：

1）**单级目录结构**。在整个文件系统中只建立一张目录表，每个文件占一个目录项，如图 4-3 所示。

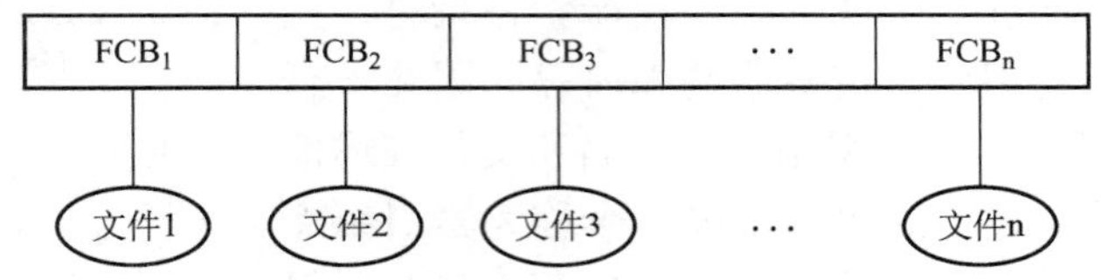

图 4-3　单级目录结构

当访问一个文件时，先按文件名在该目录中查找到相应的 FCB，经合法性检查后执行相应的操作。当建立一个新文件时，必须先检索所有目录项以确保没有“重名”的情况，然后在该目录中增设一项，把 FCB 的全部信息保存在该项中。当删除一个文件时，先从该目录中找到该文件的目录项，回收该文件所占用的存储空间，然后再清除该目录项。

单级目录结构实现了“按名存取”，但是存在查找速度慢、文件不允许重名、不便于文件共享等缺点，而且对于多用户的操作系统显然是不适用的。

2）**两级目录结构**。单级目录很容易造成文件名称的混淆，可以考虑采用两级方案，将文件目录分成主文件目录（Master File Directory，MFD）和用户文件目录（User File Directory，UFD）两级，如图 4-4 所示。

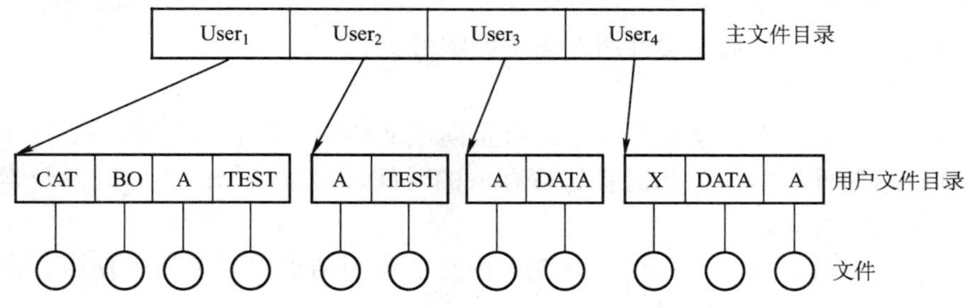

图 4-4　两级目录结构

主文件目录项记录用户名及相应用户文件目录所在的存储位置。用户文件目录项记录该用户文件的 FCB 信息。当某用户欲对其文件进行访问时，只需搜索该用户对应的 UFD，这既解决了不同用户文件的“重名”问题，也在一定程度上保证了文件的安全。

两级目录结构可以解决多用户之间的文件重名问题，文件系统可以在目录上实现访问限制。但是两级目录结构缺乏灵活性，不能对文件分类。

3）**多级目录结构**（树形目录结构）。将两级目录结构的层次关系加以推广，就形成了多级目录结构，即树形目录结构，如图 4-5 所示。

用户要访问某个文件时用文件的路径名标识文件，文件路径名是个字符串，由从根目录出发到所找文件的通路上的所有目录名与数据文件名用分隔符“/”链接起来而成。从根目录出发的路径称**绝对路径**。当层次较多时，每次从根目录查询浪费时间，于是加入了当前目录，**进程对各文件的访问都是相对于当前目录进行的**。当用户要访问某个文件时，使用**相对路径**标识文件，相对路径由从当前目录出发到所找文件通路上所有目录名与数据文件名用分隔符“/”链接而成。

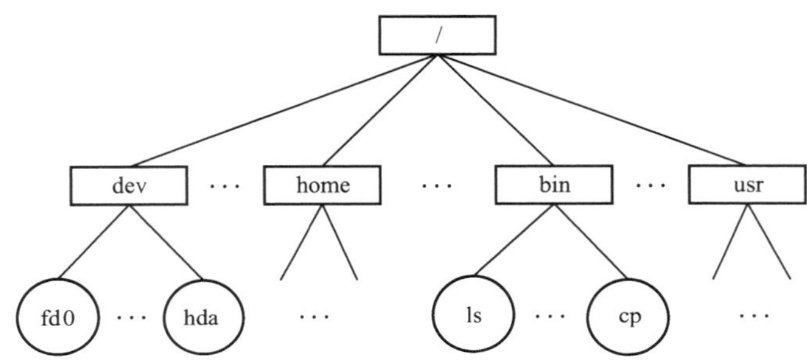

图 4-5　树形目录结构

图 4-5 是 Linux 操作系统的目录结构，“/dev/hda”就是一个绝对路径。若当前目录为“/bin”，则“./ls”就是一个相对路径，其中符号“.”表示当前工作目录。

通常，每个用户都有各自的“当前目录”，登录后自动进入该用户的“当前目录”。操作系统提供一条专门的系统调用，供用户随时改变“当前目录”。例如，UNIX 系统中，“/etc/passwd”文件就包含有用户登录时默认的“当前目录”，可用 cd 命令改变“当前目录”。

树形目录结构可以很方便地对文件进行分类，层次结构清晰，也能够更有效地进行文件的管理和保护。但是，在树形目录中查找一个文件，需要按路径名逐级访问中间结点，这就增加了磁盘访问次数，无疑将影响查询速度。

4）**无环图目录结构**。树形目录结构可便于实现文件分类，但不便于实现文件共享，为此在树形目录结构的基础上增加了一些指向同一结点的有向边，使整个目录成为一个有向无环图。引入无环图目录结构是为了实现文件共享，如图 4-6 所示。

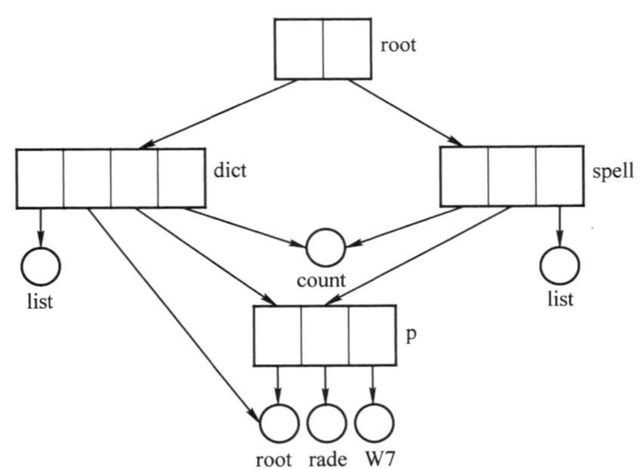

图 4-6　图形目录结构

当某用户要求删除一个共享结点时，若系统只是简单地将它删除，当另一共享用户需要访问时，却无法找到这个文件而发生错误。为此可以为每个共享结点设置一个共享计数器，每当图中增加对该结点的共享链时，计数器加 1；每当某用户提出删除该结点时，计数器减 1。仅当共享计数器为 0 时，才真正删除该结点，否则仅删除请求用户的共享链。

共享文件（或目录）不同于文件拷贝（副本）。如果有两个文件拷贝，每个程序员看到的是拷贝而不是原件；但如果一个文件被修改，那么另一个程序员的拷贝不会有改变。对于共享文件，只存在一个真正文件，任何改变都会为其他用户所见。

无环图目录结构方便实现了文件的共享，但使得系统的管理变得更加复杂。

4.1.4 文件共享

文件共享使多个用户（进程）共享同一份文件，系统中只需保留该文件的一份副本。如果系统不能提供共享功能，那么每个需要该文件的用户都要有各自的副本，会造成对存储空间的极大浪费。随着计算机技术的发展，文件共享的范围已由单机系统发展到多机系统，进而通过网络扩展到全球。这些文件的分享是通过分布式文件系统、远程文件系统、分布式信息系统实现的。这些系统允许多个客户通过 C/S 模型共享网络中的服务器文件。

现代常用的两种文件共享方法有：

1．基于索引结点的共享方式（硬链接）

在树形结构的目录中，当有两个或多个用户要共享一个子目录或文件时，必须将共享文件或子目录链接到两个或多个用户的目录中，才能方便地找到该文件，如图 4-7 所示。

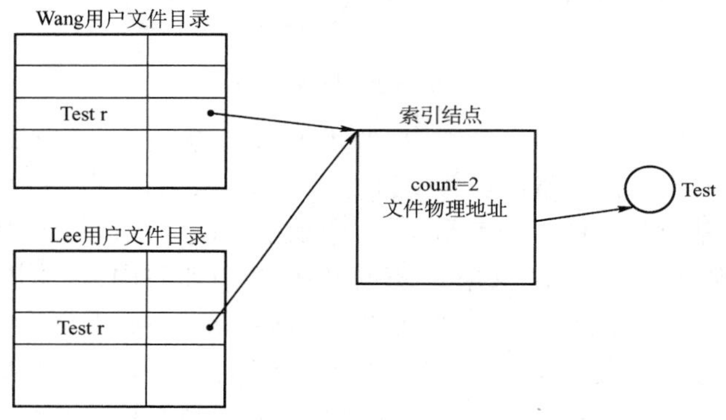

图 4-7　基于索引结点的共享方式

在这种共享方式中引用索引结点，即诸如文件的物理地址及其他的文件属性等信息，不再是放在目录项中，而是放在索引结点中。在文件目录中只设置文件名及指向相应索引结点的指针。在索引结点中还应有一个链接计数 count，用于表示链接到本索引结点（亦即文件）上的用户目录项的数目。当 count=2 时，表示有两个用户目录项链接到本文件上，或者说是有两个用户共享此文件。

当用户 A 创建一个新文件时，它便是该文件的所有者，此时将 count 置为 1。当有用户 B 要共享此文件时，在用户 B 的目录中增加一个目录项，并设置一指针指向该文件的索引结点。此时，文件主仍然是用户 A，count=2。如果用户 A 不再需要此文件，不能将文件直接删除。因为，若删除了该文件，也必然删除了该文件的索引结点，这样便会使用户 B 的指针悬空，而用户 B 则可能正在此文件上执行写操作，此时用户 B 会无法访问到文件。因此用户 A 不能删除此文件，只是将该文件的 count 减 1，然后删除自己目录中的相应目录项。用户 B 仍可以使用该文件。当 count=0 时，表示没有用户使用该文件，系统将负责删除该文件。如图 4-8 给出了用户 B 链接到文件上的前、后情况。

2. 利用符号链实现文件共享（软链接）

为使用户 B 能共享用户 A 的一个文件 F，可以由系统创建一个 LINK 类型的新文件，也取名为 F，并将文件 F 写入用户 B 的目录中，以实现用户 B 的目录与文件 F 的链接。在新文件中只包含被链接文件 F 的路径名。这样的链接方法被称为符号链接。

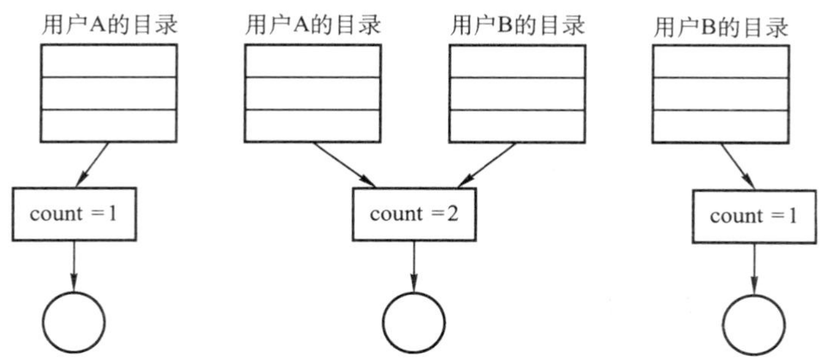

图 4-8　文件共享中的链接计数

新文件中的路径名则只被看做是符号链，当用户 B 要访问被链接的文件 F 且正要读 LINK 类新文件时，操作系统根据新文件中的路径名去读该文件，从而实现了用户 B 对文件 F 的共享。

在利用符号链方式实现文件共享时，只有文件的拥有者才拥有指向其索引结点的指针。而共享该文件的其他用户则只有该文件的路径名，并不拥有指向其索引结点的指针。这样，也就不会发生在文件主删除一共享文件后留下一悬空指针的情况。当文件的拥有者把一个共享文件删除后，其他用户通过符号链去访问它时，会出现访问失败，于是将符号链删除，此时不会产生任何影响。当然，利用符号链实现文件共享仍然存在问题，例如：一个文件采用符号链方式共享，当文件拥有者将其删除，而在共享的其他用户使用其符号链接访问该文件之前，又有人在同一路径下创建了另一个具有同样名称的文件，则该符号链将仍然有效，但访问的文件已经改变，从而导致错误。

在符号链的共享方式中，当其他用户读共享文件时，需要根据文件路径名逐个地查找目录，直至找到该文件的索引结点。因此，每次访问时，都可能要多次地读盘，使得访问文件的开销变大并增加了启动磁盘的频率。此外，符号链的索引结点也要耗费一定的磁盘空间。

符号链方式有一个很大的优点，即网络共享只需提供该文件所在机器的网络地址以及该机器中的文件路径即可。

上述两种链接方式都存在一个共同的问题，即每个共享文件都有几个文件名。换言之，每增加一条链接，就增加一个文件名。这实质上就是每个用户都使用自己的路径名去访问共享文件。当我们试图去遍历整个文件系统时，将会多次遍历到该共享文件。

硬链接和软链接都是文件系统中的静态共享方法，在文件系统中还存在着另外的共享需求，即两个进程同时对同一个文件进行操作，这样的共享可以称为动态共享。

4.1.5　文件保护

为了防止文件共享可能会导致文件被破坏或未经核准的用户修改文件，文件系统必须控制用户对文件的存取，即解决对文件的读、写、执行的许可问题。为此，必须在文件系统中建立相应的文件保护机制。

文件保护通过**口令保护**、**加密保护**和**访问控制**等方式实现。其中，口令保护和加密保护是为了防止用户文件被他人存取或窃取，而访问控制则用于控制用户对文件的访问方式。

1．访问类型

对文件的保护可以从限制对文件的访问类型中出发。可加以控制的访问类型主要有以下几种。

- **读**：从文件中读。
- **写**：向文件中写。
- **执行**：将文件装入内存并执行。
- **添加**：将新信息添加到文件结尾部分。
- **删除**：删除文件，释放空间。
- **列表清单**：列出文件名和文件属性。

此外还可以对文件的**重命名**、**复制**、**编辑**等加以控制。这些高层的功能可以通过系统程序调用低层系统调用来实现。保护可以只在低层提供。例如，复制文件可利用一系列的读请求来完成。这样，具有读访问用户同时也具有复制和打印的权限了。

2．访问控制

解决访问控制最常用的方法是根据用户身份进行控制。而实现基于身份访问的最为普通的方法是为每个文件和目录增加一个**访问控制列表**（Access-Control List，ACL），以规定每个用户名及其所允许的访问类型。

这种方法的优点是可以使用复杂的访问方法。其缺点是长度无法预期并且可能导致复杂的空间管理，使用精简的访问列表可以解决这个问题。

精简的访问列表采用拥有者、组和其他三种用户类型。

1）**拥有者**：创建文件的用户。

2）**组**：一组需要共享文件且具有类似访问的用户。

3）**其他**：系统内的所有其他用户。

这样只需用三个域列出访问表中这三类用户的访问权限即可。文件拥有者在创建文件时，说明创建者用户名及所在的组名，系统在创建文件时也将文件主的名字、所属组名列在该文件的 FCB 中。用户访问该文件时，按照拥有者所拥有的权限访问文件，如果用户和拥有者在同一个用户组则按照同组权限访问，否则只能按其他用户权限访问。UNIX 操作系统即采用此种方法。

口令和密码是另外两种访问控制方法。

口令指用户在建立一个文件时提供一个口令，系统为其建立 FCB 时附上相应口令，同时告诉允许共享该文件的其他用户。用户请求访问时必须提供相应口令。这种方法时间和空间的开销不多，缺点是口令直接存在系统内部，不够安全。

密码指用户对文件进行加密，文件被访问时需要使用密钥。这种方法保密性强，节省了存储空间，不过编码和译码要花费一定时间。

口令和密码都是防止用户文件被他人存取或窃取，并没有控制用户对文件的访问类型。

注意两个问题：

1）现代操作系统常用的文件保护方法，是将访问控制列表与用户、组和其他成员访问控制方案一起组合使用。

2）对于多级目录结构而言，不仅需要保护单个文件，而且还需要保护子目录内的文件，即需要提供目录保护机制。目录操作与文件操作并不相同，因此需要不同的保护机制。

4.1.6　本节习题精选

一、单项选择题

1.【2010 年计算机联考真题】

设当前工作目录的主要目的是（　　）。

A．节省外存空间　　B．节省内存空间

C．加快文件的检索速度　　D．加快文件的读/写速度

2.【2009 年计算机联考真题】

文件系统中，文件访问控制信息存储的合理位置是（　　）。

A．文件控制块　　B．文件分配表

C．用户口令表　　D．系统注册表

3.【2009 年计算机联考真题】

设文件 F1 的当前引用计数值为 1，先建立文件 F1 的符号链接（软链接）文件 F2，再建立文件 F1 的硬链接文件 F3，然后删除文件 F1。此时，文件 F2 和文件 F3 的引用计数值分别是（　　）。

A．0、1　　B．1、1　　C．1、2　　D．2、1

4．从用户的观点看，操作系统中引入文件系统的目的是（　　）。

A．保护用户数据　　B．实现对文件的按名存取

C．实现虚拟存储　　D．保存用户和系统文档及数据

5．文件系统在创建一个文件时，为它建立一个（　　）。

A．文件目录项　　B．目录文件　　C．逻辑结构　　D．逻辑空间

6．打开文件操作的主要工作是（　　）。

A．把指定文件的目录复制到内存指定的区域

B．把指定文件复制到内存指定的区域

C．在指定文件所在的存储介质上找到指定文件的目录

D．在内存寻找指定的文件

7．UNIX 操作系统中，输入/输出设备看做是（　　）。

A．普通文件　　B．目录文件　　C．索引文件　　D．特殊文件

8．下列文件中属于逻辑结构的文件是（　　）。

A．连续文件　　B．系统文件　　C．链接文件　　D．流式文件

9．逻辑文件的组织形式由（　　）决定。

A．存储介质特性　　B．操作系统的管理方式

C．主存容量　　D．用户

10．索引文件由逻辑文件和（　　）组成。

A．符号表　　B．索引表　　C．交叉访问表　　D．链接表

11．下列关于索引表的叙述中，（　　）是正确的。

A．索引表中每个记录的索引项可以有多个

B．对索引文件存取时，必须先查找索引表

C．索引表中含有索引文件的数据及其物理地址

D．建立索引的目的之一是为了减少存储空间

12．有一个顺序文件含有 10000 个记录，平均查找的记录数为 5000 个，采用索引顺序文件结构，则最好情况下平均只需查找（　　）次记录。

A．1000　　B．10000　　C．100　　D．500

13．【2012 年计算机联考真题】

若一个用户进程通过 read 系统调用读取一个磁盘文件中的数据，则下列关于此过程的叙述中，正确的是（　　）。

Ⅰ．若该文件的数据不在内存，则该进程进入睡眠等待状态

Ⅱ．请求 read 系统调用会导致 CPU 从用户态切换到核心态

Ⅲ．read 系统调用的参数应包含文件的名称

A．仅Ⅰ、Ⅱ　　B．仅Ⅰ、Ⅲ　　C．仅Ⅱ、Ⅲ　　D．Ⅰ、Ⅱ和Ⅲ

14．一个文件的相对路径名是从（　　）开始，逐步沿着各级子目录追溯，最后到指定文件的整个通路上所有子目录名组成的一个字符串。

A．当前目录　　B．根目录　　C．多级目录　　D．二级目录

15．目录文件存放的信息是（　　）。

A．某一文件存放的数据信息

B．某一文件的文件目录

C．该目录中所有数据文件目录

D．该目录中所有子目录文件和数据文件的目录

16．FAT32 的文件目录项不包括（　　）。

A．文件名　　B．文件访问权限说明

C．文件控制块的物理位置　　D．文件所在的物理位置

17．文件系统采用多级目录结构的目的是（　　）。

A．减少系统开销　　B．节省存储空间

C．解决命名冲突　　D．缩短传送时间

18．如果文件系统中有两个文件重名，不应采用（　　）。

A．单级目录结构　　B．两级目录结构

C．树形目录结构　　D．多级目录结构

19．UNIX 操作系统中，文件的索引结构放在（　　）。

A．超级块　　B．索引结点　　C．目录项　　D．空闲块

20．操作系统为保证未经文件拥有者授权，任何其他用户不能使用该文件，所提供的解决方法是（　　）。

A．文件保护　　B．文件保密　　C．文件转储　　D．文件共享

21．在文件系统中，以下不属于文件保护的方法是（　　）。

A．口令　　B．存取控制

C．用户权限表　　D．读写之后使用关闭命令

22．对一个文件的访问，常由（　　）共同限制。

A．用户访问权限和文件属性　　B．用户访问权限和用户优先级
C．优先级和文件属性　　D．文件属性和口令

23．加密保护和访问控制两种机制相比（　　）。

A．加密保护机制的灵活性更好　　B．访问控制机制的安全性更高
C．加密保护机制必须由系统实现　　D．访问控制机制必须由系统实现

24．为了对文件系统中的文件进行安全管理，任何一个用户在进入系统时都必须进行注册，这一级安全管理是（　　）。

A．系统级　　B．目录级　　C．用户级　　D．文件级

25．下面的说法正确的是（　　）。

A．文件系统负责文件存储空间的管理但不能实现文件名到物理地址的转换
B．在多级目录结构中对文件的访问是通过路径名和用户目录名进行的
C．文件可以被划分成大小相等的若干物理块且物理块大小也可任意指定
D．逻辑记录是对文件进行存取操作的基本单位

26．下面的说法中，错误的是（　　）。

Ⅰ．一个文件在同一系统中、不同的存储介质上的复制文件，应采用同一种物理结构
Ⅱ．对一个文件的访问，常由用户访问权限和用户优先级共同限制
Ⅲ．文件系统采用树形目录结构后，对于不同用户的文件，其文件名应该不同
Ⅳ．为防止系统故障造成系统内文件受损，常采用存取控制矩阵方法保护文件

A．Ⅱ　　B．Ⅰ、Ⅲ　　C．Ⅰ、Ⅲ、Ⅳ　　D．全选

二、综合应用题

1．设某文件系统采用两级目录的结构，主目录中有 10 个子目录，每个子目录中有 10 个目录项。在如此同样多目录的情况下，若采用单级目录结构所需平均检索目录项数是两级目录结构平均检索目录项数的多少倍？

2．对文件的目录结构回答以下问题：

1）若一个共享文件可以被用户随意删除或修改，会有什么问题？

2）若允许用户随意地读、写和修改目录项，会有什么问题？

3）如何解决上述问题？

3．【2011 年计算机联考真题】

某文件系统为一级目录结构，文件的数据一次性写入磁盘，已写入的文件不可修改，但可多次创建新文件。请回答如下问题：

1）在连续、链式、索引三种文件的数据块组织方式中，哪种更合适？要求说明理由。为定位文件数据块，需要 FCB 中设计哪些相关描述字段？

2）为快速找到文件，对于 FCB，是集中存储好，还是与对应的文件数据块连续存储好？要求说明理由。

4．有文件系统如图 4-9 所示，图中的框表示目录，圆圈表示普通文件。

1）可否建立 F 与 R 的链接？试加以说明。

2）能否删除 R，为什么？

3）能否删除 N，为什么？

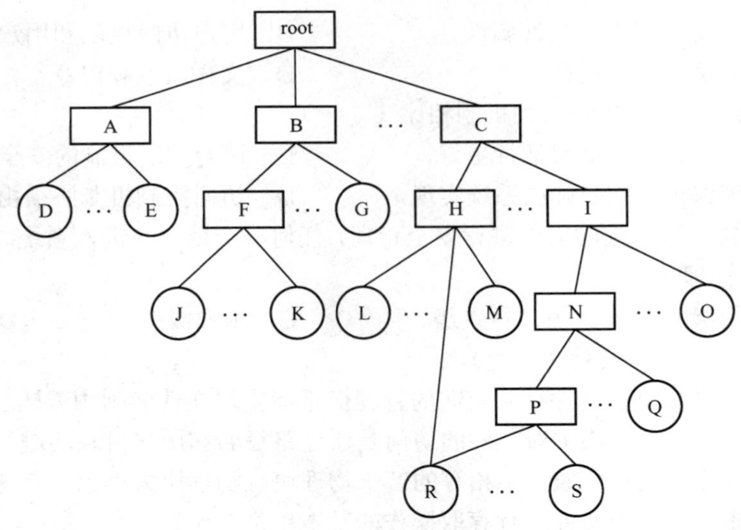

图 4-9　文件系统

5. 某树形目录结构的文件系统如图 4-10 所示。该图中的方框表示目录，圆圈表示文件。

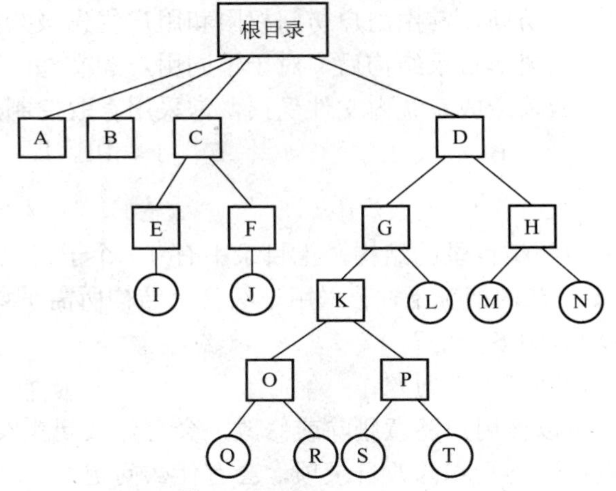

图 4-10　一个树形结构的文件系统

1）可否进行下列操作：

a）在目录 D 中建立一个文件，取名为 A；

b）将目录 C 改名为 A。

2）若 E 和 G 分别为两个用户的目录：

a）用户 E 欲共享文件 Q，应有什么条件，如何操作？

b）在一段时间内，用户 G 主要使用文件 S 和 T。为简便操作和提高速度，应如何处理？

c）用户 E 欲对文件 I 加以保护，不许别人使用，能否实现？如何实现？

4.1.7 答案与解析

一、单项选择题

1. C

当一个文件系统含有多级目录时，每访问一个文件，都要使用从树根开始到树叶为止、包括各中间结点名的全路径名。当前目录又称工作目录，进程对各个文件的访问都相对于当前目录进行，而不需要从根目录一层一层的检索，加快了文件的检索速度。选项 AB 都与相对目录无关；选项 D，文件的读/写速度取决于磁盘的性能。

2．A

为了实现“按名存取”，在文件系统中为每个文件设置用于描述和控制文件的数据结构，称之为文件控制块（FCB）。在文件控制块中，通常包含以下三类信息，即基本信息、存取控制信息及使用信息。

3．B

建立符号链接时，引用计数值直接复制；建立硬链接时，引用计数值加 1。删除文件时，删除操作对于符号链接是不可见的，这并不影响文件系统，当以后再通过符号链接访问时，发现文件不存在，直接删除符号链接；但对于硬链接则不可以直接删除，引用计数值减 1，若值不为 0，则不能删除此文件，因为还有其他硬链接指向此文件。

当建立 F2 时，F1 和 F2 的引用计数值都为 1。当再建立 F3 时，F1 和 F3 的引用计数值就都变成了 2。当后来删除 F1 时，F3 的引用计数值为 2-1=1，F2 的引用计数值不变。

4．B

从系统角度看，文件系统负责对文件的存储空间进行组织、分配，负责文件的存储并对存入文件进行保护、检索。从用户角度看，文件系统根据一定的格式将用户的文件存放到文件存储器中适当的地方：当用户需要使用文件时，系统根据用户所给的文件名能够从文件存储器中找到所需要的文件。

5．A

一个文件对应一个 FCB，而一个文件目录项就是一个 FCB。

6．A

打开文件操作是将该文件的 FCB 存入内存的活跃文件目录表，而不是将文件内容复制到主存，找到指定文件目录是打开文件之前的操作。

7．D

UNIX 操作系统中，所有设备看做是特殊的文件，因为 UNIX 操作系统控制和访问外部设备的方式和访问一个文件的方式是相同的。

8．D

逻辑文件有两种：无结构文件（流式文件）和有结构式文件。连续文件和链接文件都属于文件的物理结构，而系统文件是按文件用途分类的。

9．D

文件结构包括逻辑结构和物理结构。逻辑结构是用户组织数据的结构形式，数据组织形式来自于需求，而物理结构是操作系统组织物理存储块的结构形式。

因此说，逻辑文件的组织形式取决于用户，物理结构的选择取决于文件系统设计者针对硬件结构（如磁带介质很难实现链接结构和索引结构）所采取的策略（即 A 和 B 选项）。

10．B

索引文件由逻辑文件和索引表组成。文件的逻辑结构和物理结构都有索引的概念，引入逻辑索引和物理索引的目的是截然不同的。逻辑索引的目的是加快文件数据的定位，是从用户角度出发，而物理索引的主要目的是管理不连续的物理块，从系统管理角度出发。

11. B

索引文件由逻辑文件和索引表组成，对索引文件存取时，必须先查找索引表。索引项只包含每个记录的长度和在逻辑文件中的起始位置。因为每个记录都要有一个索引项，因此提高了存储代价。

12. C

最好的情况是有 $\sqrt{10000}=100$ 组，每组有 100 个记录，这样顺序查找时平均查找记录个数=50+50=100。

13. A

对于Ⅰ，当所读文件的数据不在内存时，产生中断（缺页中断），原进程进入阻塞状态，直到所需数据从外存调入内存后，才将该进程唤醒。对于Ⅱ，read 系统调用通过陷入将 CPU 从用户态切换到核心态，从而获取操作系统提供的服务。对于Ⅲ，要读一个文件首先要用 open 系统调用打开该文件。open 中的参数包含文件的路径名与文件名，而 read 只需要使用 open 返回的文件描述符，并不使用文件名作为参数。read 要求用户提供三个输入参数：①文件描述符 fd；②buf 缓冲区首址；③传送的字节数 n。read 的功能是试图从 fd 所指示的文件中读入 n 个字节的数据，并将它们送至由指针 buf 所指示的缓冲区中。

14. A

相对路径是从当前目录出发到所找文件的通路上的所有目录名和数据文件名用分隔符连接起来而形成的，注意与绝对路径的区别。

15. D

目录文件是 FCB 的集合，一个目录中既可能有子目录也可能有数据文件，因此目录文件中存放的是子目录和数据文件的信息。

16. C

文件目录项即 FCB，通常由文件基本信息、存取控制信息和使用信息组成。基本信息包括文件物理位置。文件目录项显然不包括 FCB 的物理位置信息。

17. C

在文件系统中采用了多级目录结构后，符合了多层次管理的需要，提高了文件查找的速度，还允许用户建立同名文件。因此，多级目录结构的采用解决了命名冲突。

18. A

在单级目录文件中，每当新建一个文件时，必须先检索所有的目录项，以保证新文件名在目录中是唯一的。所以单级目录结构无法解决文件重名问题。

19. B

UNIX 采用树形目录结构，文件信息存放在索引结点中。超级块是用来描述文件系统的。具体可参见本章疑难点解析。

20. A

文件保护是针对文件访问权限的保护。

21. D

在文件系统中，口令、存取控制和用户权限表都是常用的文件保护方法。

22. A

文件属性决定了对文件的访问控制，而用户访问权限则决定了用户对文件的访问控制权限。

23．D

相对于加密保护机制，访问控制机制的安全性较差。因为访问控制的级别和保护力度较小，因此它的灵活性相对较高。如果访问控制不由系统实现，那么系统本身的安全性就无法保证。而加密机制如果由系统实现，那么加密方法将无法扩展。

24．A

系统级安全管理包括注册和登录。

25．D

文件系统使用文件名进行管理，也实现了文件名到物理地址的转换；多级目录结构中，对文件的访问通过路径名和文件名进行；文件被划分的物理块的大小是固定的，通常和内存管理中的页面大小一致。

26．D

Ⅰ错误：一个文件存放在磁带中通常采用连续存放，文件在硬盘上一般不采用连续存放方法，不同的文件系统存放的方法是不一样的。Ⅱ错误：对一个文件的访问，常由用户访问权限和文件属性共同限制。Ⅲ错误：文件系统采用树形目录结构后，对于不同用户的文件，其文件名可以不同，也可以相同。Ⅳ错误：常采用备份的方法保护文件，而存取控制矩阵的方法是用于多用户之间的存取权限保护。

二、综合应用题

1．解答：

依题意，文件系统中共有 10×10=100 个目录，若采用单级目录结构，目录表中有 100 个目录项，在检索一个文件时，平均检索的目录项数=目录项/2=50。采用两级目录结构时，主目录有 10 个目录项，每个子目录均有 10 个目录项，每级平均检索 5 个目录项，即检索一个文件时平均检索 10 个目录项，所以采用单级目录结构所需检索目录项数是两级目录结构检索目录项数的 50/10=5 倍。

2．解答：

1）将有可能导致共享该文件的其他用户无文件可用，或者使用了不是想使用的文件，导致发生错误。

2）用户可以通过修改目录项来改变对文件的存取权限，从而非法地使用系统的文件；另外，对目录项不负责任的修改会造成管理上的混乱。

3）解决的办法是不允许用户直接执行上述操作，而必须通过系统调用来执行这些操作。

3．解答：

1）连续更合适，因为一次写入不存在插入问题，连续的数据块组织方式完全可以满足一次性写入磁盘。同时连续文件组织方式减少了其他不必要的空间开销，而连续的组织方式顺序查找读取速度是最快的，还需要起始盘块号和文件长度。

2）FCB 集中存储好。目录是存在磁盘上的，所以检索目录的时候需要访问磁盘，速度很慢；集中存储是将 FCB 的描述信息分解出去，存在另一个数据结构中，而在目录中仅留下文件的基本信息和指向该数据结构的指针，这样一来就有效地缩短减少了目录的体积，减少了目录在磁盘中的块数，于是检索目录时读取磁盘的次数也减少，于是就加快了检索目录的次数。

4．解答：

1）可以建立链接。因为 F 是目录而 R 是文件，所以可以建立 R 到 F 的符号链接。

2）不一定能删除R。由于R是被多个目录所共享，能否删除R取决于文件系统实现共享的方法。如果采用基于索引结点的共享方法，则因删除后存在指针悬空问题不能删除R结点。如果采用基于符号共享的方法，则可以删除R结点。

3）不一定能删除N。由于N的子目录中存在共享文件R，而R结点本身不一定能被删除，所以N也不一定能被删除。

5．解答：

1）中，a）由于目录D中没有已命名为A的文件，因此在目录D中，可以建立一个取名为A的文件。b）因为在文件系统的根目录下已存在一个取名为A的目录，所以根目录下的目录C不能改名为A。

2）中，a）用户E欲共享文件Q，需要用户E有访问文件Q的权限。在访问权限许可的情况下，用户E可通过相应路径来访问文件Q，即用户E通过自己的主目录E找到其父目录C，再访问到目录C的父目录（根目录），然后依次通过目录D、目录G、目录K和目录O访问到文件Q。若用户E当前目录为E，则访问路径为：../../D/G/K/O/Q，其中符号“..”表示父目录，符号“/”用于分隔路径中的各目录名。

b）用户G需要通过依次访问目录K和目录P，才能访问到文件S和文件T。为了提高文件访问速度，可以在目录G下建立两个链接文件，分别链接到文件S和文件T上。这样用户G就可以直接访问这两个文件了。

c）用户E可以修改文件I的存取控制表来对文件I加以保护，不让别的用户使用。具体实现方法是：在文件I的存取控制表中，只留下用户E的访问权限，其他用户对该文件无操作权限，从而达到不让其他用户访问的目的。

4.2 文件系统实现

4.2.1 文件系统层次结构

现代操作系统有多种文件系统类型（如FAT32、NTFS、ext2、ext3、ext4等），因此文件系统的层次结构也不尽相同。图4-11是一种合理的层次结构。

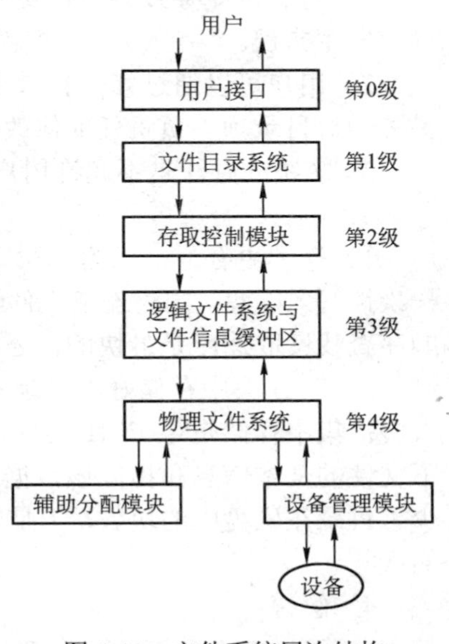

图4-11　文件系统层次结构

1．用户调用接口

文件系统为用户提供与文件及目录有关的调用，如新建、打开、读写、关闭、删除文件，建立、删除目录等。此层由若干程序模块组成，每一模块对应一条系统调用，用户发出系统调用时，控制即转入相应的模块。

2．文件目录系统

文件目录系统的主要功能是管理文件目录，其任务有管理活跃文件目录表、管理读写状态信息表、管理用户进程的打开文件表、管理与组织在存储设备上的文件目录结构、调用下一级存取控制模块。

3．存取控制验证

实现文件保护主要由该级软件完成，它把用户的访问要求与 FCB 中指示的访问控制权限进行比较，以确认访问的合法性。

4．逻辑文件系统与文件信息缓冲区

逻辑文件系统与文件信息缓冲区的主要功能是根据文件的逻辑结构将用户要读写的逻辑记录转换成文件逻辑结构内的相应块号。

5．物理文件系统

物理文件系统的主要功能是把逻辑记录所在的相对块号转换成实际的物理地址。

6．分配模块

分配模块的主要功能是管理辅存空间，即负责分配辅存空闲空间和回收辅存空间。

7．设备管理程序模块

设备管理程序模块的主要功能是分配设备、分配设备读写用缓冲区、磁盘调度、启动设备、处理设备中断、释放设备读写缓冲区、释放设备等。

4.2.2 目录实现

在读文件前，必须先打开文件。打开文件时，操作系统利用路径名找到相应目录项，目录项中提供了查找文件磁盘块所需要的信息。目录实现的基本方法有线性列表和哈希表两种。

1．线性列表

最简单的目录实现方法是使用存储文件名和数据块指针的线性表。创建新文件时，必须首先搜索目录表以确定没有同名的文件存在，然后在目录表后增加一个目录项。删除文件则根据给定的文件名搜索目录表，接着释放分配给它的空间。若要重用目录项，有许多方法：可以将目录项标记为不再使用，或者将它加到空闲目录项表上，还可以将目录表中最后一个目录项复制到空闲位置，并降低目录表长度。采用链表结构可以减少删除文件的时间。其优点在于实现简单，不过由于线性表的特殊性，比较费时。

2．哈希表

哈希表根据文件名得到一个值，并返回一个指向线性列表中元素的指针。这种方法的优点是查找非常迅速，插入和删除也较简单，不过需要一些预备措施来避免冲突。最大的困难是哈希表长度固定以及哈希函数对表长的依赖性。

目录查询是通过在磁盘上反复搜索完成，需要不断地进行 I/O 操作，开销较大。所以如前面所述，为了减少 I/O 操作，把当前使用的文件目录复制到内存，以后要使用该文件时只要在内存中操作，从而降低了磁盘操作次数，提高了系统速度。

4.2.3 文件实现

1．文件分配方式

文件分配对应于文件的物理结构，是指如何为文件分配磁盘块。常用的磁盘空间分配方法有三种：连续分配、链接分配和索引分配。有的系统（如 RDOS 操作系统）对三种方法都支持，但是更普遍的是一个系统只提供一种方法的支持。

1）**连续分配**。连续分配方法要求每个文件在磁盘上占有一组连续的块，如图 4-12 所示。磁盘地址定义了磁盘上的一个线性排序。这种排序使作业访问磁盘时需要的寻道数和寻道时间最小。

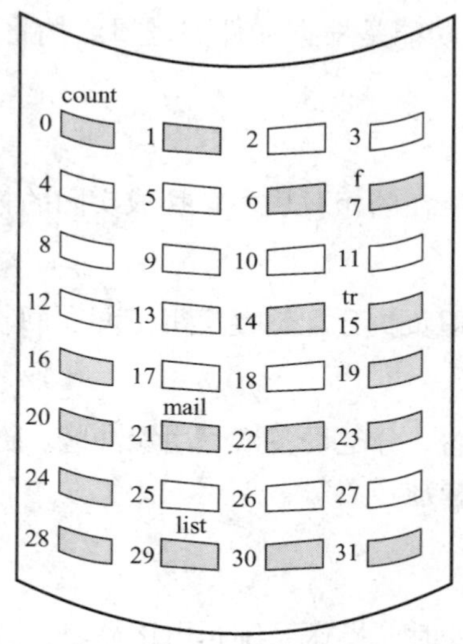

目录

file	start	length
count	0	2
tr	14	3
mail	19	6
list	28	4
f	6	2

图 4-12　连续分配

文件的连续分配可以用第一块的磁盘地址和连续块的数量来定义。如果文件有 n 块长并从位置 b 开始，那么该文件将占有块 b，b+1，b+2，…，$b+n-1$。一个文件的目录条目包括开始块的地址和该文件所分配区域的长度。

连续分配支持顺序访问和直接访问。其优点是实现简单、存取速度快。缺点在于，文件长度不宜动态增加，因为一个文件末尾后的盘块可能已经分配给其他文件，一旦需要增加，就需要大量移动盘块。此外，反复增删文件后会产生外部碎片（与内存管理分配方式中的碎片相似），并且很难确定一个文件需要的空间大小，因而只适用于长度固定的文件。

2）**链接分配**。链接分配是采取离散分配的方式，消除了外部碎片，故而显著地提高了磁盘空间的利用率；又因为是根据文件的当前需求，为它分配必需的盘块，当文件动态增长时，可以动态地再为它分配盘块，故而无需事先知道文件的大小。此外，对文件的增、删、改也非常方便。链接分配又可以分为隐式链接和显式链接两种形式。

隐式连接如图 4-13 所示。每个文件对应一个磁盘块的链表；磁盘块分布在磁盘的任何地方，除最后一个盘块外，每一个盘块都有指向下一个盘块的指针，这些指针对用户是透明的。目录包括文件第一块的指针和最后一块的指针。

创建新文件时，目录中增加一个新条目。每个目录项都有一个指向文件首块的指针。该指针初始化为 NULL 以表示空文件，大小字段为 0。写文件会通过空闲空间管理系统找到空闲块，将该块链接到文件的尾部，以便写入。读文件则通过块到块的指针顺序读块。

隐式链接分配的缺点在于无法直接访问盘块，只能通过指针顺序访问文件，以及盘块指针消耗了一定的存储空间。隐式链接分配的稳定性也是一个问题，系统在运行过程中由于软件或者硬件错误导致链表中的指针丢失或损坏，会导致文件数据的丢失。

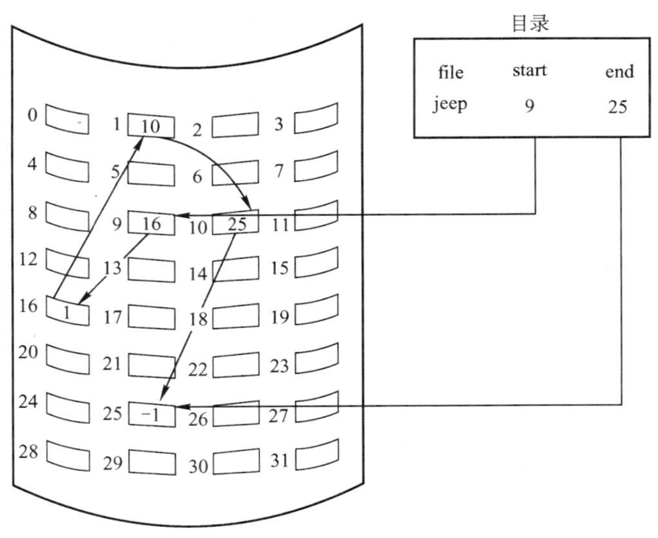

图 4-13　隐式链接分配

显式链接，是指把用于链接文件各物理块的指针，显式地存放在内存的一张链接表中。该表在整个磁盘仅设置一张，每个表项中存放链接指针，即下一个盘块号。在该表中，凡是属于某一文件的第一个盘块号，或者说是每一条链的链首指针所对应的盘块号，均作为文件地址被填入相应文件的 FCB 的“物理地址”字段中。由于查找记录的过程是在内存中进行的，因而不仅显著地提高了检索速度，而且大大减少了访问磁盘的次数。由于分配给文件的所有盘块号都放在该表中，故称该表为**文件分配表**（File Allocation Table，FAT）。

3）**索引分配**。链接分配解决了连续分配的外部碎片和文件大小管理的问题。但是，链接分配不能有效支持直接访问（FAT 除外）。索引分配解决了这个问题，它把每个文件的所有的盘块号都集中放在一起构成**索引块（表）**，如图 4-14 所示。

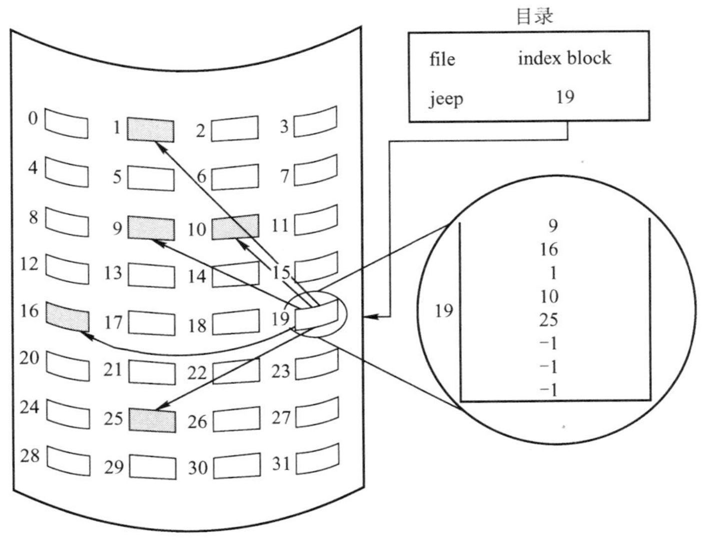

图 4-14　索引分配

每个文件都有其索引块，这是一个磁盘块地址的数组。索引块的第 i 个条目指向文件的第 i 个块。目录条目包括索引块的地址。要读第 i 块，通过索引块的第 i 个条目的指针来查找和读入所需的块。

创建文件时，索引块的所有指针都设为空。当首次写入第 i 块时，先从空闲空间中取得一个块，再将其地址写到索引块的第 i 个条目。索引分配支持直接访问，且没有外部碎片问题。其缺点是由于索引块的分配，增加了系统存储空间的开销。索引块的大小是一个重要的问题，每个文件必须有一个索引块，因此索引块应尽可能小，但索引块太小就无法支持大文件。可以采用以下机制来处理这个问题。

链接方案：一个索引块通常为一个磁盘块，因此，它本身能直接读写。为了处理大文件，可以将多个索引块链接起来。

多层索引：多层索引使第一层索引块指向第二层的索引块，第二层索引块再指向文件块。这种方法根据最大文件大小的要求，可以继续到第三层或第四层。例如，4096B 的块，能在索引块中存入 1024 个 4B 的指针。两层索引允许 1048576 个数据块，即允许最大文件为 4GB。

混合索引：将多种索引分配方式相结合的分配方式。例如，系统既采用直接地址，又采用单级索引分配方式或两级索引分配方式。

表 4-2 是三种分配方式的比较。

表 4-2　文件三种分配方式的比较

	访问第 n 个记录	优　点	缺　点
顺序分配	需访问磁盘 1 次	顺序存取时速度快，当文件是定长时可以根据文件起始地址及记录长度进行随机访问	文件存储要求连续的存储空间，会产生碎片，也不利于文件的动态扩充
链接分配	需访问磁盘 *n* 次	可以解决外存的碎片问题，提高了外存空间的利用率，动态增长较方便	只能按照文件的指针链顺序访问，查找效率低，指针信息存放消耗外存空间
索引分配	*m* 级需访问磁盘 *m*+1 次	可以随机访问，易于文件的增删	索引表增加存储空间的开销，索引表的查找策略对文件系统效率影响较大

此外，访问文件需要两次访问外存——首先要读取索引块的内容，然后再访问具体的磁盘块，因而降低了文件的存取速度。为了解决这一问题，通常将文件的索引块读入内存的缓冲区中，以加快文件的访问速度。

2．文件存储空间管理

1）文件存储器空间的划分与初始化。一般来说，一个文件存储在一个文件卷中。文件卷可以是物理盘的一部分，也可以是整个物理盘，支持超大型文件的文件卷也可以由多个物理盘组成，如图 4-15 所示。

在一个文件卷中，文件数据信息的空间（文件区）和存放文件控制信息 FCB 的空间（目录区）是分离的。由于存在很多种类的文件表示和存放格式，所以现代操作系统中一般都有很多不同的文件管理模块，通过它们可以访问不同格式的逻辑卷中的文件。逻辑卷在提供文件服务前，必须由对应的文件程序进行初始化，划分好目录区和文件区，建立空闲空间管理表格及存放逻辑卷信息的超级块。

2）文件存储器空间管理。文件存储设备分成许多大小相同的物理块，并以块为单位交换信息，因此，文件存储设备的管理实质上是对空闲块的组织和管理，它包括空闲块的组织、分配与回收等问题。

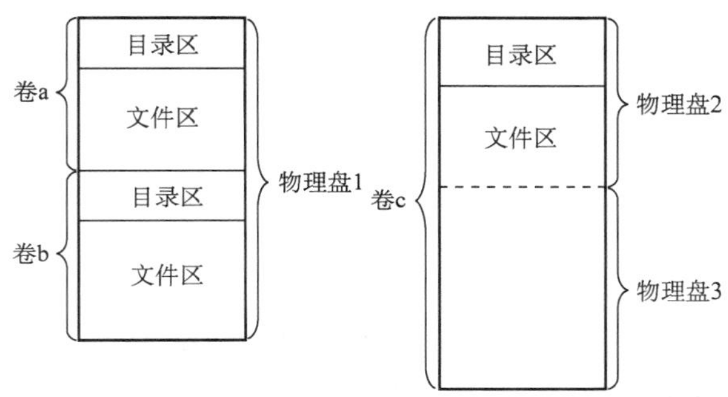

图 4-15　逻辑卷与物理盘的关系

（1）空闲表法

空闲表法属于连续分配方式，它与内存的动态分配方式类似，为每个文件分配一块连续的存储空间。系统为外存上的所有空闲区建立一张空闲盘块表，每个空闲区对应于一个空闲表项，其中包括表项序号、该空闲区第一个盘块号、该区的空闲盘块数等信息。再将所有空闲区按其起始盘块号递增的次序排列，见表 4-3。

表 4-3　空闲盘块表

序号	第一个空闲盘块号	空闲盘块数
1	2	4
2	9	3
3	15	5
4	—	—

空闲盘区的分配与内存的动态分配类似，同样是采用首次适应算法、循环首次适应算法等。例如，在系统为某新创建的文件分配空闲盘块时，先顺序地检索空闲盘块表的各表项，直至找到第一个其大小能满足要求的空闲区，再将该盘区分配给用户，同时修改空闲盘块表。

系统在对用户所释放的存储空间进行回收时，也采取类似于内存回收的方法，即要考虑回收区是否与空闲表中插入点的前区和后区相邻接，对相邻接者应予以合并。

（2）空闲链表法

将所有空闲盘区拉成一条空闲链，根据构成链所用的基本元素不同，可把链表分成两种形式：空闲盘块链和空闲盘区链。

空闲盘块链是将磁盘上的所有空闲空间，以盘块为单位拉成一条链。当用户因创建文件而请求分配存储空间时，系统从链首开始，依次摘下适当的数目的空闲盘块分配给用户。当用户因删除文件而释放存储空间时，系统将回收的盘块依次插入空闲盘块链的末尾。这种方法的优点是分配和回收一个盘块的过程非常简单，但在为一个文件分配盘块时，可能要重复多次操作。

空闲盘区链是将磁盘上的所有空闲盘区（每个盘区可包含若干个盘块）拉成一条链。在每个盘区上除含有用于指示下一个空闲盘区的指针外，还应有能指明本盘区大小（盘块数）的信息。分配盘区的方法与内存的动态分区分配类似，通常采用首次适应算法。在回收盘区时，同样也要将回收区与相邻接的空闲盘区相合并。

（3）位示图法

位示图是利用二进制的一位来表示磁盘中一个盘块的使用情况，磁盘上所有的盘块都有一个二进制位与之对应。当其值为“0”时，表示对应的盘块空闲；当其值为“1”时，表示对应的盘块已分配。位示图法示意如图 4-16 所示。

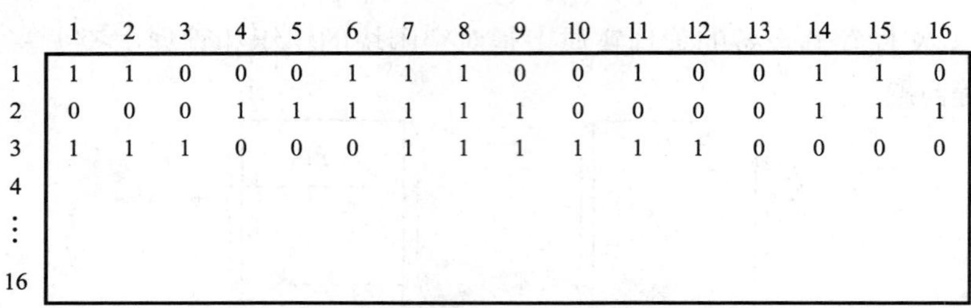

	1	2	3	4	5	6	7	8	9	10	11	12	13	14	15	16
1	1	1	0	0	0	1	1	1	0	0	1	0	0	1	1	0
2	0	0	0	1	1	1	1	1	1	0	0	0	0	1	1	1
3	1	1	1	0	0	0	1	1	1	1	1	1	0	0	0	0
4																
⋮																
16																

图 4-16　位示图示意

盘块的分配：

① 顺序扫描位示图，从中找出一个或一组其值为“0”的二进制位。

② 将所找到的一个或一组二进制位，转换成与之对应的盘块号。假定找到的其值为“0”的二进制位，位于位示图的第 i 行、第 j 列，则其相应的盘块号应按下式计算（n 代表每行的位数）：

$$b=n(i-1)+j$$

③ 修改位示图，令 map[i, j]=1。

盘块的回收：

① 将回收盘块的盘块号转换成位示图中的行号和列号。

转换公式为

$$i=(b-1)\text{DIV } n+1$$
$$j=(b-1)\text{MOD } n+1$$

② 修改位示图，令 map[i, j]=0。

（4）成组链接法

空闲表法和空闲链表法都不适合用于大型文件系统，因为这会使空闲表或空闲链表太大。在 UNIX 系统中采用的是成组链接法，这种方法结合了空闲表和空闲链表两种方法，克服了表太大的缺点。其大致的思想是：把顺序的 n 个空闲扇区地址保存在第一个空闲扇区内，其后一个空闲扇区内则保存另一顺序空闲扇区的地址，如此继续，直至所有空闲扇区均予以链接。系统只需要保存一个指向第一个空闲扇区的指针。假设磁盘最初全为空闲扇区，其成组链接如图 4-17 所示。通过这种方式可以迅速找到大批空闲块地址。

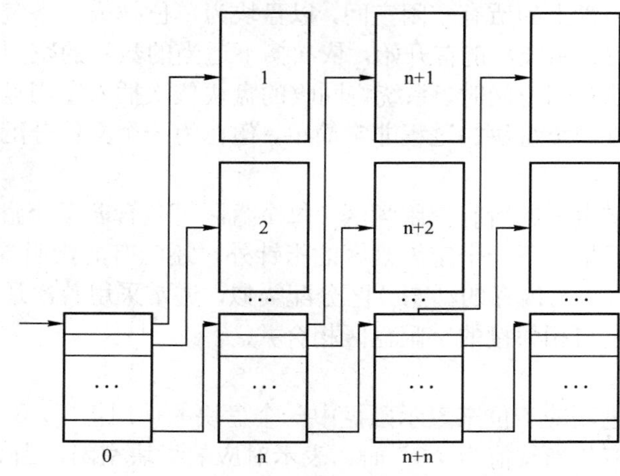

图 4-17　成组链接法示意图

表示文件存储器空闲空间的“位向量”表或第一个成组链块以及卷中的目录区、文件区划分信息都需要存放在辅存储器中，一般放在卷头位置，在 UNIX 系统中称为“超级块”。在对卷中文件进行操作前，“超级块”需要预先读入系统空间的主存，并且经常保持主存“超级块”与辅存卷中“超级块”的一致性。

注意：本书如无特别提示，所使用的位示图法，行和列都是从 1 开始编号。特别注意，如果题目中指明从 0 开始编号（如综合应用 21 题），则上述的计算方法要进行相应调整。

4.2.4　本节习题精选

一、单项选择题

1.【2009 年计算机联考真题】

下列文件物理结构中，适合随机访问且易于文件扩展的是（　　）。

A．连续结构　　B．索引结构

C．链式结构且磁盘块定长　　D．链式结构且磁盘块变长

2.【2010 年计算机联考真题】

设文件索引结点中有 7 个地址项，其中 4 个地址项是直接地址索引，2 个地址项是一级间接地址索引，1 个地址项是二级间接地址索引，每个地址项大小为 4B，若磁盘索引块和磁盘数据块大小均为 256B，则可表示的单个文件最大长度是（　　）。

A．33KB　　B．519KB　　C．1057KB　　D．16516KB

3．以下不适合直接存取的外存分配方式是（　　）。

A．连续分配　　B．链接分配

C．索引分配　　D．以上答案都适合

4．在以下文件的物理结构中，不利于文件长度动态增长的是（　　）。

A．连续结构　　B．链接结构　　C．索引结构　　D．Hash 结构

5．文件系统中若文件的物理结构采用连续结构，则 FCB 中有关文件的物理位置的信息应包括（　　）。

Ⅰ．首块地址　　Ⅱ．文件长度　　Ⅲ．索引表地址

A．只有Ⅰ　　B．Ⅰ、Ⅱ　　C．Ⅱ、Ⅲ　　D．Ⅰ、Ⅲ

6．在磁盘上，最容易导致存储碎片发生的物理文件结构是（　　）。

A．隐式链接　　B．顺序存放　　C．索引存放　　D．显式链接

7．有些操作系统中将文件描述信息从目录项中分离出来，这样做的好处是（　　）。

A．减少读文件时的 I/O 信息量　　B．减少写文件时的 I/O 信息量

C．减少查找文件时的 I/O 信息量　　D．减少复制文件时的 I/O 信息量

8．位示图可用于（　　）。

A．文件目录的查找　　B．磁盘空间的管理

C．主存空间的管理　　D．文件的保密

9．文件系统采用两级索引分配方式。如果每个磁盘块的大小为 1KB，每个盘块号占 4B，则该系统中，单个文件的最大长度是（　　）。

A．64MB　　B．128MB

C．32MB　　D．以上答案都不对

10．一个文件系统中，其 FCB 占 64B，一个盘块大小为 1KB，采用一级目录。假定文件目录中有 3200 个目录项。则查找一个文件平均需要（　　）次访问磁盘。

A．50　　B．54　　C．100　　D．200

11．从下面关于目录检索的论述中，选出一条正确的论述：（　　）。

A．由于 Hash 法具有较快的检索速度，故现代操作系统中都用它来替代传统的顺序检索方法

B．在利用顺序检索法时，对树形目录应采用文件的路径名，且应从根目录开始逐级检索

C．在利用顺序检索法时，只要路径名的一个分量名未找到，便应停止查找

D．在顺序检索法时的查找完成后，即可得到文件的物理地址

12．文件的存储空间管理实质上是对（　　）的组织和管理。

A．文件目录　　B．外存已占用区域

C．外存空闲区　　D．文件控制块

13．若用 8 个字（字长 32 位）组成的位示图管理内存，假定用户归还一个块号为 100 的内存块时，它对应位示图的位置为（　　）。

A．字号为 3，位号为 5　　B．字号为 4，位号为 4

C．字号为 3，位号为 4　　D．字号为 4，位号为 5

14．设有一个记录文件，采用链接分配方式，逻辑记录的固定长度为 100B，在磁盘上存储时采用记录成组分解技术。盘块长度为 512B。如果该文件的目录项已经读入内存，则对第 22 个逻辑记录完成修改后，共启动了磁盘（　　）次。

A．3　　B．4　　C．5　　D．6

15．物理文件的组织方式是由（　　）确定的。

A．应用程序　　B．主存容量　　C．外存容量　　D．操作系统

16．文件系统为每个文件创建一张（　　），存放文件数据块的磁盘存放位置。

A．打开文件表　　B．位图

C．索引表　　D．空闲盘块链表

17．下面关于索引文件的论述中，正确的是（　　）。

A．索引文件中，索引表的每个表项中含有相应记录的关键字和存放该记录的物理地址

B．顺序文件进行检索时，首先从 FCB 中读出文件的第一个盘块号，而对索引文件进行检索时，应先从 FCB 中读出文件索引块的开始地址

C．对于一个具有三级索引的文件，存取一个记录通常要访问三次磁盘

D．在文件较大时，无论是进行顺序存取还是随机存取，通常都是以索引文件方式最快

二、综合应用题

1．简述文件的外存分配中的连续分配、链接分配和索引分配各自主要的优、缺点。

2．在实现文件系统时，为加快文件目录的检索速度，可利用“FCB 分解法”。假设目录文件存放在磁盘上，每个盘块 512B。FCB 占 64B。其中文件名占 8B。通常将 FCB 分解成

两部分，第一部分占 10B（包括文件名和文件内部号），第二部分占 56B（包括文件内部号和文件其他描述信息）。

1）假设某一目录文件共有 254 个 FCB，试分别给出采用分解法前和分解法后，查找该目录文件的某一个 FCB 的平均访问磁盘次数。

2）一般地，若目录文件分解前占用 n 个盘块，分解后改用 m 个盘块存放文件名和文件内部号，请给出访问磁盘次数减少的条件。

3．设某文件为链接文件，由 5 个逻辑记录组成，每个逻辑记录的大小与磁盘块的大小相等，均为 512B，并依次存放在 50、121、75、80、63 号磁盘块上。若要存取文件的第 1569 逻辑字节处的信息，问要访问哪一个磁盘块。

4．【2011 年联考复习指导】

某文件系统为一级目录结构，文件的数据一次性写入磁盘，已写入的文件不可修改，但可多次创建新文件。请回答如下问题。

1）在连续、链式、索引三种文件的数据块组织方式中，哪种更合适？要求说明理由。为定位文件数据块，需要 FCB 中设计哪些相关描述字段？

2）为快速找到文件，对于 FCB，是集中存储好，还是与对应的文件数据块连续存储好？要求说明理由。

5．假定磁盘块的大小为 1KB，对于 540MB 的硬盘，其文件分配吧 FAT 最少需要占用多少存储空间？

6．有一个文件系统如图 4-18 所示。图中的方框表示目录，圆圈表示普通文件。根目录常驻内存，目录文件组织成链接文件，不设 FCB，普通文件组织成索引文件。目录表指示下一级文件名及其磁盘地址（各占 2B，共 4B）。若下级文件是目录文件，指示其第一个磁盘块地址。若下级文件是普通文件，指示其 FCB 的磁盘地址。每个目录的文件磁盘块的最后 4B 供拉链使用。下级文件在上级目录文件中的次序在图中为从左至右。每个磁盘块有 512B，与普通文件的一页等长。

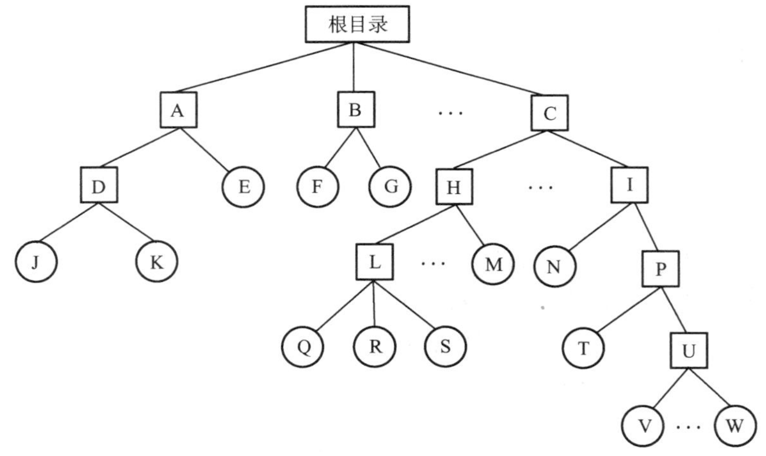

图 4-18　某树形结构文件系统框图

普通文件的 FCB 组织如图 4-19 所示。其中，每个磁盘地址占 2B，前 10 个地址直接指示该文件前 10 页的地址。第 11 个地址指示一级索引表地址，一级索引表中每个磁盘地址指示一个文件页地址；第 12 个地址指示二级索引表地址，二级索引表中每个地址指示一个一级索引表地址；第 13 个地址指示三级索引表地址，三级索引表中每个地址指示一个二级索引表地址。请问：

1）一个普通文件最多可有多少个文件页？

2）若要读文件 J 中的某一页，最多启动磁盘多少次？

3）若要读文件 W 中的某一页，最少启动磁盘多少次？

4）根据 3)，为最大限度减少启动磁盘的次数，可采用什么方法？此时，磁盘最多启动多少次？

	该文件的有关描述信息
1	磁盘地址
2	磁盘地址
3	磁盘地址
⋮	…
11	磁盘地址
12	磁盘地址
13	磁盘地址

图 4-19　FCB 组织

7．在 UNIX 操作系统中，给文件分配外存空间采用的是混合索引分配方式，如图 4-20 所示。UNIX 系统中的某个文件的索引结点指示出了为该文件分配的外存的物理块的寻找方法。在该索引结点中，有 10 个直接块（每个直接块都直接指向一个数据块），有 1 个一级间接块，1 个二级间接块以及 1 个三级间接块，间接块指向的是一个索引块，每个索引块和数据块的大小均为 4KB，而 UNIX 系统中地址所占空间为 4B（指针大小为 4B），假设以下问题都建立在该索引结点已经在内存中的前提下。

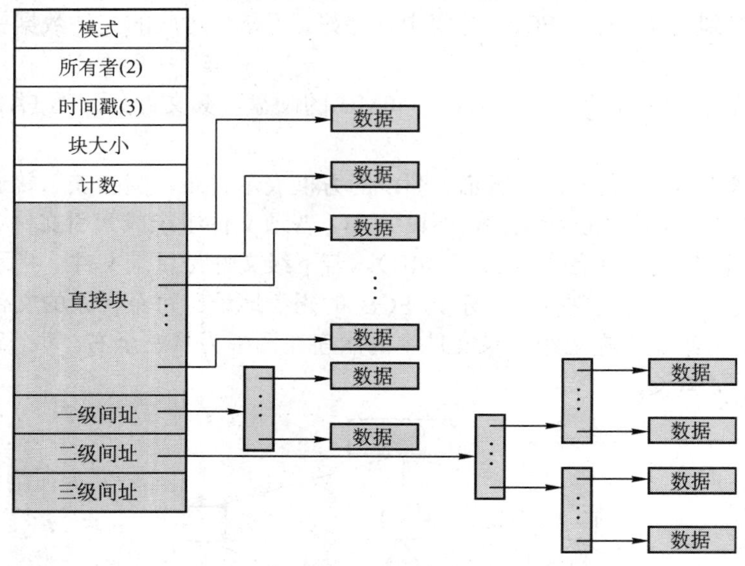

图 4-20　混合索引分配方式

现请回答：

1）文件的大小为多大时可以只用到索引结点的直接块？

2）该索引结点能访问到的地址空间大小总共为多大？（小数点后保留 2 位）

3）若要读取一个文件的第 10000B 的内容，需要访问磁盘多少次？

4）若要读取一个文件的第 10MB 的内容，需要访问磁盘多少次？

8．某文件系统采用多级索引的方式组织文件的数据存放，假定在文件的 i_node 中设有 13 个地址项，其中直接索引 10 项，一次间接索引项 1 项，二次间接索引项 1 项，三次间接索引项 1 项。数据块的大小为 4KB，磁盘地址用 4B 表示，试问：

1）这个文件系统允许的最大文件长度是多少？

2）一个 2GB 大小的文件，在这个文件系统中实际占用多少空间？

9．有一计算机系统利用位示图来管理磁盘文件空间。假定该磁盘组共有 100 个柱面，每个柱面有 20 个磁道，每个磁道分成 8 个盘块（扇区），每个盘块 1KB，位示图如图 4-21 所示。

i\j	0	1	2	3	4	5	6	7	8	9	10	11	12	13	14	15
0	1	1	1	1	1	1	1	1	1	1	1	1	1	1	1	1
1	1	1	1	1	1	1	1	1	1	1	1	1	1	1	1	1
2	1	1	0	1	1	1	1	1	1	1	1	1	1	1	1	1
3	1	1	1	1	1	1	0	1	1	1	1	1	1	0	0	0
4	0	0	0	0	0	0	0	0	0	0	0	0	0	0	0	0
……																

图 4-21　位示图

1）试给出位示图中的位置（i, j）与对应盘块所在的物理位置（柱面号，磁头号，扇区号）之间的计算公式。假定柱面号，磁头号，扇区号都从 0 开始编号。

2）试说明分配和回收一个盘块的过程。

10．假定一个盘组共有 100 个柱面，每个柱面上有 16 个磁道，每个磁道分成 4 个扇区，试问：

1）整个磁盘空间共有多少个存储块？

2）如果用字长 32 位的单元来构造位示图，共需要多少个字？

3）位示图中第 18 个字的第 16 位对应的块号是多少？

11．文件采用多重索引结构搜索文件内容。设块长为 512B，每个块号长 2B，如果不考虑逻辑块号在物理块中所占的位置，分别计算二级索引和三级索引时可寻址的文件最大长度。

12．【2012 年计算机联考真题】

某文件系统空间的最大容量为 4TB（$1TB=2^{40}$），以磁盘块为基本分配单位。磁盘块大小为 1KB。文件控制块（FCB）包含一个 512B 的索引表区。请回答下列问题。

1）假设索引表区仅采用直接索引结构，索引表区存放文件占用的磁盘块号，索引表项中块号最少占多少字节？可支持的单个文件最大长度是多少字节？

2）假设索引表区采用如下结构：第 0~7 字节采用<起始块号，块数>格式表示文件创建时预分配的连续存储空间。其中起始块号占 6B，块数占 2B，剩余 504 字节采用直接索引结构，一个索引项占 6B，则可支持的单个文件最大长度是多少字节？为了使单个文件的长度达到最大，请指出起始块号和块数分别所占字节数的合理值并说明理由。

13．某个文件系统中，外存为硬盘。物理块大小为 512B，有文件 A 包含 598 个记录，每个记录占 255B，每个物理块放 2 个记录。文件 A 所在的目录如图 4-22 所示。

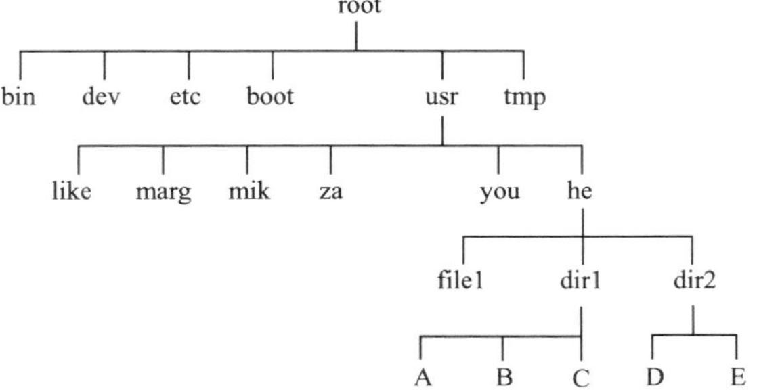

图 4-22　文件 A 所在目录

文件目录采用多级树形目录结构，由根目录结点、作为目录文件的中间结点和作为信息文件的树叶组成，每个目录项占 127B，每个物理块放 4 个目录项，根目录的第一块常驻内存。试问：

1）若文件的物理结构采用链式存储方式，链指针地址占 2B，那么要将文件 A 读入内存，至少需要存取几次硬盘？

2）若文件为连续文件，那么要读文件 A 的第 487 个记录至少要存取几次硬盘？

3）一般为减少读盘次数，可采取什么措施，此时可减少几次存取操作？

4.2.5 答案与解析

一、单项选择题

1．B

文件的物理结构包括连续、链式、索引三种，其中链式结构不能实现随机访问，连续结构的文件不易于扩展。因此随机访问且易于扩展是索引结构的特性。

2．C

每个磁盘索引块和磁盘数据块大小均为 256B，每个磁盘索引块有 256/4=64 个地址项。因此，4 个直接地址索引指向的数据块大小为 4×256B；2 个一级间接索引包含的直接地址索引数为 2×(256/4)，即其指向的数据块大小为 2×(256/4)×256B。1 个二级间接索引所包含的直接地址索引数为(256/4)×(256/4)，即其所指向的数据块大小为(256/4)×(256/4) ×256B。即 7 个地址项所指向的数据块总大小为 4×256+2×(256/4)×256+(256/4)×(256/4)×256=1082368B=1057KB。

3．B

直接存取即为随机存取，采用连续分配和索引分配的文件都适合于直接存取方式，只有采用链接分配的文件不具有随机存取特性。

4．A

要求有连续的存储空间所以必须事先知道文件的大小，然后根据其大小，在存储空间中找出一块大小足够的存储区。但如果文件动态地增长，会使文件所占空间越来越大，即使事先知道文件的最终大小，在采用预分配的存储空间的方法时，也是很低效的，它会使大量的存储空间长期闲置。

5．B

在连续分配方式中为了使系统能找到文件存放的地址，应在目录项的“文件物理地址”字段中，记录该文件第一个记录所在的盘块号和文件长度（以盘块数进行计量）。

6．B

顺序文件占用连续的磁盘空间，容易导致存储碎片（外部碎片）的发生。

7．C

将文件描述信息从目录项中分离，即应用了索引结点的方法，磁盘的盘块中可以存放更多的目录项，查找文件时可以大大减少其 I/O 信息量。

8．B

位示图方法是空闲块管理方法，用于管理磁盘空间。

9．A

每个磁盘块中最多可以有 1MB/4B=256 个索引项，则两级索引分配方式下单个文件的最大长度=256×256×1KB=64MB。

10．C

3200 个目录项占用的盘块数=3200×64B/1KB=200 个。因为一级目录平均访盘次数为 1/2 盘块数（顺序查找目录表中的所有目录项，每个目录项为一个 FCB），所以平均的访问磁盘次数为：200/2=100 次。

11．C

选项 A 中的方法不利于对文件顺序检索，也不利于文件枚举，一般采用线性检索法；选项 B 中，为了加快文件查找速度，可以设立当前目录，于是文件路径可以从当前目录进行查找；选项 D 中，在顺序检索法查找完成后，得到的是文件的逻辑地址。

12．C

文件存储空间管理即文件空闲空间管理。文件管理要解决的重要问题是，如何为创建文件分配存储空间，即如何找到空闲盘块，并对其管理。

13．B

块号为 100 的内存块回收时，其对应的位示图行号 row 和列号 col 分别为：

Row=(100−1) DIV 32+1=4

Col=(100−1) MOD 32+1=4

即字号为 4，位号也为 4。

14．D

第 22 个逻辑记录对应 4（22×100/512=4，余 152）个物理块，即读入第 5 个物理块，由于文件采用的物理结构是链接文件，因此需要从目录项所指的第一个物理块开始读取，依次读到第 4 块才得到第 5 块的物理地址，共启动磁盘 5 次。修改还需要写回操作，由于写回时已获得了该块的物理地址，只需 1 次访问磁盘，故总共需要启动磁盘 6 次。

15．D

通常用户可以根据需要确定文件的逻辑结构，而文件的物理结构是由操作系统的设计者根据文件存储器的特性来确定的，一旦确定，就由操作系统管理。

16．C

打开文件表仅存放已打开文件信息的表，将指名文件的属性从外存拷贝到内存，当再使用该文件时直接返回索引，A 错误。位图和空闲盘块链表是磁盘管理方法，B、D 错误。只有索引表中记录每个文件所存放的盘块地址，C 正确。

17．B

索引表的表项中存放有该记录的逻辑地址；三级索引需要访问四次磁盘；随机存取时，索引文件速度快，顺序存取是以顺序文件方式快。

二、综合应用题

1．解答：

对于连续分配方式，优点是可以随机访问（磁盘），访问速度快；缺点是要求有连续的存储空间，容易产生碎片，降低磁盘空间利用率，并且不利于文件的增长扩充。

对于链接分配方式，优点是不要求连续的存储空间，更有效地利用磁盘空间，并且有利于扩充文件；缺点是只适合顺序访问，不适合随机访问；另外，链接指针占用一定空间，降低了存储效率，可靠性也差。

对于索引分配方式，优点是既支持顺序访问也支持随机访问，查找效率高，便于文件删除；缺点是索引表会占用一定的存储空间。

2．解答：

“FCB 分解法”加快目录检索速度的原理是：目录是存在磁盘上的，所以检索目录的时候需要访问磁盘，速度很慢；而 FCB 分解法将 FCB 的一部分数据分解出去，存放在另一个数据结构中，而在目录中仅留下文件的基本信息和指向该数据结构的指针，这样一来就有效地缩减了目录的体积，减少了目录所占磁盘的块数，于是检索目录时读取磁盘的次数也减少，于是就加快了检索目录的次数。

因为原本整个 FCB 都是在目录中的，而 FCB 分解法将 FCB 的部分内容放在了目录外，所以检索完目录后还需要读取一次磁盘找齐 FCB 的所有内容。

1）分解法前，目录的磁盘块数为 64×254/512=31.75，即 32 块。

所找的目录项在第 1、2、3、…、32 块的所需的磁盘访问次数分别为 1、2、3、…、32 次。所以查找该目录文件的某一个 FCB 的平均访问磁盘次数=（1+2+3+…+32）/32=16.5 次。

分解法后，目录的磁盘块数为 10×254/512=4.96，即 5 块。

所找的目录项在第 1、2、3、4、5 块的所需的磁盘访问次数分别为 2、3、4、5、6 次。所以查找该目录文件的某一个 FCB 的平均访问磁盘次数=(2+3+4+5+6)/5=4 次。

2）分解法前平均访问磁盘次数=$(1+2+3+\cdots+n)/n=n\times(n+1)/2/n=(n+1)/2$ 次。

分解法后平均访问磁盘次数=$(2+3+4+\cdots+(m+1))/m=m\times(m+3)/2/m=(m+3)/2$ 次。

为了使访问磁盘次数减少，显然需要$(m+3)/2<(n+1)/2$，即 $m<n-2$。

3．解答：

因为 1569=512×3+33，所以要访问字节的逻辑记录号为 3，对应的物理磁盘块号为 80，故应访问第 80 号磁盘块。

4．解答：

1）在磁盘中连续存放（采取连续结构），磁盘寻道时间更短，文件随机访问效率更高；在 FCB 中加入的字段为：<起始块号，块数>或者<起始块号，结束块号>。

2）将所有的 FCB 集中存放，文件数据集中存放。这样在随机查找文件名时，只需访问 FCB 对应的块，可减少磁头移动和磁盘 I/O 访问次数。

5．解答：

对于 540MB 的硬盘，硬盘总块数为 540MB/1K=540K 个。

因为 540K 刚好小于 2^{20}，所以文件分配表的每个表目可用 20 位，即 20/8=2.5 字节，这样 FAT 占用的存储空间大小为 2.5B　540K=1350KB。

6．解答：

1）因为磁盘块大小为 512B，所以索引块大小也为 512B，每个磁盘地址大小为 2B。因此，一个一级索引表可容纳 256 个磁盘地址。同样地，一个二级索引表可容纳 256 个一级索引表地址，一个三级索引表可容纳 256 个二级索引表地址。这样，一个普通文件最多可有文件页数为：10+256+256×256+256×256×256=16843018 页。

2）由图 4-18 可知，目录文件 A 和 D 中的目录项都只有两个，因此这两个目录文件都只占用一个物理块。要读文件 J 中的某一页，先从内存的根目录中找到目录文件 A 的磁盘地址，将其读入内存（已访问磁盘 1 次）。然后从目录 A 中找出目录文件 D 的磁盘地址读入内存（已访问磁盘 2 次）。再从目录 D 中找出文件 J 的 FCB 地址读入内存（已访问磁盘 3 次）。在最坏情况下，该访问页存放在三级索引下，这时候需要一级级地读三级索引块才能得到文件 J 的地址（已访问磁盘 6 次）。最后读入文件 J 中的相应页（共访问磁盘 7 次）。所以，若要读文件 J 中的某一页，最多启动磁盘 7 次。

3）由图 4-18 可知，目录文件 C 和 U 的目录项较多，可能存放在多个链接在一起的磁盘块中。在最好情况下，所需的目录项都在目录文件的第一个磁盘块中。先从内存的根目录中找到目录文件 C 的磁盘地址读入内存（已访问磁盘 1 次）。在 C 中找出目录文件 I 的磁盘地址读入内存（已访问磁盘 2 次）。在 I 中找出目录文件 P 的磁盘地址读入内存（已访问磁盘 3 次）。从 P 中找到目录文件 U 的磁盘地址读入内存（已访问磁盘 4 次）。从 U 的第一个磁盘块中找出文件 W 的 FCB 地址读入内存（已访问磁盘 5 次）。在最好情况下，要访问的页在 FCB 的前 10 个直接块中，按照直接块指示的地址读文件 W 的相应页（已访问磁盘 6 次）。所以，若要读文件 W 中的某一页，最少启动磁盘 6 次。

4）为了减少启动磁盘的次数，可以将需要访问的 W 文件挂在根目录的最前面的目录项中。此时，只需读内存中的根目录就可以找到 W 的 FCB，将 FCB 读入内存（已访问磁盘 1 次），最差情况下，需要的 W 文件的那个页挂在 FCB 的三级索引下，那么读 3 个索引块需要访问磁盘 3 次（已访问磁盘 4 次）得到该页的物理地址，再去读这个页即可（已访问磁盘 5 次）。此时，磁盘最多启动 5 次。

7．解答：

1）想要只用到索引结点的直接块，那么这个文件应该能全部在 10 个直接块指向的数据块中放下，而数据块的大小为 4KB，所以该文件大小应该小于等于 4KB×10=40KB，即文件的大小不超过 40KB 时可以只用到索引结点的直接块。

2）只需要算出索引结点指向的所有数据块的块数，再乘以数据块的大小即可。直接块指向的数据块数=10 块。

一级间接块指向的索引块里的指针数=4KB/4B=1024 个，所以一级间接块指向的数据块数=1024 块。

二级间接块指向的索引块里的指针数=4KB/4B=1024 个，指向的索引块里再拥有 4KB/4B=1024 个指针数。所以二级间接块指向的数据块数=$(4KB/4B)^2=1024^2$ 块。

三级间接块指向的数据块数=$(4KB/4B)^3=1024^3$ 块。

所以，该索引结点能访问到的地址空间大小为

$$\left[10+1\times\frac{4KB}{4B}+1\times\left(\frac{4KB}{4B}\right)^2+1\times\left(\frac{4KB}{4B}\right)^3\right]\times 4KB=4100.00GB=4.00TB$$

3）因为 10000B/4KB=2.44，所以第 10000B 的内容存放在第 3 个直接块中，所以若要读取一个文件的第 10000B 的内容，需要访问磁盘 1 次。

4）因为 10MB 的内容需要数据块数=10MB/4KB=2.5×1024（块）。

直接块和一级间接块指向的数据块数=10+(4KB/4B)=1034 块<2.5×1024 块。

直接块和一级间接块以及二级间接块的数据块数=$10+(4KB/4B)+(4KB/4B)^2>1\times1024^2$ 块>2.5×1024 块。

所以第 10MB 数据应该在二级间接块下属的某个数据块中，所以若要读取一个文件的第 10MB 的内容，需要访问磁盘 3 次。

8．解答：

第一问是计算混合索引结构的寻址空间大小，第二问只要计算出存储该文件索引块的大小，然后再加上该文件本身的大小即可。

1）物理块大小为 4KB，数据大小为 4B，则每个物理块可存储地址数为 4KB/4B=1024。最大文件的物理块个数可达 $10+1024+1024^2+1024^3$，每个物理块大小为 4KB，故总长度为：

$$(10+1024+1024^2+1024^3)\times 4KB=40KB+4MB+4GB+4TB$$

这个文件系统允许的最大文件长度是 4TB+4GB+4MB+40KB，约为 4TB。

2）占用空间分为文件实际大小和索引项大小，文件大小为 2GB，从 1)中的计算知，需要使用到二次间接索引项。该文件占用 2GB/4KB=512×1024 个数据块。

一次间接索引项使用了 1 个间接索引块，二次间接索引项使用：

$1+\lceil(512\times1024-10-1024)/1024\rceil\approx512$ 个间接索引块(最左的 1 表示二次间址块)

所以间接索引块所占空间大小为：

$$(1+512)\times 4KB=2MB+4KB$$

另外每个文件使用的 i_node 数据结构占 13×4B=52B，故该文件实际占用磁盘空间大小为 2GB+2MB+4KB+52B。

9．解答：

1）根据位示图的位置(i, j)，得出盘块的序号 b=i×16+j；用 C 表示柱面号，H 表示磁头号，S 表示扇区号。则有：

$$C=b/(20\times8)$$
$$H=(b\%(20\times8))/8$$
$$S=b\%8$$

2）分配：顺序扫描位示图，找出 1 个其值为“0”的二进制位（“0”表示空闲），利用上述公式将其转换成相应的序号 b，并修改位示图，置(i, j)=1；

回收：将回收盘块的盘块号换算成位示图中的 i 和 j，转换公式为：

$$b=C\times20\times8+H\times8+S$$
$$i=b/16，j=b\%16$$

最后将计算出的(i，j)在位示图中置“0”。

10．解答：

1）整个磁盘空间的存储块数目=4×16×100=6400 个。

2）位示图应为 6400 个位，若用字长为 32 位（即 n=32）的单元来构造位示图，则需要 6400/32=200 个字。

3）位示图中第 18 个字的第 16 位（即 i=18，j=16）对应的块号=32×(18-1)+16=560。

11．解答：

由于块长为 512B，每个块号长 2B，因此，一个一级索引表可容纳 256 个磁盘块地址。同样，一个二级索引表可容纳 256 个磁盘块地址，一个三级索引表也可容纳 256 个磁盘块地址。

所以采用二级索引时可寻址的文件最大长度是：

$$256\times256\times512=32(MB)$$

采用三级索引时可寻址的文件最大长度是：

$$256\times256\times256\times512=8(GB)$$

12．解答：

1）文件系统中所能容纳的磁盘块总数为 $4TB/1KB=2^{32}$。要完全表示所有磁盘块，索引项中的块号最少要占 32/8=4B。而索引表区仅采用直接索引结构，故 512B 的索引表区能容纳 512B/4B=128 个索引项。每个索引项对应一个磁盘块，所以该系统可支持的单个文件最大长度是 128×1KB=128KB。

2）这里的考查的分配方式不同于我们所熟悉的三种经典分配方式，但是题目中给出了详细的解释。所求的单个文件最大长度一共包含两部分：预分配的连续空间和直接索引区。

连续区块数占 2B，共可以表示 2^{16} 个磁盘块，即 2^{26}B。直接索引区共 504B/6B=84 个索引项。所以该系统可支持的单个文件最大长度是 2^{26}B+84KB。

为了使单个文件的长度达到最大，应使连续区的块数字段表示的空间大小尽可能接近系统最大容量 4TB。分别设起始块号和块数分别占 4B，这样起始块号可以寻址的范围是 2^{32} 个磁盘块，共 4TB，即整个系统空间。同样的，块数字段可以表示最多 2^{32} 个磁盘块，共 4TB。

13．解答：

1）由于根目录的第一块常驻内存（即 root 所指的/bin、/dev、/etc、/boot 等可直接获得），根目录找到文件 A 需要 5 次读盘。由 255×2+2=512 可知，一个物理块在链式存储结构下可放 2 个记录及下一个物理块地址，而文件 A 共有 598 个记录，故读取 A 的所有记录需读盘次数为 598/2=299（次），所以将文件 A 读到内存至少需读盘 299+5=304（次）。

2）当文件为连续文件时，同样需要 5 次读盘可找到文件 A，且知道文件 A 地址后通过计算只需一次读盘即可读出第 487 记录，所以至少需要 5+1=6（次）读盘。

3）为减少因查找目录而读盘的次数可采用索引结点方法。如果一个目录项占 16B，则一个盘块可存放 512/16=32（个）目录项，与本题一个盘块仅能存放 4 个目录相比，可使因访问目录而读盘的次数减少 1/8。对查找文件的记录而言，可用一个或多个盘块来存放该文件的所有盘块号，即用链接索引方法；一个盘块可存放 512/2-1=255（个）盘块号，留下一个地址用来指向下一个存储盘块号（索引块）的磁盘块号。这样，就本题来说，查找目录时需启动 4 次磁盘。文件 A 共有 299 个盘块，则查找文件 A 某一记录时需两次取得所有盘块号，再需最多两次磁盘即可把 A 中任一记录读入内存。所以，查找一记录最多需要 8 次访盘，而原来的链接方法查找一个记录时，读盘的操作是在 6～304 次之间。

4.3　磁盘组织与管理

4.3.1　磁盘的结构

磁盘（Disk）是由表面涂有磁性物质的金属或塑料构成的圆形盘片，通过一个称为磁头的导体线圈从磁盘中存取数据。在读/写操作期间，磁头固定，磁盘在下面高速旋转。如图 4-23 所示，磁盘的盘面上的数据存储在一组同心圆中，称为**磁道**。每个磁道与磁头一样宽，一个盘面有上千个磁道。磁道又划分为几百个**扇区**，每个扇区固定存储大小（通常为 512B），一个扇区称为一个**盘块**。相邻磁道及相邻扇区间通过一定的间隙分隔开，以避免精度错误。

注意，由于扇区按固定圆心角度划分，所以密度从最外道向里道增加，磁盘的存储能力受限于最内道的最大记录密度。

磁盘安装在一个磁盘驱动器中，它由磁头臂、用于旋转磁盘的主轴和用于数据输入/输出的电子设备组成。如图 4-24 所示，多个盘片垂直堆叠，组成磁盘组，每个盘面对应一个磁头，所有磁头固定在一起，与磁盘中心的距离相同且一起移动。所有盘片上相对位置相同的磁道组成柱面。按照这种物理结构组织，扇区就是磁盘可寻址的最小存储单位，磁盘地址用“柱面号·盘面号·扇区号（或块号）”表示。

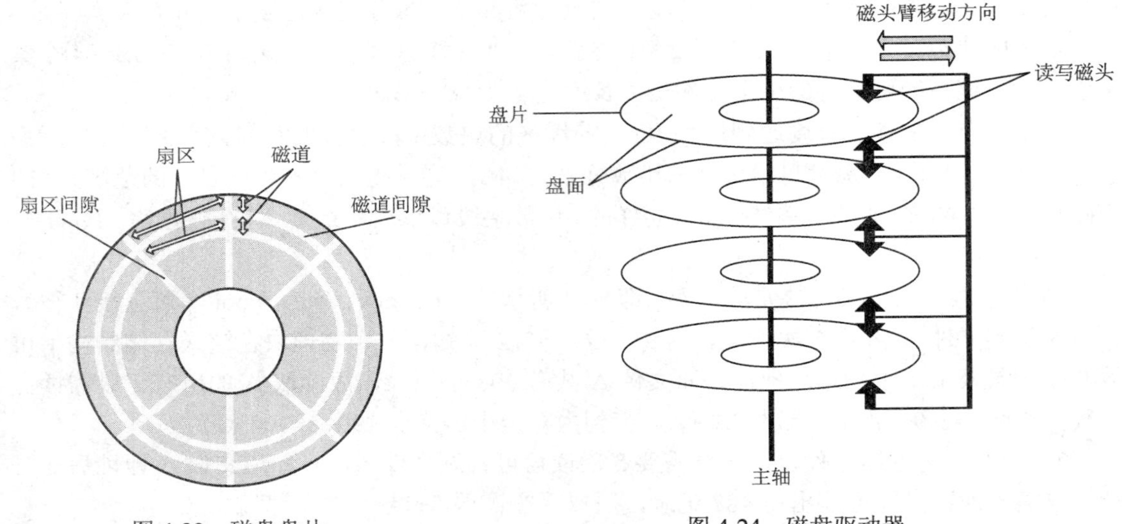

图 4-23　磁盘盘片　　　　图 4-24　磁盘驱动器

磁盘按不同方式可以分为若干类型：磁头相对于盘片的径向方向固定的称为**固定头磁盘**，每个磁道一个磁头；磁头可移动的称为**活动头磁盘**，磁头臂可以来回伸缩定位磁道。磁盘永久固定在磁盘驱动器内的称为**固定盘磁盘**；可移动和替换的称为**可换盘磁盘**。

4.3.2　磁盘调度算法

一次磁盘读写操作的时间由寻找（寻道）时间、延迟时间和传输时间决定：

1）**寻找时间 T_s**：活动头磁盘在读写信息前，将磁头移动到指定磁道所需要的时间。这个时间除跨越 n 条磁道的时间外，还包括启动磁臂的时间 s，即

$$T_s = m \times n + s$$

式中，m 是与磁盘驱动器速度有关的常数，约为 0.2ms，磁臂的启动时间约为 2ms。

2）**延迟时间 T_r**：磁头定位到某一磁道的扇区（块号）所需要的时间，设磁盘的旋转速度为 r，则

$$T_r = \frac{1}{2r}$$

对于硬盘，典型的旋转速度为 5400r/m，相当于一周 11.1ms，则 T_r 为 5.55ms；对于软盘，其旋转速度在 300～600r/m 之间，则 T_r 为 50～100ms。

3）**传输时间 T_t**：从磁盘读出或向磁盘写入数据所经历的时间，这个时间取决于每次所读/写的字节数 b 和磁盘的旋转速度：

$$T_t = \frac{b}{rN}$$

式中，r 为磁盘每秒钟的转数；N 为一个磁道上的字节数。

在磁盘存取时间的计算中，寻道时间与磁盘调度算法相关，下面将会介绍分析几种算法，而延迟时间和传输时间都与磁盘旋转速度相关，且为**线性相关**，所以在硬件上，转速是磁盘性能的一个非常重要的参数。

总平均存取时间 T_a 可以表示为

$$T_a = T_s + \frac{1}{2r} + \frac{b}{rN}$$

虽然这里给出了总平均存取时间的公式，但是这个平均值是没有太大实际意义的，因为在实际的磁盘 I/O 操作中，存取时间与磁盘调度算法密切相关。调度算法直接决定寻找时间，从而决定了总的存取时间。

目前常用的磁盘调度算法有以下几种：

（1）**先来先服务**（First Come First Served，FCFS）算法

FCFS 算法根据进程请求访问磁盘的先后顺序进行调度，这是一种最简单的调度算法，如图 4-25 所示。该算法的优点是具有公平性。如果只有少量进程需要访问，且大部分请求都是访问簇聚的文件扇区，则有望达到较好的性能；但如果有大量进程竞争使用磁盘，那么这种算法在性能上往往接近于随机调度。所以，实际磁盘调度中考虑一些更为复杂的调度算法。

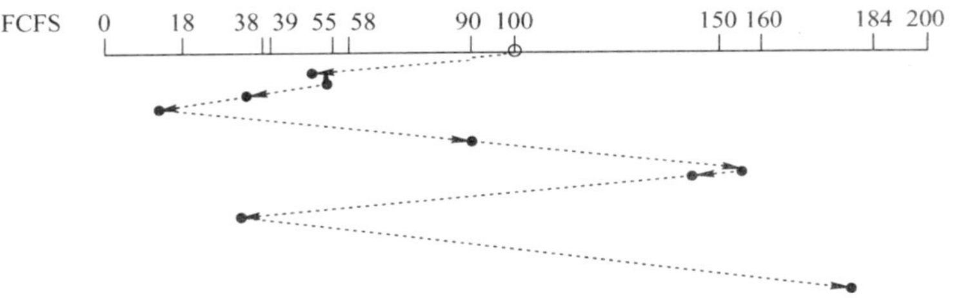

图 4-25 FCFS 磁盘调度算法

例如，磁盘请求队列中的请求顺序分别为 55、58、39、18、90、160、150、38、184，磁头初始位置是 100 磁道，采用 FCFS 算法磁头的运动过程如图 4-25 所示。磁头共移动了 (45+3+19+21+72+70+10+112+146)=498 个磁道，平均寻找长度=498/9=55.3。

（2）**最短寻找时间优先**（Shortest Seek Time First，SSTF）算法

SSTF 算法选择调度处理的磁道是与当前磁头所在磁道距离最近的磁道，以使每次的寻找时间最短。当然，总是选择最小寻找时间并不能保证平均寻找时间最小，但是能提供比 FCFS 算法更好的性能。这种算法会产生“饥饿”现象。如图 4-26 所示，若某时刻磁头正在 18 号磁道，而在 18 号磁道附近频繁地增加新的请求，那么 SSTF 算法使得磁头长时间在 18 号磁道附近工作，将使 184 号磁道的访问被无限期地延迟，即被“饿死”。

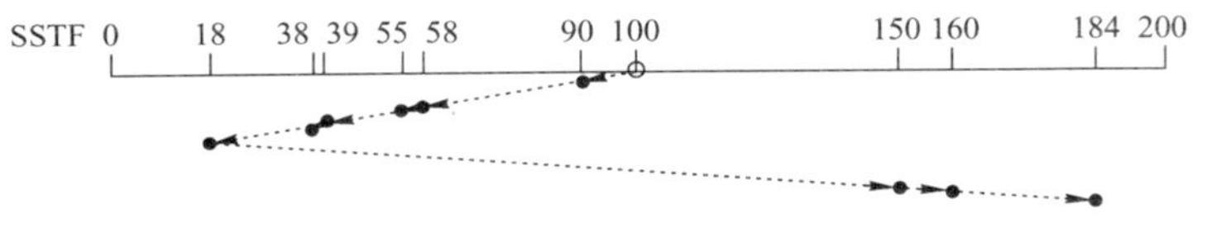

图 4-26 SSTF 磁盘调度算法

例如，磁盘请求队列中的请求顺序分别为 55、58、39、18、90、160、150、38、184，磁头初始位置是 100 磁道，采用 SSTF 算法磁头的运动过程如图 4-26 所示。磁头共移动了(10+32+3+16+1+20+132+10+24)=248 个磁道，平均寻找长度=248/9=27.5。

（3）**扫描（SCAN）算法（又称电梯算法）**

SCAN 算法在磁头当前移动方向上选择与当前磁头所在磁道距离最近的请求作为下一次服务的对象，如图 4-27 所示。由于磁头移动规律与电梯运行相似，故又称为电梯调度算法。SCAN 算法对最近扫描过的区域不公平，因此，它在访问局部性方面不如 FCFS 算法和 SSTF 算法好。

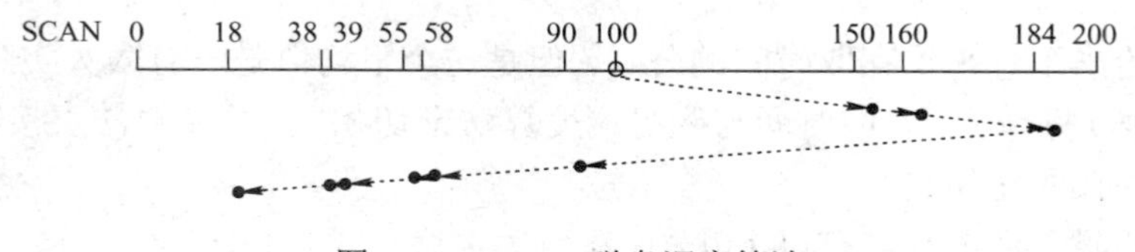

图 4-27　SCAN 磁盘调度算法

例如，磁盘请求队列中的请求顺序分别为 55、58、39、18、90、160、150、38、184，磁头初始位置是 100 磁道。采用 SCAN 算法时，不但要知道磁头的当前位置，还要知道磁头的移动方向，假设磁头沿磁道号增大的顺序移动，则磁头的运动过程如图 4-27 所示。磁头共移动了(50+10+24+94+32+3+16+1+20)=250 个磁道，平均寻找长度=250/9=27.8。

（4）**循环扫描**（Circular SCAN，C-SCAN）算法

在扫描算法的基础上规定磁头单向移动来提供服务，回返时直接快速移动至起始端而不服务任何请求。由于 SCAN 算法偏向于处理那些接近最里或最外的磁道的访问请求，所以使用改进型的 C-SCAN 算法来避免这个问题。

采用 SCAN 算法和 C-SCAN 算法时磁头总是严格地遵循从盘面的一端到另一端，显然，在实际使用时还可以改进，即**磁头移动只需要到达最远端的一个请求即可返回，不需要到达磁盘端点**。这种形式的 SCAN 算法和 C-SCAN 算法称为 **LOOK 和 C-LOOK 调度**。这是因为它们在朝一个给定方向移动前会查看是否有请求。注意，若无特别说明，也可以默认 SCAN 算法和 C-SCAN 算法为 LOOK 和 C-LOOK 调度。

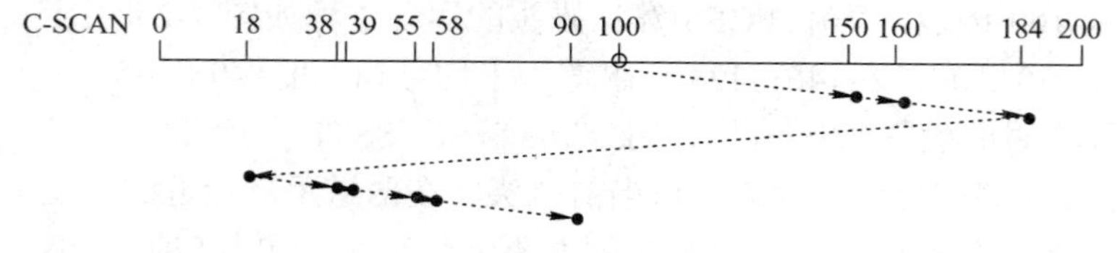

图 4-28　C-SCAN 磁盘调度算法

例如，磁盘请求队列中的请求顺序分别为 55、58、39、18、90、160、150、38、184，磁头初始位置是 100 磁道。采用 C-SCAN 算法时，假设磁头沿磁道号增大的顺序移动，则磁头的运动过程如图 4-28 所示。磁头共移动了(50+10+24+166+20+1+16+3+32)=322 个磁道，平均寻道长度=322/9=35.8。

对比以上几种磁盘调度算法，FCFS 算法太过简单，性能较差，仅在请求队列长度接近于 1 时才较为理想；SSTF 算法较为通用和自然；SCAN 算法和 C-SCAN 算法在磁盘负载较大时比较占优势。它们之间的比较见表 4-4。

表 4-4　磁盘调度算法比较

	优　点	缺　点
FCFS 算法	公平、简单	平均寻道距离大，仅应用在磁盘 I/O 较少的场合
SSTF 算法	性能比"先来先服务"好	不能保证平均寻道时间最短，可能出现"饥饿"现象
SCAN 算法	寻道性能较好，可避免"饥饿"现象	不利于远离磁头一端的访问请求
C-SCAN 算法	消除了对两端磁道请求的不公平	—

除减少寻找时间外，减少延迟时间也是提高磁盘传输效率的重要因素。可以对盘面扇区进行**交替编号**，对磁盘片组中的不同盘面**错位命名**。假设每个盘面有 8 个扇区，磁盘片组共 8 个盘面，则可以采用如图 4-29 所示的编号。

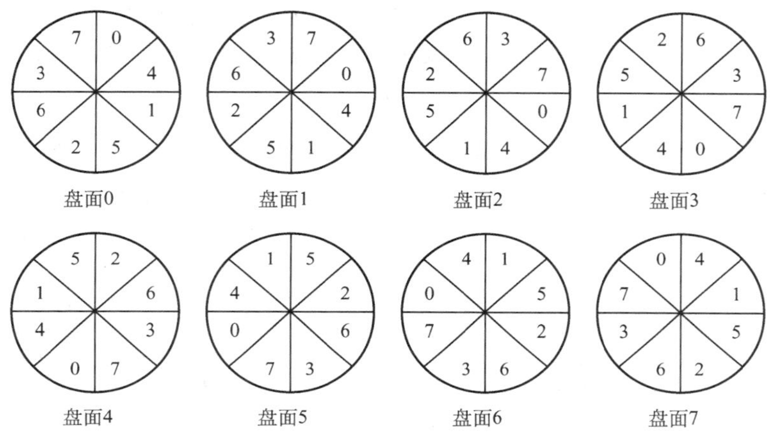

图 4-29　磁盘片组扇区编号

磁盘是连续自转设备，磁头读/写一个物理块后，需要经过短暂的处理时间才能开始读/写下一块。假设逻辑记录数据连续存放在磁盘空间中，若在盘面上按扇区交替编号连续存放，则连续读/写多个记录时能减少磁头的延迟时间；同柱面不同盘面的扇区若能错位编号，连续读/写相邻两个盘面的逻辑记录时也能减少磁头延迟时间。

由于传输时间由磁盘转速决定，所以无法通过其他方法减少传输时间。以图 4-29 为例，在随机扇区访问情况下，定位磁道中的一个扇区平均需要转过 4 个扇区，这时，延迟时间是传输时间的 4 倍，这是一种非常低效的存取方式。理想化的情况是不需要定位而直接连续读取扇区，没有延迟时间，这样磁盘数据存取效率可以成倍提高。但是由于读取扇区的顺序是不可预测的，所以延迟时间不可避免。图 4-29 中的编号方式是读取连续编号扇区时的一种方法。

4.3.3　磁盘的管理

1．磁盘初始化

一个新的磁盘只是一个含有磁性记录材料的空白盘。在磁盘能存储数据之前，它必须分成扇区以便磁盘控制器能进行读和写操作，这个过程称为**低级格式化**（物理分区）。低级格式化为磁盘的每个扇区采用特别的数据结构。每个扇区的数据结构通常由头、数据区域（通常为 512B 大小）和尾部组成。头部和尾部包含了一些磁盘控制器所使用的信息。

为了使用磁盘存储文件，操作系统还需要将自己的数据结构记录在磁盘上：第一步将磁盘分为由一个或多个柱面组成的分区（即我们熟悉的C盘、D盘等形式的分区）；第二步对物理分区进行**逻辑格式化**（创建文件系统），操作系统将初始的文件系统数据结构存储到磁盘上，这些数据结构包括空闲和已分配的空间以及一个初始为空的目录。

2．引导块

计算机启动时需要运行一个初始化程序（**自举程序**），它初始化CPU、寄存器、设备控制器和内存等，接着启动操作系统。为此，该自举程序应找到磁盘上的操作系统内核，装入内存，并转到起始地址，从而开始操作系统的运行。

自举程序通常保存在ROM中，为了避免改变自举代码需要改变ROM硬件的问题，故只在ROM中保留很小的自举装入程序，将完整功能的自举程序保存在磁盘的启动块上，启动块位于磁盘的固定位。拥有启动分区的磁盘称为**启动磁盘**或者**系统磁盘**。

3．坏块

由于磁盘有移动部件且容错能力弱，所以容易导致一个或多个扇区损坏。部分磁盘甚至从出厂时就有坏扇区。根据所使用的磁盘和控制器，对这些块有多种处理方式。

对于简单磁盘，如电子集成驱动器（IDE）。坏扇区可手工处理，如MS-DOS的Format命令执行逻辑格式化时便会扫描磁盘以检查坏扇区。坏扇区在FAT表上会标明，因此程序不会使用。

对于复杂的磁盘，如小型计算机系统接口（SCSI），其控制器维护一个磁盘坏块链表。该链表在出厂前进行低级格式化时就初始化了，并在磁盘的整个使用过程中不断更新。低级格式化将一些块保留作为备用，对操作系统透明。控制器可以用备用块来逻辑地替代坏块，这种方案称为**扇区备用**。

4.3.4 本节习题精选

一、单项选择题

1．磁盘是可共享设备，因此每一时刻（　　）作业启动它。

A．可以由任意多个　　B．能限定多个

C．至少能由一个　　D．至多能由一个

2．存放在磁盘上的文件（　　）。

A．既可随机访问也可顺序访问　　B．只能随机访问

C．只能顺序访问　　D．必须通过操作系统访问

3．用磁带做文件存储介质时，文件只能组织成（　　）。

A．顺序文件　　B．链接文件　　C．索引文件　　D．目录文件

4．既可以随机访问又可顺序访问的有（　　）。

Ⅰ．光盘　　Ⅱ．磁带　　Ⅲ．U盘　　Ⅳ．磁盘

A．Ⅱ、Ⅲ、Ⅳ　　B．Ⅰ、Ⅲ、Ⅳ　　C．Ⅲ、Ⅳ　　D．只有Ⅳ

5．磁盘的读写单位是（　　）。

A．磁道　　B．扇区　　C．簇　　D．字节

6．磁盘调度的目的是为了缩短（　　）时间。

A. 找道　B. 延迟　C. 传送　D. 启动

7. 磁盘上的文件以（　　）为单位读/写。

A. 块　B. 记录　C. 柱面　D. 磁道

8. 在磁盘中读取数据的下列时间中，影响最大的是（　　）。

A. 处理时间　B. 延迟时间　C. 传送时间　D. 寻找时间

9. 在下列有关旋转延迟的叙述中，不正确的是（　　）。

A. 旋转延迟的大小与磁盘调度算法无关

B. 旋转延迟的大小取决于磁盘空闲空间的分配程序

C. 旋转延迟的大小与文件的物理结构有关

D. 扇区数据的处理时间与旋转延迟的影响较大

10. 下列算法中，用于磁盘调度的是（　　）。

A. 时间片轮转调度算法　B. LRU 算法

C. 最短寻找时间优先算法　D. 优先级高者优先算法

11. 以下算法中，（　　）可能出现“饥饿”现象。

A. 电梯调度　B. 最短寻找时间优先

C. 循环扫描算法　D. 先来先服务

12. 在以下算法中，（　　）可能会随时改变磁头的运动方向。

A. 电梯调度　B. 先来先服务

C. 循环扫描算法　D. 以上答案都不会

13. 已知某磁盘的平均转速为 r 秒/转，平均寻找时间为 T 秒，每个磁道可以存储的字节数为 N，现向该磁盘读写 b 字节的数据，采用随机寻道的方法，每道的所有扇区组成一个簇，其平均访问时间是（　　）。

A. $b/N(r+T)$　B. b/NT　C. $(b/N+T)r$　D. $bT/N+r$

14. 设磁盘的转速为 3000r/min，盘面划分为 10 个扇区，则读取一个扇区的时间为（　　）。

A. 20ms　B. 5ms　C. 2ms　D. 1ms

15. 一个磁盘的转速为 7200r/min，每个磁道有 160 个扇区，每扇区有 512B，那么理想情况下，其数据传输率为（　　）。

A. 7200×160KB/s　B. 7200KB/s　C. 9600KB/s　D. 19200KB/s

16.【2009 年计算机联考真题】

假设磁头当前位于第 105 道，正在向磁道序号增加的方向移动。现有一个磁道访问请求序列为 35, 45, 12, 68, 110, 180, 170, 195，采用 SCAN 调度（电梯调度）算法得到的磁道访问序列是（　　）。

A. 110, 170, 180, 195, 68, 45, 35, 12　B. 110, 68, 45, 35, 12, 170, 180, 195

C. 110, 170, 180, 195, 12, 35, 45, 68　D. 12, 35, 45, 68, 110, 170, 180, 195

17. 设一个磁道访问请求序列为 55, 58, 39, 18, 90, 160, 150, 38, 184，磁头的起始位置为 100，若采用 SSTF（最短寻道时间优先）算法，则磁头移动（　　）个磁道。

A. 55　B. 184　C. 200　D. 248

18. 假定磁带记录密度为每英寸（1in=0.0254m）400 字符，每一逻辑记录为 80 字符，块间隙为 0.4 英寸，现有 3000 个逻辑记录需要存储，试计算存储这些记录需要多长的磁带？

磁带利用率是多少？

A．1500 英寸，33.3%　　B．1500 英寸，43.5%

C．1800 英寸，33.3%　　D．1800 英寸，43.5%

二、综合应用题

1．假定有一个磁盘组共有 100 个柱面，每个柱面有 8 个磁道，每个磁道划分成 8 个扇区。现有一个 5000 个逻辑记录的文件，逻辑记录的大小与扇区大小相等，该文件以顺序结构被存放在磁盘组上，柱面、磁道、扇区均从 0 开始编址，逻辑记录的编号从 0 开始，文件信息从 0 柱面、0 磁道、0 扇区开始存放。试问，该文件的 3468 个逻辑记录应存放在哪个柱面的第几个磁道的第几个扇区上？

2．【2010 年计算机联考真题】

假设计算机系统采用 C-SCAN（循环扫描）磁盘调度策略，使用 2KB 的内存空间记录 16384 个磁盘块的空闲状态。

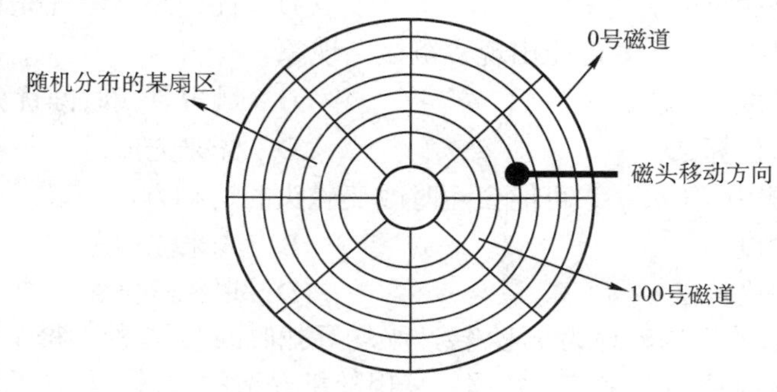

图 4-30　第 2 题图

1）请说明在上述条件下如何进行磁盘块空闲状态的管理。

2）设某单面磁盘旋转速度为 6000r/min，每个磁道有 100 个扇区，相邻磁道间的平均移动时间为 1ms。若在某时刻，磁头位于 100 号磁道处，并沿着磁道号增大的方向移动（见图 4-30），磁道号请求队列为 50、90、30、120，对请求队列中的每个磁道需读取 1 个随机分布的扇区，则读完这 4 个扇区点共需要多少时间？要求给出计算过程。

3）如果将磁盘替换为随机访问的 Flash 半导体存储器（如 U 盘、固态硬盘等），是否有比 C-SCAN 更高效的磁盘调度策略？若有，给出磁盘调度策略的名称并说明理由；若无，说明理由。

3．假设磁盘的每个磁道分成 9 个块，现有一文件有 A，B，…，I 共 9 个记录，每个记录的大小与块的大小相等，设磁盘转速为 27ms/转，每读出一块后需要 2ms 的处理时间。若忽略其他辅助时间，试问：

1）如果顺序存放这些记录顺序读取，处理该文件要多少时间？

2）如果要顺序读取该文件，记录如何存放处理时间最短？

4．假设一个磁盘驱动器有 5000 个柱面，从 0～4999，当前处理的请求在磁道 143 上，上一个完成的请求在磁道 125 上，按 FIFO 顺序排列的未处理的请求队列如下：86, 1470, 913, 1774, 948, 1509, 1022, 1750, 130。为了满足所有的磁盘队列中的请求，从当前位置开始，对下列各种磁盘调度算法计算磁盘臂必须移动的磁道数目。

1）先来先服务（FCFS）算法；

2）最短寻道时间优先（SSTF）算法；

3）扫描（SCAN）算法（又称电梯算法）；

4）循环扫描（C-SCAN）算法。

5．在一个磁盘上，有 1000 个柱面，编号从 0～999，用下面的算法计算为满足磁盘队列中的所有请求，磁盘臂必须移过的磁道的数目。假设最后服务的请求是在磁道 345 上，并且读写头正在朝磁道 0 移动。在按 FIFO 顺序排列的队列中包含了如下磁道上的请求：

123、874、692、475、105、376。

（1）FIFO；（2）SSTF；（3）SCAN；（4）LOOK；（5）C-SCAN；（6）C-LOOK。

6．某软盘有 40 个磁道，磁头从一个磁道移至相邻磁道需要 6ms。文件在磁盘上非连续存放，逻辑上相邻数据块的平均距离为 13 磁道，每块的旋转延迟时间及传输时间分别为 100ms 和 25ms，问读取一个 100 块的文件需要多少时间。如果系统对磁盘进行了整理，让同一文件的磁盘块尽可能靠拢，从而使逻辑上相邻数据块的平均距离降为 2 磁道，这时读取一个 100 块的文件需要多少时间？

7．有一个交叉存放信息的磁盘，信息在其上的存放方法如图 4-31 所示。每个磁道有 8 个扇区，每个扇区 512B，旋转速度为 3000r/min，顺时针读扇区。假定磁头已在读取信息的磁道上，0 扇区转到磁头下需要 1/2 转，且设备对应的控制器不能同时进行输入/输出，在数据从控制器传送至内存的这段时间内，从磁头下通过的扇区数为 2，问依次读出一个磁道上的所有扇区需多少时间？其数据传输速度为多少？

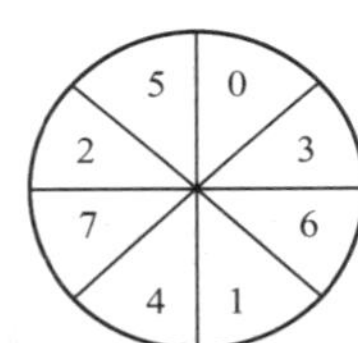

图 4-31　信息存放方法

4.3.5　答案与解析

一、单项选择题

1．D

磁盘是可共享设备（分时共享），是指某一段时间内可以有多个用户进行访问。但某一时刻只能有一个作业可以访问。

2．A

磁盘上的文件存储方式有很多种，所以既有随机访问的存储方式，也有顺序访问的存储方式，取决于具体的分配方式。

3．A

磁带是一种顺序存储设备，用它存储文件时只能采用顺序存储结构。**注意：若允许磁带来回倒带，也可组织为其他的文件形式，本题不作讨论。**

4．B

顺序访问：按从前到后的顺序对数据进行读写操作，如磁带。随机访问，即直接访问，可以按任意的次序对数据进行读写操作，如光盘、磁盘、U 盘等。

5．B

磁盘是以扇区（磁盘块）为单位进行读写，文件也是以块为单位存放于磁盘。**注意，磁盘的分配单位是盘块（块）。**

6. A

磁盘调度是对访问磁道次序的调度，如果没有合适的磁盘调度，寻找时间会大大增加。

7. A

文件以块为单位存放于磁盘，文件的读写也是以块为单位。

8. D

磁盘调度中，对读/写时间影响最大的是寻找时间，寻找过程为机械运动，时间较长，影响较大。

9. D

磁盘调度算法是为了减少寻找时间。扇区数据的处理时间主要影响传输时间。选项 B、C 均与旋转延迟有关，文件的物理结构与磁盘空间的分配方式相对应，包括连续分配、链接分配和索引分配。连续分配的磁盘中文件的物理地址连续；而链接分配方式的磁盘中文件的物理地址不连续，因此与旋转延迟都有关。

10. C

选项 A 是进程调度算法；选项 B 是页面淘汰算法；选项 D 可以用于进程调度和作业调度。只有选项 C 是磁盘调度算法。

11. B

最短寻找时间优先算法中，当新的距离磁头比较近的磁盘访问请求，不断被满足，可能会导致比较远的磁盘访问请求被无限延迟，从而导致“饥饿”现象。

12. B

先来先服务算法根据磁盘请求的时间先后进行调度，因而可能随时改变磁头方向。而电梯调度、循环扫描算法均限制磁头的移动方向。

13. A

将每道的所有扇区组成一个簇，意味着可以将一个磁道的所有存储空间组织成一个数据块组，这样有利于提高存储速度。读写磁盘时，磁头首先找到磁道，称为寻道，然后才可以将信息从磁道里读出来或写进去。读写完一个磁道以后磁头会继续寻找下一个磁道，完成剩余的工作，所以，在随机寻道的情况下，读写一个磁道的时间要包括寻道时间和读写磁道时间，即 $T+r$ 秒。由于总的数据量是 b 字节，它要占用的磁道数为 b/N 个，所以总的平均读写时间为 $b/N(T+r)$秒。

14. C

访问每条磁道的时间 60/3000s=0.02s=20ms，即磁盘旋转一圈的时间为 20ms，每个盘面 10 个扇区，故读取一个扇区的时间为 20/10ms=2ms。

15. C

磁盘的转速为 7200r/min=120r/s，转一圈经过 160 个扇区，每个扇区为 512B，所以数据传输率=120×160×512/1024KB/s=9600KB/s。

16. A

SCAN 算法类似电梯的工作原理。首先，当磁头从 105 道向序号增加的方向移动时，便会按照从小到大的顺序服务所有大于 105 的磁道号（110，170，180，195）；往回移动时又会按照从大到小的顺序进行服务（68，45，35，12）。结果如下图所示。

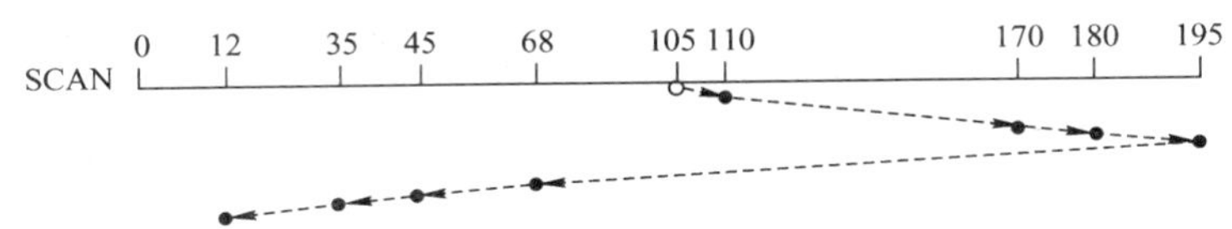

17．D

对 SSTF 算法，寻道序列应为：100, 90, 58, 55, 39, 38, 18, 150, 160, 184；移动磁道次数分别为 10, 32, 3, 16, 1, 20, 132, 10, 24，总数为 248。

18．C

一个逻辑记录所占磁带长度为 80/400=0.2 英寸，故存储 3000 个逻辑记录需要的磁带长度为：(0.2+0.4)×3000=1800 英寸，利用率为：0.2/(0.2+0.4)=33.3%。

二、综合应用题

1．解答：

该磁盘有 8 个盘面，一个柱面大小为 8×8=64 个扇区，即 64 个逻辑记录。由于所有磁头是固定在一起的，因此在存放数据时，先存满扇区，再存满磁道，然后存满柱面。

文件的 3468 个逻辑记录对应的柱面号为 3468/64=54；对应的磁道号为（3468 MOD 64）DIV 8=1；对应的扇区号为（3468 MOD 64）MOD 8=4。

2．解答：

1）用位图表示磁盘的空闲状态。每位表示一个磁盘块的空闲状态，共需要 16 384/32=512 个字=512×4 个字节=2KB，正好可放在系统提供的内存中。

2）采用 C-SCAN 调度算法，访问磁道的顺序和移动的磁道数如下表所示：

被访问的下一个磁道号	移动距离（磁道数）
120	20
30	90
50	20
90	40

移动的磁道数为 20+90+20+40=170，故总的移动磁道时间为 170ms。

由于转速为 6000r/min，则平均旋转延迟为 5ms，总的旋转延迟时间=20ms。

由于转速为 6000r/min，则读取一个磁道上一个扇区的平均读取时间为 0.1ms，总的读取扇区的时间平均读取时间为 0.1ms，总的读取扇区的时间为 0.4ms。

综上，读取上述磁道上所有扇区所花的总时间为 190.4ms。

3）采用先来先服务（FCFS）调度策略更高效。因为 Flash 半导体存储器的物理结构不需要考虑寻道时间和旋转延迟，可直接按 I/O 请求的先后顺序服务。

3．解答：

由题目所给条件可知，磁盘转速为 27ms/转，每磁道存放 9 个记录，因此读出 1 个记录的时间是：27/9=3ms。

1）读出并处理记录 A 需要 5ms，此时读写头已转到了记录 B 的中间，因此为了读出记录 B，必须再转接近一圈（从记录 B 的中间到记录 B）。后续 8 个记录的读取及处理与此相同，但最后一个记录的读取与处理只需要 5ms，于是，处理 9 个记录的总时间为：

$$8\times(27+3)+(3+2)=245(\text{ms})$$

2）由于读出并处理一个记录需要 5ms，当读出并处理记录 A 时，不妨设记录 A 放在第 1 个盘块中，读写头已移到第 2 个盘块的中间，为了能顺序读到记录 B，应将它放到第 3 个盘块中，即应将记录按下表顺序存放：

盘块	1	2	3	4	5	6	7	8	9
记录	A	F	B	G	C	H	D	I	E

这样，处理一个记录并将磁头移到下一个记录的时间是：

3(读出)+2(处理)+1(等待)=6(ms)

所以，处理 9 个记录的总时间为：

6×8+5=53(ms)

4．解答：

1）FCFS：143, 86, 1470, 913, 1774, 948, 1509, 1022, 1750, 130。移动的磁道数目为 7081。

2）SSTF：143, 130, 86, 913, 948, 1022, 1470, 1509, 1750, 1774。移动的磁道数目为 1745。

3）SCAN：143, 913, 948, 1022, 1470, 1509, 1750, 1774, 4999, 130, 86。移动的磁道数目为 9769。

4）C-SCAN：143, 913, 948, 1022, 1470, 1509, 1750, 1774, 4999, 0, 86, 130。移动的磁道数目为 9985。

5．解答：

1）FIFO：移动磁道的顺序为 345、123、874、692、475、105、376。磁盘臂必须移过的磁道的数目为 222+751+182+217+370+271=2013。

2）SSTF：移动磁道的顺序为 345、376、475、692、874、123、105。磁盘臂必须移过的磁道的数目为 31+99+217+182+751+18=1298。

3）SCAN：移动磁道的顺序为 345、123、105、0、376、475、692、874。磁盘臂必须移过的磁道的数目为 222+18+105+376+99+217+182=1219。

4）LOOK：移动磁道的顺序为 345、123、105、376、475、692、874。磁盘臂必须移过的磁道的数目为 222+18+271+99+217+182=1009。

5）C-SCAN：移动磁道的顺序为 345、123、105、0、999、874、692、475、376。磁盘臂必须移过的磁道的数目为 222+18+105+999+125+182+217+99=1967。

6）C-LOOK：移动磁道的顺序为 345、123、105、874、692、475、376。磁盘臂必须移过的磁道的数目为 222+18+769+182+217+99=1507。

6．解答：

磁盘整理前，逻辑上相邻数据块的平均距离为 13 磁道，读一块数据需要的时间为：

13×6+100+25=203(ms)

因此，读取一个 100 块的文件需要时间：

203×100=20300(ms)

磁盘整理后，逻辑上相邻数据块的平均距离为 2 磁道，读一块数据需要的时间为：

2×6+100+25=137(ms)

因此，读取一个 100 块的文件需要时间：

137×100=13700(ms)

7．解答：

从图中可知，信息块之间的间隔为 2 个扇区。由题目所给的条件可知，旋转速度为：3000r/min=50r/s，即 20 ms/r。

读一个扇区需要时间：

$$20/8=2.5(\text{ms})$$

读一个扇区并将扇区数据送入内存需要时间：

$$2.5\times3=7.5(\text{ms})$$

读出一个磁道上所有扇区需要时间：

$$20/2+8\times7.5=70(\text{ms})=0.07(\text{s})$$

每磁道数据量：

$$8\times512=4(\text{KB})$$

数据传输速度为：

$$4\text{KB}/0.07\text{s}=57.1\text{KB/s}$$

所以，依次读出一个磁道上的所有扇区需要 0.07s。其数据传输速度为 57.1KB/s。

4.4　本章疑难点

1．磁盘结构

引导控制块（Boot Control Block）包括系统从该分区引导操作系统所需要的信息。如果磁盘没有操作系统，那么这块的内容为空。它通常为分区的第一块。UFS 称之为**引导块**（Boot Block）；NTFS 称之为**分区引导扇区**（Partition Boot Sector）。

分区控制块（Partition Control Block）包括分区详细信息，如分区的块数、块的大小、空闲块的数量和指针、空闲 FCB 的数量和指针等。UFS 称之为**超级块**（Superblock）；而 NTFS 称之为**主控文件表**（Master File Table）。

2．内存结构

内存分区表包含所有安装分区的信息。

内存目录结构用来保存近来访问过的目录信息。对安装分区的目录，可以包括一个指向分区表的指针。

系统范围的打开文件表，包括每个打开文件的 FCB 复制和其他信息。

单个进程的打开文件表，包括一个指向系统范围内已打开文件表中合适条目和其他信息的指针。

3．文件系统实现概述

为了创建一个文件，应用程序调用逻辑文件系统。逻辑文件系统知道目录结构形式，它将分配一个新的 FCB 给文件，把相应目录读入内存，用新的文件名更新该目录和 FCB，并将结果写回到磁盘。图 4-32 显示了一个典型的 FCB。

文件权限
文件日期（创建，访问，写）
文件所有者，组，ACL
文件大小
文件数据块

图 4-32　典型的 FCB

一旦文件被创建，它就能用于I/O，不过首先要打开文件。调用open将文件名传给文件系统，文件系统根据给定文件名搜索目录结构。部分目录结构通常缓存在内存中以加快目录操作。找到文件后，其FCB复制到系统范围的打开文件表。该表不但存储FCB，也有打开该文件的进程数量的条目。

然后，单个进程的打开文件表中会增加一个条目，并通过指针将系统范围的打开文件表的条目同其他域（文件当前位置的指针和文件打开模式等）相连。调用open返回的是一个指向单个进程的打开文件表中合适条目的指针。所以文件操作都是通过该指针进行。

文件名不必是打开文件表的一部分，因为一旦完成对FCB在磁盘上的定位，系统就不再使用文件名了。对于访问打开文件表的索引，UNIX称之为文件描述符（File Descriptor）；而Windows 2000称之为文件句柄（File Handle）。因此，只要文件没有被关闭，所有文件操作通过打开文件表来进行。

当一个进程关闭文件，就删除一个相应的单个进程打开文件表的条目即目录项，系统范围内打开文件表的打开数也会递减。当打开文件的所有用户都关闭了一个文件时，更新的文件信息会复制到磁盘的目录结构中，系统范围的打开文件表的条目也将删除。

在实际中，系统调用open会首先搜索系统范围的打开文件表以确定某文件是否已被其他进程所使用。如果是，就在单个进程的打开文件表中创建一项，并指向现有系统范围的打开文件表的相应条目。该算法在文件已打开时，能节省大量开销。

4．混合索引分配的实现

混合索引分配已在UNIX系统中采用。在UNIX SystemV的索引结点中，共设置了13个地址项，即iaddr(0)～iaddr(12)，如图4-33所示。在BSD UNIX的索引结点中，共设置了13个地址项，它们都把所有的地址项分成两类，即直接地址和间接地址。

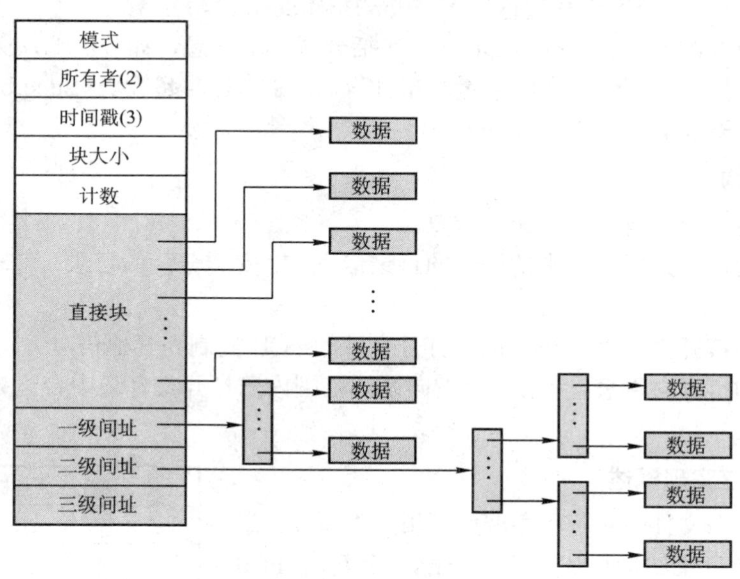

图4-33　UNIX系统的inode结构示意图

（1）直接地址

为了提高对文件的检索速度，在索引结点中可设置10个直接地址项，即用iaddr(0)～

iaddr(9)来存放直接地址。换言之，在这里的每项中所存放的是该文件数据所在盘块的盘块号。假如每个盘块的大小为 4KB，当文件不大于 40KB 时，便可直接从索引结点中读出该文件的全部盘块号。

（2）一次间接地址

对于大、中型文件，只采用直接地址并不现实。可再利用索引结点中的地址项 iaddr(10)来提供一次间接地址。这种方式的实质就是一级索引分配方式。图中的一次间址块也就是索引块，系统将分配给文件的多个盘块号记入其中。在一次间址块中可存放 1024 个盘块号，因而允许文件长达 4MB。

（3）多次间接地址

当文件长度大于 4MB+40KB（一次间址与 10 个直接地址项）时，系统还须采用二次间址分配方式。这时，用地址项 iaddr(11)提供二次间接地址。该方式的实质是两级索引分配方式。系统此时是在二次间址块中记入所有一次间址块的盘号。在采用二次间址方式时，文件最大长度可达 4GB。同理，地址项 iaddr(12)作为三次间接地址，其所允许的文件最大长度可达 4TB。

第5章

输入/输出（I/O）管理

【考纲内容】

（一）I/O 管理概述

1. I/O 控制方式
2. I/O 软件层次结构

（二）I/O 核心子系统

1. I/O 调度概念
2. 高速缓存与缓冲区
3. 设备分配与回收
4. 假脱机技术（SPOOLing）

【真题分布】

年份	单选题/分	综合题/分	考查内容
2009 年	1 题×2	0	I/O 设备的设备标识
2010 年	1 题×2	0	用户与系统接口界面的相关知识
2011 年	2 题×2	0	I/O 请求在驱动程序层的处理流程；设备管理的单缓冲和双缓冲
2012 年	2 题×2	0	中断处理与子程序调用的区别（结合组成）；I/O 子系统的层次结构
2013 年	2 题×2	0	DMA 方式、I/O 中断方式；程序层次（设备处理软件）

【知识框架】

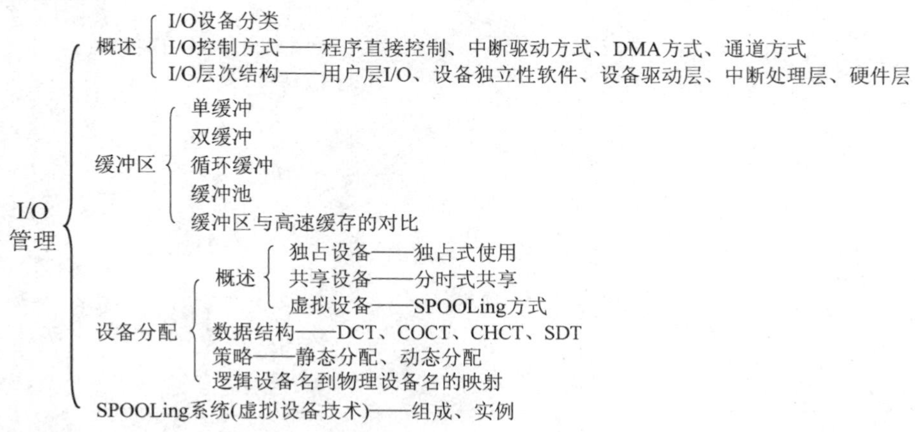

【复习提示】

本章内容较为分散。重点掌握 I/O 设备的基本特性、I/O 子系统的特性、三种 I/O 控制方式、高速缓存与缓冲区、SPOOLing 技术。这部分的很多知识点，如 I/O 方式、设备控制等内容与硬件直接相关，建议结合计算机组成原理中的对应章节一起复习。

5.1　I/O 管理概述

5.1.1　I/O 设备

I/O 设备管理是操作系统设计中最凌乱也最具挑战性的部分。由于它包含了很多领域的不同设备以及与设备相关的应用程序，因此很难有一个通用且一致的设计方案。所以在理解设备管理之前，应该先了解具体的 I/O 设备类型。

计算机系统中的 I/O 设备按**使用特性**可分为以下类型：

1）**人机交互类外部设备**：用于同计算机用户之间交互的设备，如打印机、显示器、鼠标、键盘等。这类设备数据交换速度相对较慢，通常是以字节为单位进行数据交换。

2）**存储设备**：用于存储程序和数据的设备，如磁盘、磁带、光盘等。这类设备用于数据交换，速度较快，通常以多字节组成的块为单位进行数据交换。

3）**网络通信设备**：用于与远程设备通信的设备，如各种网络接口、调制解调器等。其速度介于前两类设备之间。网络通信设备在使用和管理上与前两类设备也有很大不同。

除了上面最常见的分类方法，I/O 设备还可以按以下方法分类：

1．按传输速率分类

1）**低速设备**：传输速率仅为每秒几个到数百个字节的一类设备，如键盘、鼠标等。

2）**中速设备**：传输速率在每秒数千个字节至数万个字节的一类设备，如行式打印机、激光打印机等。

3）**高速设备**：传输速率在数百个千字节至千兆字节的一类设备，如磁带机、磁盘机、光盘机等。

2．按信息交换的单位分类

1）**块设备**：由于信息的存取总是以数据块为单位，所以存储信息的设备称为块设备。它属于有结构设备，如磁盘等。磁盘设备的基本特征是传输速率较高，以及可寻址，即对它可随机地读/写任一块。

2）**字符设备**：用于数据输入/输出的设备为字符设备，因为其传输的基本单位是字符。它属于无结构类型，如交互式终端机、打印机等。它们的基本特征是传输速率低、不可寻址，并且在输入/输出时常采用中断驱动方式。

5.1.2　I/O 控制方式①

设备管理的主要任务之一是控制设备和内存或处理机之间的数据传送，外围设备和内存之间的输入/输出控制方式有四种，下面分别介绍。

1．程序直接控制方式

如图 5-1(a)所示，计算机从外部设备读取数据到存储器，每次读一个字的数据。对读入

① 建议结合《计算机组成原理联考复习指导》第 7 章的内容进行学习。

的每个字，CPU 需要对外设状态进行循环检查，直到确定该字已经在 I/O 控制器的数据寄存器中。在程序直接控制方式中，由于 CPU 的高速性和 I/O 设备的低速性，致使 CPU 的绝大部分时间都处于等待 I/O 设备完成数据 I/O 的循环测试中，造成了 CPU 资源的极大浪费。在该方式中，CPU 之所以要不断地测试 I/O 设备的状态，就是因为在 CPU 中没有采用中断机构，使 I/O 设备无法向 CPU 报告它已完成了一个字符的输入操作。

程序直接控制方式虽然简单易于实现，但是其缺点也是显而易见的，由于 CPU 和 I/O 设备只能串行工作，导致 CPU 的利用率相当低。

2．中断驱动方式

中断驱动方式的思想是，允许 I/O 设备主动打断 CPU 的运行并请求服务，从而“解放”CPU，使得其向 I/O 控制器发送读命令后可以继续做其他有用的工作。如图 5-1b 所示，我们从 I/O 控制器和 CPU 两个角度分别来看中断驱动方式的工作过程：

从 I/O 控制器的角度来看，I/O 控制器从 CPU 接收一个读命令，然后从外围设备读数据。一旦数据读入到该 I/O 控制器的数据寄存器，便通过控制线给 CPU 发出一个中断信号，表示数据已准备好，然后等待 CPU 请求该数据。I/O 控制器收到 CPU 发出的取数据请求后，将数据放到数据总线上，传到 CPU 的寄存器中。至此，本次 I/O 操作完成，I/O 控制器又可开始下一次 I/O 操作。

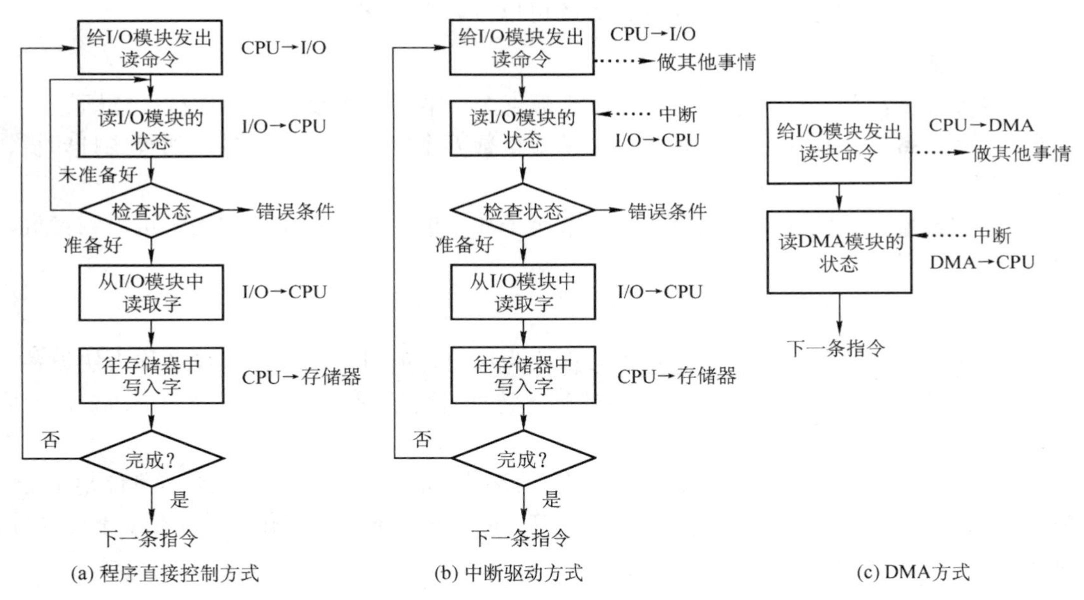

图 5-1　I/O 控制方式

从 CPU 的角度来看，CPU 发出读命令，然后保存当前运行程序的上下文（现场，包括程序计数器及处理机寄存器），转去执行其他程序。在每个指令周期的末尾，CPU 检查中断。当有来自 I/O 控制器的中断时，CPU 保存当前正在运行程序的上下文，转去执行中断处理程序处理该中断。这时，CPU 从 I/O 控制器读一个字的数据传送到寄存器，并存入主存。接着，CPU 恢复发出 I/O 命令的程序（或其他程序）的上下文，然后继续运行。

中断驱动方式比程序直接控制方式有效，但由于数据中的每个字在存储器与 I/O 控制器之间的传输都必须经过 CPU，这就导致了中断驱动方式仍然会消耗较多的 CPU 时间。

3．DMA 方式

在中断驱动方式中，I/O 设备与内存之间的数据交换必须要经过 CPU 中的寄存器，所以速度还是受限，而 DMA（直接存储器存取）方式的基本思想是在 I/O 设备和内存之间开辟直接的数据交换通路，彻底“解放”CPU。DMA 方式的特点是：

1）基本单位是数据块。

2）所传送的数据，是从设备直接送入内存的，或者相反。

3）仅在传送一个或多个数据块的开始和结束时，才需 CPU 干预，整块数据的传送是在 DMA 控制器的控制下完成的。

图 5-2 列出了 DMA 控制器的组成。

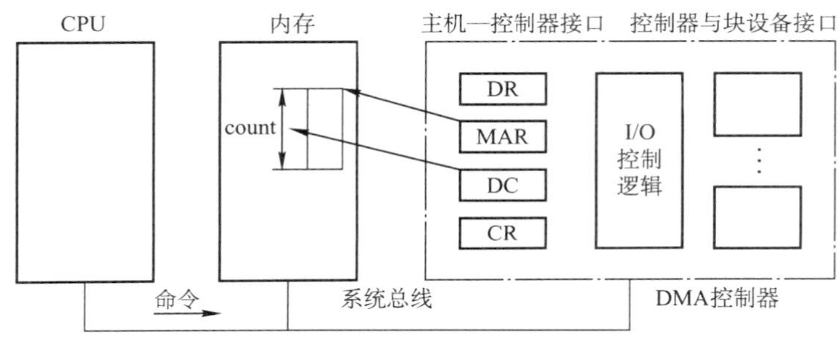

图 5-2　DMA 控制器的组成

为了实现在主机与控制器之间成块数据的直接交换， 必须在 DMA 控制器中设置如下四类寄存器：

1）命令/状态寄存器（CR）：用于接收从 CPU 发来的 I/O 命令或有关控制信息，或设备的状态。

2）内存地址寄存器（MAR）：在输入时，它存放把数据从设备传送到内存的起始目标地址；在输出时，它存放由内存到设备的内存源地址。

3）数据寄存器（DR）：用于暂存从设备到内存，或从内存到设备的数据。

4）数据计数器（DC）：存放本次 CPU 要读或写的字（节）数。

如图 5-1©所示，DMA 方式的工作过程是：CPU 读写数据时，它给 I/O 控制器发出一条命令，启动 DMA 控制器，然后继续其他工作。之后 CPU 就把控制操作委托给 DMA 控制器，由该控制器负责处理。DMA 控制器直接与存储器交互，传送整个数据块，每次传送一个字，**这个过程不需要 CPU 参与**。当传送完成后，DMA 控制器发送一个中断信号给处理器。因此只有在传送开始和结束时才需要 CPU 的参与。

DMA 控制方式与中断驱动方式的主要区别是中断驱动方式在每个数据需要传输时中断 CPU，而 DMA 控制方式则是在所要求传送的一批数据全部传送结束时才中断 CPU；此外，中断驱动方式数据传送是在中断处理时由 CPU 控制完成的，而 DMA 控制方式则是在 DMA 控制器的控制下完成的。

4．通道控制方式

I/O 通道是指专门负责输入/输出的处理机。I/O 通道方式是 DMA 方式的发展，它可以进一步减少 CPU 的干预，即把对一个数据块的读（或写）为单位的干预，减少为对一组数据块的读（或写）及有关的控制和管理为单位的干预。同时，又可以实现 CPU、通道和 I/O 设备三者的并行操作，从而更有效地提高整个系统的资源利用率。

例如，当 CPU 要完成一组相关的读（或写）操作及有关控制时，只需向 I/O 通道发送一条 I/O 指令，以给出其所要执行的通道程序的首地址和要访问的 I/O 设备，通道接到该指令后，通过执行通道程序便可完成 CPU 指定的 I/O 任务，数据传送结束时向 CPU 发中断请求。

I/O 通道与一般处理机的区别是：通道指令的类型单一，没有自己的内存，通道所执行的通道程序是放在主机的内存中的，也就是说通道与 CPU 共享内存。

I/O 通道与 DMA 方式的区别是：DMA 方式需要 CPU 来控制传输的数据块大小、传输的内存位置，而通道方式中这些信息是由通道控制的。另外，每个 DMA 控制器对应一台设备与内存传递数据，而一个通道可以控制多台设备与内存的数据交换。

5.1.3　I/O 子系统的层次结构

I/O 软件涉及的面非常广，往下与硬件有着密切的联系，往上又与用户直接交互，它与进程管理、存储器管理、文件管理等都存在着一定的联系，即它们都可能需要 I/O 软件来实现 I/O 操作。

为了使复杂的 I/O 软件具有清晰的结构，良好的可移植性和适应性，在 I/O 软件中普遍采用了层次式结构，将系统输入/输出功能组织成一系列的层次，每一层都利用其下层提供的服务，完成输入/输出功能中的某些子功能，并屏蔽这些功能实现的细节，向高层提供服务。在层次式结构的 I/O 软件中，只要层次间的接口不变，对某一层次中的软件的修改都不会引起其下层或高层代码的变更，仅最底层才涉及硬件的具体特性。

用户层 I/O 软件
设备独立性软件
设备驱动程序
中断处理程序
硬件

图 5-3　I/O 层次结构

一个比较合理的层次划分如图 5-3 所示。整个 I/O 系统可以看成具有四个层次的系统结构，各层次及其功能如下：

1）**用户层 I/O 软件**：实现与用户交互的接口，用户可直接调用在用户层提供的、与 I/O 操作有关的库函数，对设备进行操作。

一般而言，大部分的 I/O 软件都在操作系统内部，但仍有一小部分在用户层，包括与用户程序链接在一起的库函数，以及完全运行于内核之外的一些程序。用户层软件必须通过一组系统调用来获取操作系统服务。

2）**设备独立性软件**：用于实现用户程序与设备驱动器的统一接口、设备命令、设备保护、以及设备分配与释放等，同时为设备管理和数据传送提供必要的存储空间。

设备独立性也称设备无关性，使得应用程序独立于具体使用的物理设备。为了实现设备独立性而引入了逻辑设备和物理设备这两个概念。在应用程序中，使用逻辑设备名来请求使用某类设备；而在系统实际执行时，必须将逻辑设备名映射成物理设备名使用。

使用逻辑设备名的好处是：①增加设备分配的灵活性；②易于实现 I/O 重定向，所谓 I/O 重定向，是指用于 I/O 操作的设备可以更换（即重定向），而不必改变应用程序。

为了实现设备独立性，必须再在驱动程序之上设置一层设备独立性软件。总的来说，设备独立性软件的主要功能可分以为以下两个方面：

① 执行所有设备的公有操作。包括：对设备的分配与回收；将逻辑设备名映射为物理设备名；对设备进行保护，禁止用户直接访问设备；缓冲管理；差错控制；提供独立于设备的大小统一的逻辑块，屏蔽设备之间信息交换单位大小和传输速率的差异。

② 向用户层（或文件层）提供统一接口。无论何种设备，它们向用户所提供的接口应该是相同的。例如，对各种设备的读/写操作，在应用程序中都统一使用 read/write 命令等。

3）**设备驱动程序**：与硬件直接相关，负责具体实现系统对设备发出的操作指令，驱动 I/O 设备工作的驱动程序。

通常，每一类设备配置一个设备驱动程序，它是 I/O 进程与设备控制器之间的通信程序，常以进程形式存在。设备驱动程序向上层用户程序提供一组标准接口，设备具体的差别被设备驱动程序所封装，用于接收上层软件发来的抽象 I/O 要求，如 read 和 write 命令，转换为具体要求后，发送给设备控制器，控制 I/O 设备工作；它也将由设备控制器发来的信号传送给上层软件。从而为 I/O 内核子系统隐藏设备控制器之间的差异。

4）**中断处理程序**：用于保存被中断进程的 CPU 环境，转入相应的中断处理程序进行处理，处理完并恢复被中断进程的现场后，返回到被中断进程。

中断处理层的主要任务有：进行进程上下文的切换，对处理中断信号源进行测试，读取设备状态和修改进程状态等。由于中断处理与硬件紧密相关，对用户而言，应尽量加以屏蔽，故应放在操作系统的底层，系统的其余部分尽可能少地与之发生联系。

5）**硬件设备**：I/O 设备通常包括一个机械部件和一个电子部件。为了达到设计的模块性和通用性，一般将其分开：电子部件称为设备控制器（或适配器），在个人计算机中，通常是一块插入主板扩充槽的印刷电路板；机械部件则是设备本身。

设备控制器通过寄存器与 CPU 通信，在某些计算机上，这些寄存器占用内存地址的一部分，称为内存映像 I/O；另一些计算机则采用 I/O 专用地址，寄存器独立编址。操作系统通过向控制器寄存器写命令字来执行 I/O 功能。控制器收到一条命令后，CPU 可以转向进行其他工作，而让设备控制器自行完成具体的 I/O 操作。当命令执行完毕后，控制器发出一个中断信号，操作系统重新获得 CPU 的控制权并检查执行结果，此时，CPU 仍旧是从控制器寄存器中读取信息来获得执行结果和设备的状态信息。

设备控制器的主要功能为：

1）接收和识别 CPU 或通道发来的命令，如磁盘控制器能接收读、写、查找等命令。

2）实现数据交换，包括设备和控制器之间的数据传输；通过数据总线或通道，控制器和主存之间的数据传输。

3）发现和记录设备及自身的状态信息，供 CPU 处理使用。

4）设备地址识别。

为实现上述功能，设备控制器（如图 5-4）必须包含以下组成部分：

① 设备控制器与 CPU 的接口。该接口有三类信号线：数据线、地址线和控制线。数据线通常与两类寄存器相连接：数据寄存器（存放从设备送来的输入数据或从 CPU 送来的输出数据）和控制/状态寄存器（存放从 CPU 送来的控制信息或设备的状态信息）。

② 设备控制器与设备的接口。设备控制器连接设备需要相应数量的接口，一个接口连接一台设备。每个接口中都存在数据、控制和状态三种类型的信号。

③ I/O 控制逻辑。用于实现对设备的控制。它通过一组控制线与 CPU 交互，对从 CPU

收到的I/O命令进行译码。CPU启动设备时，将启动命令发送给控制器，同时通过地址线把地址发送给控制器，由控制器的I/O逻辑对地址进行译码，并相应地对所选设备进行控制。

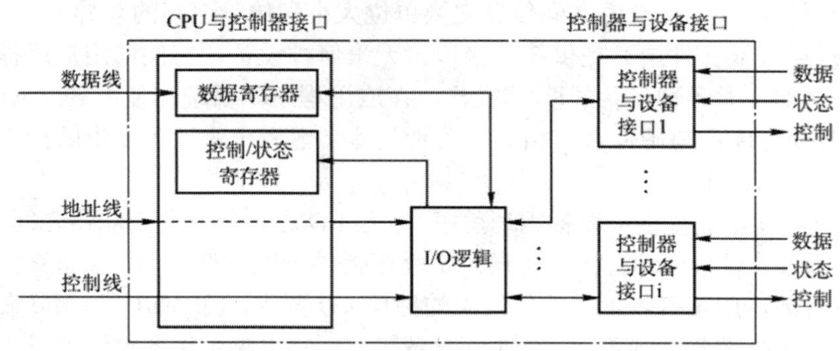

图 5-4　设备控制器的组成

5.1.4　本节习题精选

一、单项选择题

1．以下关于设备属性的叙述中，正确的是（　　）。

A．字符设备的基本特征的可寻址到字节，即能指定输入的源地址或输出的目标地址

B．共享设备必须是可寻址的和可随机访问的设备

C．共享设备是指同一时间内运行多个进程同时访问的设备

D．在分配共享设备和独占设备时都可能引起进程死锁

2．虚拟设备是指（　　）。

A．允许用户使用比系统中具有的物理设备更多的设备

B．允许用户以标准化方式来使用物理设备

C．把一个物理设备变换成多个对应的逻辑设备

D．允许用户程序不必全部装入主存便可使用系统中的设备

3．磁盘设备的I/O控制主要是采取（　　）方式。

A．位　　B．字节　　C．帧　　D．DMA

4．为了便于上层软件的编制，设备控制器通常需要提供（　　）。

A．控制寄存器、状态寄存器和控制命令

B．I/O地址寄存器、工作方式状态寄存器和控制命令

C．中断寄存器、控制寄存器和控制命令

D．控制寄存器、编程空间和控制逻辑寄存器

5．在设备控制器中用于实现对设备控制功能的是（　　）。

A．CPU　　B．设备控制器与处理器的接口

C．I/O逻辑　　D．设备控制器与设备的接口

6．在设备管理中，设备映射表（DMT）的作用是（　　）。

A．管理物理设备　　B．管理逻辑设备

C．实现输入/输出　　D．建立逻辑设备与物理设备的对应关系

7．DMA方式是在（　　）之间建立一条直接数据通路。

A．I/O 设备和主存　B．两个 I/O 设备　C．I/O 设备和 CPU　D．CPU 和主存

8．通道又称 I/O 处理机，它用于实现（　　）之间的信息传输。

A．内存与外设　B．CPU 与外设　C．内存与外存　D．CPU 与外存

9．在操作系统中，（　　）指的是一种硬件机制。

A．通道技术　B．缓冲池

C．SPOOLing 技术　D．内存覆盖技术

10．如果 I/O 设备与存储设备进行数据交换不经过 CPU 来完成，这种数据交换方式是（　　）。

A．程序查询　B．中断方式

C．DMA 方式　D．无条件存取方式

11．计算机系统中，不属于 DMA 控制器的是（　　）。

A．命令/状态寄存器　B．内存地址寄存器

C．数据寄存器　D．堆栈指针寄存器

12．（　　）用做连接大量的低速或中速 I/O 设备。

A．数据选择通道　B．字节多路通道　C．数据多路通道　D．I/O 处理机

13．在下列问题中，（　　）不是设备分配中应考虑的问题。

A．及时性　B．设备的固有属性

C．设备独立性　D．安全性

14．将系统中的每一台设备按某种原则统一进行的编号，这些编号作为区分硬件和识别设备的代号，该编号称为设备的（　　）。

A．绝对号　B．相对号　C．类型号　D．符号

15．关于通道、设备控制器和设备之间的关系，以下叙述中正确的是（　　）。

A．设备控制器和通道可以分别控制设备

B．对于同一组输入/输出命令，设备控制器、通道和设备可以并行工作

C．通道控制设备控制器、设备控制器控制设备工作

D．以上答案都不对

16．有关设备管理的叙述中不正确的是（　　）。

A．通道是处理输入/输出的软件

B．所有设备的启动工作都由系统统一来做

C．来自通道的 I/O 中断事件由设备管理负责处理

D．编制好的通道程序是存放在主存中的

17．【2010 年计算机联考真题】

本地用户通过键盘登录系统时，首先获得键盘输入信息的程序是（　　）。

A．命令解释程序　B．中断处理程序

C．系统调用服务程序　D．用户登录程序

18．I/O 中断是 CPU 与通道协调工作的一种手段，所以在（　　）时，便要产生中断。

A．CPU 执行“启动 I/O”指令而被通道拒绝接收

B．通道接收了 CPU 的启动请求

C．通道完成了通道程序的执行

D. 通道在执行通道程序的过程中

19. 一个计算机系统配置了 2 台绘图机和 3 台打印机，为了正确驱动这些设备，系统应该提供（　　）个设备驱动程序。

A. 5　　B. 3　　C. 2　　D. 1

20. 将系统调用参数翻译成设备操作命令的工作由（　　）完成。

A. 用户层 I/O　　B. 设备无关的操作系统软件

C. 中断处理　　D. 设备驱动程序

21.【2011 年计算机联考真题】

用户程序发出磁盘 I/O 请求后，系统的正确处理流程是（　　）。

A. 用户程序→系统调用处理程序→中断处理程序→设备驱动程序

B. 用户程序→系统调用处理程序→设备驱动程序→中断处理程序

C. 用户程序→设备驱动程序→系统调用处理程序→中断处理程序

D. 用户程序→设备驱动程序→中断处理程序→系统调用处理程序

22.【2012 年计算机联考真题】

操作系统的 I/O 子系统通常由四个层次组成，每一层明确定义了与邻近层次的接口，其合理的层次组织排列顺序是（　　）。

A. 用户级 I/O 软件、设备无关软件、设备驱动程序、中断处理程序

B. 用户级 I/O 软件、设备无关软件、中断处理程序、设备驱动程序

C. 用户级 I/O 软件、设备驱动程序、设备无关软件、中断处理程序

D. 用户级 I/O 软件、中断处理程序、设备无关软件、设备驱动程序

23. 下列关于设备驱动程序的叙述中，正确的是（　　）。

Ⅰ. 与设备相关的中断处理过程是由设备驱动程序完成的

Ⅱ. 由于驱动程序和 I/O 设备紧密相关，必须全部用汇编语言书写

Ⅲ. 磁盘的调度程序是在设备驱动程序中运行的

A. Ⅰ、Ⅲ　　B. Ⅱ、Ⅲ　　C. Ⅰ　　D. 全部正确

24. 一个典型的文本打印页面有 50 行，每行 80 个字符，假定一台标准的打印机每分钟能打印 6 页，向打印机的输出寄存器中写一个字符的时间很短，可忽略不计。如果每打印一个字符都需要花费 50μs 的中断处理时间(包括所有服务)，使用中断驱动 I/O 方式运行这台打印机，中断的系统开销占 CPU 的百分比为（　　）。

A. 2%　　B. 5%　　C. 20%　　D. 50%

二、综合应用题

1. DMA 方式与中断控制方式的主要区别是什么？

2. DMA 方式与通道方式的主要区别是什么？

3. 在一个 32 位 100MHz 的单总线计算机系统中（每 10ns 一个周期），磁盘控制器使用 DMA 以 40MB/s 的速率从存储器中读出数据或者向存储器写入数据。假设计算机在没有被周期挪用的情况下，在每个循环周期中读取并执行一个 32 位的指令。这样做，磁盘控制器使指令的执行速度降低了多少？

4. 某计算机系统中，时钟中断处理程序每次执行时间为 2ms（包括进程切换开销），若

时钟中断频率为 60Hz，试问 CPU 用于时钟中断处理的时间比率为多少？

5．考虑 56kb/s 调制解调器的性能，驱动程序输出一个字符后就阻塞，当一个字符打印完毕后，产生一个中断通知阻塞的驱动程序，输出下一个字符，然后再阻塞。如果发消息、输出一个字符和阻塞的时间总和为 0.1ms，那么由于处理调制解调器而占用的 CPU 时间比率是多少？假设每个字符有一个开始位和一个结束位，共占 10 位。

5.1.5　答案与解析

一、单项选择题

1．B

可寻址是块设备的基本特征，A 选项不正确；共享设备是指一段时间内允许多个进程同时访问的设备，在同一时间内，即对于某一时刻共享设备仍然允许一个进程访问，故 C 选项不正确。分配共享设备是不会引起进程死锁的，D 选项不正确。

2．C

虚拟设备并不允许用户使用更多的物理设备，也与用户使用物理设备的标准化方式有关。允许用户程序不必全部装入主存便可使用系统中的设备，这同样不是虚拟设备考虑的内容，因此选择 C 选项。

3．D

DMA 方式主要用于块设备，磁盘是典型的块设备。

4．A

中断寄存器位于计算机主机；不存在 I/O 地址寄存器；编程空间一般是由体系结构和操作系统共同决定的。控制寄存器和状态寄存器分别用于接收上层发来的命令和存放设备状态信号，是设备控制器与上层的接口；至于控制命令，每一种设备对应的设备控制器都对应一组相应的控制命令，CPU 通过控制命令控制设备控制器。

5．C

接口用来传输信号，I/O 逻辑即设备控制器，用来实现对设备的控制。

6．D

设备映射表中记录了逻辑设备所对应的物理设备，体现了两者的对应关系。对设备映射表来说，不能实现具体的功能以及管理物理设备。

7．A

DMA 是一种不经过 CPU 而直接从主存存取数据的数据交换模式，它在 I/O 设备和主存之间建立了一条直接数据通路，例如磁盘。当然，这条数据通过只是逻辑上的，实际并没有直接建立一条物理线路，而通常是通过总线进行的。

8．A

在设置了通道后，CPU 只需向通道发送一条 I/O 指令。通道在收到该指令后，便从内存中取出本次要执行的通道程序，然后执行该通道程序，仅当通道完成了规定的 I/O 任务后，才向 CPU 发出中断信号。因此通道用于完成内存与外设的信息交换。

9．A

通道是一种特殊的处理器，所以属于硬件技术。SPOOLing、缓冲池、内存覆盖都是在内存基础上通过软件实现的。

10．C

在 DMA 方式中，设备和内存之间可以成批地进行数据交换而不用 CPU 干预，CPU 只参与预处理和结束过程。

11．D

命令/状态寄存器控制 DMA 的工作模式并反映给 CPU 它当前的状态，地址寄存器存放 DMA 作业时的源地址和目标地址，数据寄存器存放要 DMA 转移的数据，只有堆栈指针寄存器不需要在 DMA 控制器中存放。

12．B

字节多路通道，它通常含有许多非分配型子通道，其数量可达几十到几百个，每一个通道连接一台 I/O 设备，并控制该设备的 I/O 操作。这些子通道按时间片轮转方式共享主通道。各个通道循环使用主通道，各个通道每次完成其 I/O 设备的一个字节的交换，然后让出主通道的使用权。这样只要字节多路通道扫描每个子通道的速率足够快，而连接到子通道上的设备的速率不是太高时，便不至于丢失信息。

13．A

设备的固有属性决定了设备的使用方式；设备独立性可以提高设备分配的灵活性和设备的利用率；设备安全性可以保证分配设备时不会导致永久阻塞。设备分配时一般不需要考虑及时性。

14．A

计算机系统为每台设备确定了一个编号以便区分和识别设备，这个确定的编号称为设备的绝对号。

15．C

三者的控制关系是层层递进的，只有 C 选项正确。

16．A

通道为特殊的处理器，所以不属于软件。其他几项均正确。

17．B

键盘是典型的通过中断 I/O 方式工作的外设，当用户输入信息时，计算机响应中断并通过中断处理程序获得输入信息。

18．C

CPU 启动通道时不管启动成功与否，通道都要回答 CPU，通道在执行通道程序的过程中，CPU 与通道并行，当通道完成了通道程序的执行，便发 I/O 中断向 CPU 报告。

19．C

因为绘图机和打印机属于两种不同类型的设备，系统只要按设备类型配置设备驱动程序即可，即每类设备只需 1 个设备驱动程序。

20．B

系统调用命令是操作系统提供给用户程序的通用接口，不会因为具体设备的不同而改变。而设备驱动程序负责执行操作系统发出的 I/O 命令，它因设备不同而不同。

21．B

输入/输出软件一般从上到下分为四个层次：用户层、与设备无关的软件层、设备驱动程序以及中断处理程序。与设备无关的软件层也就是系统调用的处理程序。

当用户使用设备时，首先在用户程序中发起一次系统调用，操作系统的内核接到该调用请求后请求调用处理程序进行处理，再转到相应的设备驱动程序，当设备准备好或所需数据到达后设备硬件发出中断，将数据按上述调用顺序逆向回传到用户程序中。

22．A

考查内容同上题。设备管理软件一般分为四个层次：用户层、与设备无关的系统调用处理层、设备驱动程序以及中断处理程序。

22．A

设备驱动程序的底层部分在发生中断时调用以进行中断处理，I 正确。由于驱动程序与硬件紧密相关，其中一部分必须由汇编语言书写，其他部分可以用高级语言书写，II 错误。驱动程序与硬件紧密相关，而不同厂家生产的磁盘有很大差异的，调度程序也不相同，因此具体的调度程序应在驱动程序中运行，III正确。

23．A

这台打印机每分钟打印 50×80×6=24000(个)字符，即每秒打印 400 个字符。每个字符打印中断需要占用 CPU 时间 50μs，所以在每秒用于中断的系统开销为 400×50μs=20ms。如果使用中断驱动 I/O，那么 CPU 剩余的 980ms 可用于其他处理，中断的开销占 CPU 的 2%。因此，使用中断驱动 I/O 方式运行这台打印机是有意义的。

二、综合应用题

1．解答：

DMA 控制方式与中断控制方式的主要区别为：

1）中断控制方式在每个数据传送完成后中断 CPU，而 DMA 控制方式则是在所要求传送的一批数据全部传送结束时中断 CPU。

2）中断控制方式的数据传送在中断处理时由 CPU 控制完成，而 DMA 控制方式则是在 DMA 控制器的控制下完成。不过，在 DMA 控制方式中，数据传送的方向、存放数据的内存始址及传送数据的长度等仍然由 CPU 控制。

3）DMA 方式以存储器为核心，中断控制方式以 CPU 为核心。因此 DMA 方式更能与 CPU 并行工作。

4）DMA 方式传输批量的数据，中断控制方式传输则以字节为单位。

2．解答：

在 DMA 控制方式中，在 DMA 控制器控制下设备和主存之间可以成批地进行数据交换而不用 CPU 干预，这样既减轻了 CPU 的负担，也大大提高了 I/O 数据传送的速度。通道控制方式与 DMA 控制方式类似，也是一种以内存为中心实现设备与内存直接交换数据的控制方式。不过在通道控制方式中，CPU 只需发出启动指令，指出通道相应的操作和 I/O 设备，该指令就可以启动通道并使通道从内存中调出相应的通道程序执行。与 DMA 控制方式相比，通道控制方式所需的 CPU 干预更少，并且一个通道可以控制多台设备，进一步减轻 CPU 的负担。另外，对通道来说，可以使用一些指令灵活改变通道程序，这点 DMA 控制方法无法做到。

3．解答：

在 32 位单总线的系统中，磁盘控制器使用 DMA 传输数据的速率为 40MB/s，即每 100ns 传输 4B（32 位）的数据。控制器每读取 10 个指令就挪用 1 个周期。因此，磁盘控制器使指令的执行速度降低了 10%。

4．解答：

时钟中断频率为 60Hz，故中断周期为 1/60s，每个时钟周期中用于中断处理的时间为 2ms，故比率为 0.002/(1/60)=12%。

5．解答：

因为一个字符占 10 位，因此在 56kbit/s 的速率下，每秒传送：56000/10 = 5600 个字符，即产生 5600 次中断。每次中断需 0.1ms，故处理调制解调器占用 CPU 时间总共为 5600×0.1ms =560ms，占 56%CPU 时间。

5.2 I/O 核心子系统

5.2.1 I/O 子系统概述

由于 I/O 设备种类繁多，功能和传输速率差异巨大，需要多种方法来进行设备控制。这些方法共同组成了操作系统内核的 I/O 子系统，它将内核的其他方面从繁重的 I/O 设备管理中解放出来。I/O 核心子系统提供的服务主要有：I/O 调度、缓冲与高速缓存、设备分配与回收、假脱机、设备保护和差错处理等。

5.2.2 I/O 调度概念

I/O 调度就是确定一个好的顺序来执行这些 I/O 请求。应用程序所发布的系统调用的顺序不一定总是最佳选择，所以需要 I/O 调度来改善系统整体性能，使进程之间公平地共享设备访问，减少 I/O 完成所需要的平均等待时间。

操作系统开发人员通过为每个设备维护一个请求队列来实现调度。当一个应用程序执行阻塞 I/O 系统调用时，该请求就加到相应设备的队列上。I/O 调度会重新安排队列顺序以改善系统总体效率和应用程序的平均响应时间。

I/O 子系统还可以使用主存或磁盘上的存储空间的技术，如缓冲、高速缓冲、假脱机等，来改善计算机效率。

5.2.3 高速缓存与缓冲区

1．磁盘高速缓存（Disk Cache）

操作系统中使用磁盘高速缓存技术来提高磁盘的 I/O 速度，对高速缓存复制的访问要比原始数据访问更为高效。例如，正在运行的进程的指令既存储在磁盘上，也存储在物理内存上，也被复制到 CPU 的二级和一级高速缓存中。

不过，磁盘高速缓存技术不同于通常意义下的介于 CPU 与内存之间的小容量高速存储器，而是指利用内存中的存储空间来暂存从磁盘中读出的一系列盘块中的信息。因此，磁盘高速缓存在**逻辑上**属于磁盘，**物理上**则是驻留在内存中的盘块。

高速缓存在内存中分为两种形式：一种是在内存中开辟一个单独的存储空间作为磁盘高速缓存，大小固定；另一种是把未利用的内存空间作为一个缓冲池，供请求分页系统和磁盘 I/O 时共享。

2．缓冲区（Buffer）

在设备管理子系统中，引入缓冲区的目的主要有：

1）缓和 CPU 与 I/O 设备间速度不匹配的矛盾。

2）减少对 CPU 的中断频率，放宽对 CPU 中断响应时间的限制。

3）解决基本数据单元大小（即数据粒度）不匹配的问题。

4）提高 CPU 和 I/O 设备之间的并行性。

其实现方法有：

1）采用硬件缓冲器，但由于成本太高，除一些关键部位外，一般不采用硬件缓冲器。

2）采用缓冲区（位于内存区域）。

根据系统设置缓冲器的个数，缓冲技术可以分为：

1）**单缓冲**：在设备和处理机之间设置一个缓冲区。设备和处理机交换数据时，先把被交换数据写入缓冲区，然后需要数据的设备或处理机从缓冲区取走数据。

如图 5-5 所示，在块设备输入时，假定从磁盘把一块数据输入到缓冲区的时间为 T，操作系统将该缓冲区中的数据传送到用户区的时间为 M，而 CPU 对这一块数据处理的时间为 C。由于 T 和 C 是可以并行的，当 $T>C$ 时，系统对每一块数据的处理时间为 $M+T$，反之则为 $M+C$，故可把系统对每一块数据的处理时间表示为 $\text{Max}(C, T)+M$。

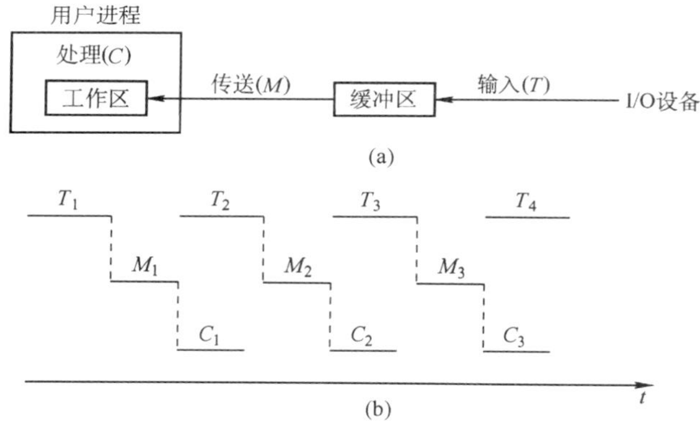

图 5-5　单缓冲工作示意图

2）**双缓冲**：根据单缓冲的特点，CPU 在传送时间 M 内处于空闲状态，由此引入双缓冲。I/O 设备输入数据时先装填到缓冲区 1，在缓冲区 1 填满后才开始装填缓冲区 2，与此同时处理机可以从缓冲区 1 中取出数据放入用户进程处理，当缓冲区 1 中的数据处理完后，若缓冲区 2 已填满，则处理机又从缓冲区 2 中取出数据放入用户进程处理，而 I/O 设备又可以装填缓冲区 1。双缓冲机制提高了处理机和输入设备的并行操作的程度。

如图 5-6 所示，系统处理一块数据的时间可以粗略地认为是 $\text{Max}(C, T)$。如果 $C<T$，可使块设备连续输入（图中所示情况）；如果 $C>T$，则可使 CPU 不必等待设备输入。对于字符设备，若采用行输入方式，则采用双缓冲可使用户在输入完第一行之后，在 CPU 执行第一行中的命令的同时，用户可继续向第二缓冲区输入下一行数据。而单缓冲情况下则必须等待一行数据被提取完毕才可输入下一行的数据。

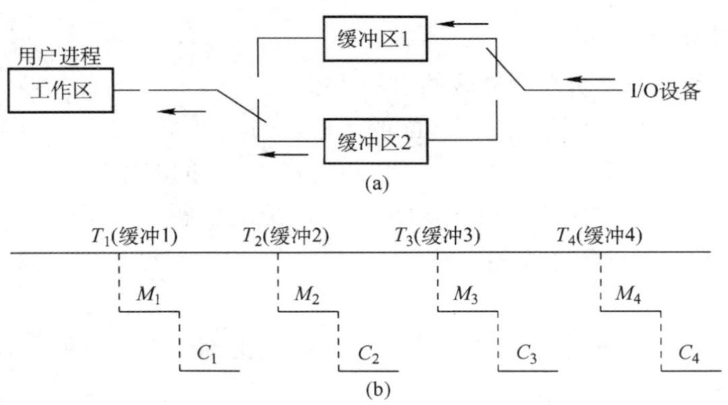

图 5-6　双缓冲工作示意图

如果两台机器之间通信仅配置了单缓冲，如图 5-7(a)所示。那么，它们在任一时刻都只能实现单方向的数据传输。例如，只允许把数据从 A 机传送到 B 机，或者从 B 机传送到 A 机，而绝不允许双方同时向对方发送数据。为了实现双向数据传输，必须在两台机器中都设置两个缓冲区，一个用做发送缓冲区，另一个用做接收缓冲区，如图 5-7(b)所示。

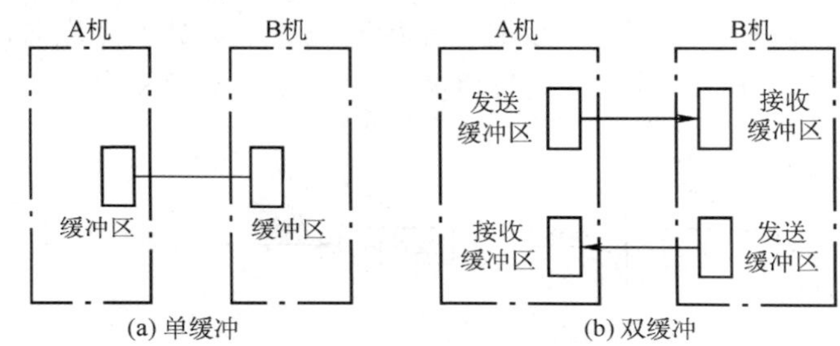

图 5-7　双机通信时缓冲区的设置

3）**循环缓冲**：包含多个大小相等的缓冲区，每个缓冲区中有一个链接指针指向下一个缓冲区，最后一个缓冲区指针指向第一个缓冲区，多个缓冲区构成一个环形。

循环缓冲用于输入/输出时，还需要有两个指针 in 和 out。对输入而言，首先要从设备接收数据到缓冲区中，in 指针指向可以输入数据的第一个空缓冲区；当运行进程需要数据时，从循环缓冲区中取一个装满数据的缓冲区，并从此缓冲区中提取数据，out 指针指向可以提取数据的第一个满缓冲区。输出则正好相反。

4）**缓冲池**：由多个系统公用的缓冲区组成，缓冲区按其使用状况可以形成三个队列：空缓冲队列、装满输入数据的缓冲队列（输入队列）和装满输出数据的缓冲队列（输出队列）。还应具有四种缓冲区：用于收容输入数据的工作缓冲区、用于提取输入数据的工作缓冲区、用于收容输出数据的工作缓冲区及用于提取输出数据的工作缓冲区，如图 5-8 所示。

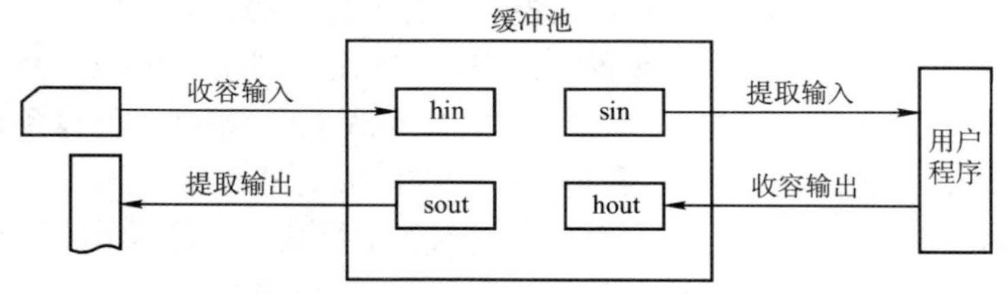

图 5-8　缓冲区的工作方式

当输入进程需要输入数据时，便从空缓冲队列的队首摘下一个空缓冲区，把它作为收容输入工作缓冲区，然后把输入数据输入其中，装满后再将它挂到输入队列队尾。当计算进程需要输入数据时，便从输入队列取得一个缓冲区作为提取输入工作缓冲区，计算进程从中提取数据，数据用完后再将它挂到空缓冲队列尾。当计算进程需要输出数据时，便从空缓冲队列的队首取得一个空缓冲区，作为收容输出工作缓冲区，当其中装满输出数据后，再将它挂到输出队列队尾。当要输出时，由输出进程从输出队列中取得一个装满输出数据的缓冲区，作为提取输出工作缓冲区，当数据提取完后，再将它挂到空缓冲队列的队尾。

3．高速缓存与缓冲区的对比

高速缓存是可以保存数据拷贝的高速存储器，访问高速缓存比访问原始数据更高效，速度更快。其对比见表 5-1。

表 5-1　高速缓存和缓冲区的对比

		高速缓存	缓冲区
相同点		都是介于高速设备和低速设备之间	
区别	存放数据	存放的是低速设备上的某些数据的复制数据，也就是高速缓存上有的低速设备上面必然有	存放的是低速设备传递给高速设备的数据（或者是高速设备传送给低速设备的数据），而这些数据在低速设备（或者高速设备）却不一定有备份，这些数据在从缓存区传送到高速设备（或者低速设备）
	目的	高速缓存存放的是高速设备经常要访问的数据，如果高速设备要访问的数据不在高速缓存中，高速设备就需要访问低速设备	高速设备和低速设备的通信都要经过缓存区，高速设备永远不会直接去访问低速设备

5.2.4　设备分配与回收

1．设备分配概述

设备分配是指根据用户的 I/O 请求分配所需的设备。分配的总原则是充分发挥设备的使用效率，尽可能地让设备忙碌，又要避免由于不合理的分配方法造成进程死锁。从设备的特性来看，采用下述三种使用方式的设备分别称为独占设备、共享设备和虚拟设备三类。

1）**独占式使用设备**。指在申请设备时，如果设备空闲，就将其独占，不再允许其他进程申请使用，一直等到该设备被释放才允许其他进程申请使用。例如，打印机，在使用它打印时，只能独占式使用，否则在同一张纸上交替打印不同任务的内容，无法正常阅读。

2）**分时式共享使用设备**。独占式使用设备时，设备利用率很低，当设备没有独占使用的要求时，可以通过分时共享使用，提高利用率。例如，对磁盘设备的 I/O 操作，各进程的每次 I/O 操作请求可以通过分时来交替进行。

3）**以 SPOOLing 方式使用外部设备**。SPOOLing 技术是在批处理操作系统时代引入的，即假脱机 I/O 技术。这种技术用于对设备的操作，实质上就是对 I/O 操作进行批处理。

2．设备分配的数据结构

设备分配依据的主要数据结构有设备控制表（DCT）、控制器控制表（COCT）、通道控制表（CHCT）和系统设备表（SDT），各数据结构功能如下：

设备控制表 DCT：系统为每一个设备配置一张 DCT，如图 5-9 所示。它用于记录设备的特性以及与 I/O 控制器连接的情况。DCT 包括设备标识符、设备类型、设备状态、指向控制器控制表COCT的指针等。其中，设备状态指示设备是忙还是空闲，设备队列指针指向等待使用该设备的进程组成的等待队列，控制表指针指向与该设备相连接的设备控制器。

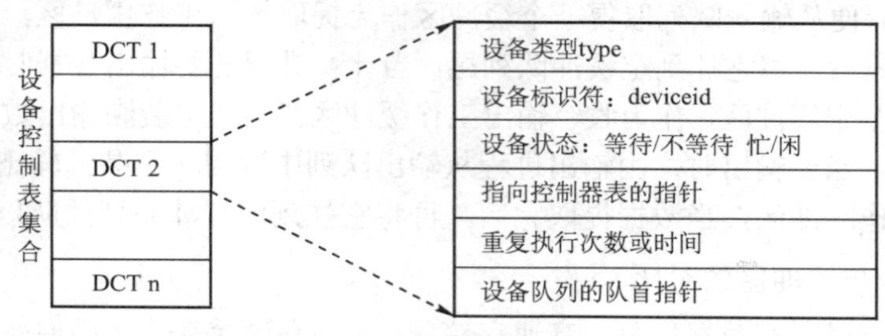

图5-9 设备控制表

控制器控制表COCT：每个控制器都配有一张COCT，如图5-10a所示。它反映设备控制器的使用状态以及和通道的连接情况等。

通道控制表CHCT：每个通道配有一张CHCT，如图5-10b所示。

系统设备表SDT：整个系统只有一张SDT，如图5-10c所示。它记录已连接到系统中的所有物理设备的情况，每个物理设备占一个表目。

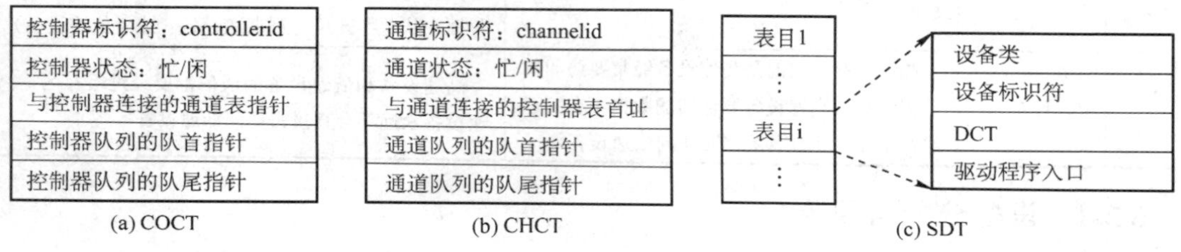

图5-10 COCT、CHCT和SDT

由于在多道程序系统中，进程数多于资源数，会引起资源的竞争。因此，要有一套合理的分配原则，主要考虑的因素有：I/O设备的固有属性，I/O设备的分配算法，设备分配的安全性以及设备独立性。

3．设备分配的策略

1）设备分配原则：设备分配应根据设备特性、用户要求和系统配置情况。分配的总原则既要充分发挥设备的使用效率，又要避免造成进程死锁，还要将用户程序和具体设备隔离开。

2）设备分配方式：设备分配方式有静态分配和动态分配两种：

静态分配主要用于对独占设备的分配，它在用户作业开始执行前，由系统一次性分配该作业所要求的全部设备、控制器（和通道）。一旦分配后，这些设备、控制器（和通道）就一直为该作业所占用，直到该作业被撤销。静态分配方式不会出现死锁，但设备的使用效率低。因此，静态分配方式并不符合分配的总原则。

动态分配是在进程执行过程中根据执行需要进行。当进程需要设备时，通过系统调用命令向系统提出设备请求，由系统按照事先规定的策略给进程分配所需要的设备、I/O控制器，一旦用完之后，便立即释放。动态分配方式有利于提高设备的利用率，但如果分配算法使用不当，则有可能造成进程死锁。

3）设备分配算法：常用的动态设备分配算法有先请求先分配、优先级高者优先等。

对于独占设备，既可以采用动态分配方式也可以静态分配方式，往往采用静态分配方式，即在作业执行前，将作业所要用的这一类设备分配给它。共享设备可被多个进程所共享，一般采用动态分配方式，但在每个 I/O 传输的单位时间内只被一个进程所占有，通常采用先请求先分配和优先级高者先分的分配算法。

4．设备分配的安全性

设备分配的安全性是指设备分配中应防止发生进程死锁。

1）安全分配方式：每当进程发出 I/O 请求后便进入阻塞状态，直到其 I/O 操作完成时才被唤醒。这样，一旦进程已经获得某种设备后便阻塞，不能再请求任何资源，而且在它阻塞时也不保持任何资源。优点是设备分配安全；缺点是 CPU 和 I/O 设备是串行工作的（对同一进程而言）。

2）不安全分配方式：进程在发出 I/O 请求后继续运行，需要时又发出第二个、第三个 I/O 请求等。仅当进程所请求的设备已被另一进程占用时，才进入阻塞状态。优点是一个进程可同时操作多个设备，从而使进程推进迅速；缺点是这种设备分配有可能产生死锁。

5．逻辑设备名到物理设备名的映射

为了提高设备分配的灵活性和设备的利用率、方便实现 I/O 重定向，因此引入了设备独立性。设备独立性是指应用程序独立于具体使用的物理设备。

为了实现设备独立性，在应用程序中使用逻辑设备名来请求使用某类设备，在系统中设置一张逻辑设备表（Logical Unit Table，LUT），用于将逻辑设备名映射为物理设备名。LUT 表项包括逻辑设备名、物理设备名和设备驱动程序入口地址；当进程用逻辑设备名来请求分配设备时，系统为它分配相应的物理设备，并在 LUT 中建立一个表项，以后进程再利用逻辑设备名请求 I/O 操作时，系统通过查找 LUT 来寻找相应的物理设备和驱动程序。

在系统中可采取两种方式建立逻辑设备表：

1）在整个系统中只设置一张 LUT。这样，所有进程的设备分配情况都记录在这张表中，故不允许有相同的逻辑设备名，主要适用于单用户系统中。

2）为每个用户设置一张 LUT。当用户登录时，系统便为该用户建立一个进程，同时也为之建立一张 LUT，并将该表放入进程的 PCB 中。

5.2.5　SPOOLing 技术（假脱机技术）

为了缓和 CPU 的高速性与 I/O 设备低速性之间的矛盾而引入了脱机输入/输出技术。该技术是利用专门的外围控制机，将低速 I/O 设备上的数据传送到高速磁盘上；或者相反。SPOOLing 的意思是外部设备同时联机操作，又称为假脱机输入/输出操作，是操作系统中采用的一项将独占设备改造成共享设备的技术。

SPOOLing 系统组成如图 5-11 所示。

1．输入井和输出井

在磁盘上开辟出的两个存储区域。输入井模拟脱机输入时的磁盘，用于收容 I/O 设备输入的数据。输出井模拟脱机输出时的磁盘，用于收容用户程序的输出数据。

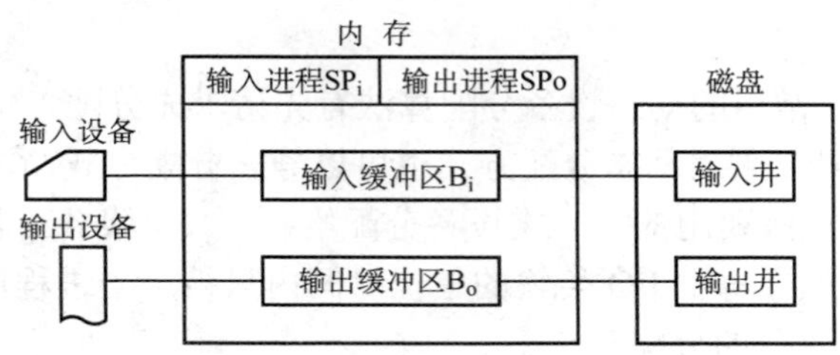

图 5-11 SPOOLing 系统的组成

2．输入缓冲区和输出缓冲区

在内存中开辟的两个缓冲区。输入缓冲区用于暂存由输入设备送来的数据，以后再传送到输入井。输出缓冲区用于暂存从输出井送来的数据，以后再传送到输出设备。

3．输入进程和输出进程

输入进程模拟脱机输入时的外围控制机，将用户要求的数据从输入机通过输入缓冲区再送到输入井。当 CPU 需要输入数据时，直接将数据从输入井读入内存。输出进程模拟脱机输出时的外围控制机，把用户要求输出的数据先从内存送到输出井，待输出设备空闲时，再将输出井中的数据经过输出缓冲区送到输出设备。

共享打印机是使用 SPOOLing 技术的一个实例，这项技术已被广泛地用于多用户系统和局域网络中。当用户进程请求打印输出时，SPOOLing 系统同意为它打印输出，但并不真正立即把打印机分配给该用户进程，而只为它做两件事：

1）由输出进程在输出井中为之申请一个空闲磁盘块区，并将要打印的数据送入其中。

2）输出进程再为用户进程申请一张空白的用户请求打印表，并将用户的打印要求填入其中，再将该表挂到请求打印队列上。

SPOOLing 系统的主要特点有：提高了 I/O 的速度；将独占设备改造为共享设备；实现了虚拟设备功能。

5.2.6 本节习题精选

一、单项选择题

1．以下（　　）不属于设备管理数据结构。

A．PCB　　B．DCT　　C．COCT　　D．CHCT

2．设备的独立性是指（　　）。

A．设备独立于计算机系统

B．系统对设备的管理是独立的

C．用户编程时使用的设备与实际使用的设备无关

D．每一台设备都有一个唯一的编号

3．下列（　　）不是设备的分配方式。

A．独享分配　　B．共享分配　　C．虚拟分配　　D．分区分配

4．下面设备中属于共享设备的是（　　）。

A．打印机　　B．磁带机

C．磁盘　　D．磁带机和磁盘

5.【2009 年计算机联考真题】

程序员利用系统调用打开 I/O 设备时，通常使用的设备标识是（　　）。

A．逻辑设备名　　B．物理设备名　　C．主设备号　　D．从设备号

6．引入高速缓冲的主要目的是（　　）。

A．提高 CPU 的利用率

B．提高 I/O 设备的利用率

C．改善 CPU 与 I/O 设备速度不匹配的问题

D．节省内存

7.【2012 年计算机联考真题】

下列选项中，不能改善磁盘设备 I/O 性能的是（　　）。

A．重排 I/O 请求次序　　B．在一个磁盘上设置多个分区

C．预读和滞后写　　D．优化文件物理块的分布

8．为了使并发进程能有效地进行输入和输出，最好采用（　　）结构的缓冲技术。

A．缓冲池　　B．循环缓冲　　C．单缓冲　　D．双缓冲

9．在采用 SPOOLing 技术的系统中，用户的打印结果首先被送到（　　）。

A．磁盘固定区域　　B．内存固定区域

C．终端　　D．打印机

10．缓冲技术中的缓冲池在（　　）中。

A．主存　　B．外存　　C．ROM　　D．寄存器

11．设从磁盘将一块数据传送到缓冲区所用时间为 80μs，将缓冲区中数据传送到用户区所用时间为 40μs，CPU 处理一块数据所用时间为 30μs。如果有多块数据需要处理，并采用单缓冲区传送某磁盘数据，则处理一块数据所用总时间为（　　）。

A．120μs　　B．110μs　　C．150μs　　D．70μs

12．某操作系统采用双缓冲区传送磁盘上的数据。设从磁盘将数据传送到缓冲区所用时间为 $T1$，将缓冲区中数据传送到用户区所用时间为 $T2$（假设 $T2$ 远小于 $T1$），CPU 处理数据所用时间为 $T3$，则处理该数据，系统所用总时间为（　　）。

A．$T1+T2+T3$　　B．$\mathrm{MAX}(T2, T3)+T1$

C．$\mathrm{MAX}(T1, T3)+T2$　　D．$\mathrm{MAX}(T1, T2+T3)$

13．如果 I/O 所花费的时间比 CPU 的处理时间短得多，则缓冲区（　　）。

A．最有效　　B．几乎无效

C．均衡　　D．以上答案都不对

14.【2011 年计算机联考真题】

某文件占 10 个磁盘块，现要把该文件磁盘块逐个读入主存缓冲区，并送用户区进行分析，假设一个缓冲区与一个磁盘块大小相同，把一个磁盘块读入缓冲区的时间为 100μs，将缓冲区的数据传送到用户区的时间是 50μs，CPU 对一块数据进行分析的时间为 50μs。在单缓冲区和双缓冲区结构下，读入并分析完该文件的时间分别是（　　）。

A．1500μs、1000μs　　B．1550μs、1100μs

C．1550μs、1550μs　　D．2000μs、2000μs

15．缓冲区管理着重要考虑的问题是（　　）。

A．选择缓冲区的大小　　B．决定缓冲区的数量
C．实现进程访问缓冲区的同步　　D．限制进程的数量

16．考虑单用户计算机上的下列 I/O 操作，需要使用缓冲技术的是（　　）。
Ⅰ．图形用户界面下使用鼠标
Ⅱ．在多任务操作系统下的磁带驱动器（假设没有设备预分配）
Ⅲ．包含用户文件的磁盘驱动器
Ⅳ．使用存储器映射 I/O，直接和总线相连的图形卡
A．Ⅰ、Ⅲ　　B．Ⅱ、Ⅳ　　C．Ⅱ、Ⅲ、Ⅳ　　D．全选

17．提高单机资源利用率的关键技术是（　　）。
A．SPOOLing 技术　　B．虚拟技术
C．交换技术　　D．多道程序设计技术

18．虚拟设备是靠（　　）技术来实现的。
A．通道　　B．缓冲　　C．SPOOLing　　D．控制器

19．SPOOLing 技术的主要目的是（　　）。
A．提高 CPU 和设备交换信息的速度　　B．提高独占设备的利用率
C．减轻用户编程负担　　D．提供主、辅存接口

20．采用 SPOOLing 技术的计算机系统，外围计算机需要（　　）。
A．一台　　B．多台　　C．至少一台　　D．0 台

21．SPOOLing 系统由下列程序组成（　　）。
A．预输入程序、井管理程序和缓输出程序
B．预输入程序、井管理程序和井管理输出程序
C．输入程序、井管理程序和输出程序
D．预输入程序、井管理程序和输出程序

22．在 SPOOLing 系统中，用户进程实际分配到的是（　　）。
A．用户所要求的外设　　B．外存区，即虚拟设备
C．设备的一部分存储区　　D．设备的一部分空间

23．下面关于 SPOOLing 系统的说法中，正确的说法是（　　）。
A．构成 SPOOLing 系统的基本条件是有外围输入机与外围输出机
B．构成 SPOOLing 系统的基本条件是要有大容量、高速度的硬盘作为输入井和输出井
C．当输入设备忙时，SPOOLing 系统中的用户程序暂停执行，待 I/O 空闲时在被唤醒执行输出操作
D．SPOOLing 系统中的用户程序可以随时将输出数据送到输出井中，待输出设备空闲时再由 SPOOLing 系统完成数据的输出操作

24．在关于 SPOOLing 的叙述中，（　　）描述是不正确的。
A．SPOOLing 系统中不需要独占设备
B．SPOOLing 系统加快了作业执行的速度
C．SPOOLing 系统使独占设备变成共享设备
D．SPOOLing 系统提高了独占设备的利用率

25．（　　）是操作系统中采用的以空间换取时间的技术。

A．SPOOLing 技术　　B．虚拟存储技术

C．覆盖与交换技术　　D．通道技术

26．采用假脱机技术，将磁盘的一部分作为公共缓冲区以代替打印机，用户对打印机的操作实际上是对磁盘的存储操作，用以代替打印机的部分由（　　）完成。

A．独占设备　　B．共享设备

C．虚拟设备　　D．一般物理设备

27．下面关于独占设备和共享设备的说法中不正确的是（　　）。

A．打印机、扫描仪等属于独占设备

B．对独占设备往往采用静态分配方式

C．共享设备是指一个作业尚未撤离，另一个作业即可使用，但每一时刻只有一个作业使用

D．对共享设备往往采用静态分配方式

28．在采用 SPOOLing 技术的系统中，用户的打印数据首先被送到（　　）。

A．磁盘固定区域　　B．内存固定区域　　C．终端　　D．打印机

二、综合应用题

1．用于设备分配的数据结构有哪些？它们之间的关系是什么？

2．输入/输出软件一般分为四个层次：用户层、与设备无关的软件层、设备驱动程序和中断处理程序。请说明以下各工作是在哪一层完成的：

1）为磁盘读操作计算磁道、扇区和磁头；

2）向设备寄存器写命令；

3）检查用户是否有权使用设备；

4）将二进制证书转换成 ASCII 码以便打印。

3．一个串行线能以最大 50000B/s 的速度接收输入。数据平均输入速率是 20000B/s。如果用轮询来处理输入，不管是否有输入数据，轮询例程都需要 3μs 来执行。在下一个字节到达之前未从控制器中取走的字节将丢失。那么最大的安全的轮询时间间隔是多少？

4．在某系统中，从磁盘将一块数据输入到缓冲区需要花费的时间为 T，CPU 对一块数据进行处理的时间为 C，将缓冲区的数据传送到用户区所花时间为 M，那么在单缓冲和双缓冲情况下，系统处理大量数据时，一块数据的处理时间为多少？

在无缓冲的情况下，为了读取磁盘数据，应先从磁盘把一块数据输入到用户数据区，所花费时间为 T；然后再由 CPU 对一块数据进行计算，计算时间为 C，所以每一块数据处理时间为 $T+C$。

5．在某系统中，若采用双缓冲区（每个缓冲区可存放一个数据块），将一个数据块从磁盘传送到缓冲区的时间为 80μs，从缓冲区传送到用户的时间为 20μs，CPU 计算一个数据块的时间为 50μs。总共处理 4 个数据块，每个数据块的平均处理时间是多少？

6．一个 SPOOLing 系统由输入进程 I、用户进程 P、输出进程 O、输入缓冲区、输出缓冲区组成。进程 I 通过输入缓冲区为进程 P 输入数据，进程 P 的处理结果通过输出缓冲区交给进程 O 输出。进程间数据交换以等长度的数据块为单位。这些数据块均存储在同一磁盘上。因此，SPOOLing 系统的数据块通信原语保证始终满足：

$$i+o \leqslant \max$$

式中，max 为磁盘容量（以该数据块为单位）；i 为磁盘上输入数据块总数；o 为磁盘上输出数据块总数。该 SPOOLing 系统运行时：只要有输入数据，进程 I 终究会将它放入输入缓冲区；只要输入缓冲区有数据块，进程 P 终究会读入、处理，并产生结果数据，写到输出缓冲区；只要输出缓冲区有数据块，进程 O 终究会输出它。

请说明该 SPOOLing 系统在什么情况下死锁。请说明如何修正约束条件以避免死锁，同时仍允许输入数据块和输出数据块均存储在同一个磁盘上。

5.2.7 答案与解析

一、单项选择题

1．A

DCT 是设备控制表；COCT 是控制器控制表；CHCT 是通道控制表；PCB 是进程控制块，不属于设备管理的数据结构。

2．C

设备的独立性主要是指用户使用设备的透明性，即使用户程序和实际使用的物理设备无关。

3．D

设备的分配方式主要有独享分享、共享分配和虚拟分配，D 是内存的分配方式。

4．C

共享设备是在一个时间间隔内可被多个进程同时访问，只有磁盘满足。打印机在一个时间间隔内被多个进程访问时打印出来的文档就乱了；磁带机旋转到所需的读写位置需要较长时间，若一个时间间隔内被多个进程访问，磁带机就只能一直在旋转，没时间读写。

5．A

用户程序对 I/O 设备的请求采用逻辑设备名，而程序实际执行时使用物理设备名，它们之间的转换是由设备无关软件层完成的。主设备和从设备是总线仲裁中的概念。

6．C

CPU 与 I/O 设备执行速度通常是不对等的，前者快、后者慢，通过高速缓冲技术来改善两者不匹配的问题。

7．B

对于 A，重排 I/O 请求次序也就是进行 I/O 调度，从而使进程之间公平地共享磁盘访问，减少 I/O 完成所需要的平均等待时间。对于 C，缓冲区结合预读和滞后写技术对于具有重复性及阵发性的 I/O 进程改善磁盘 I/O 性能很有帮助。对于 D，优化文件物理块的分布可以减少寻找时间与延迟时间，从而提高磁盘性能。在一个磁盘上设置多个分区与改善设备 I/O 性能并无多大联系，相反还会带来处理的复杂和降低利用率。

8．A

缓冲池是系统共用资源，可供多个进程共享，并且既能用于输入又能用于输出。其一般包含有三种类型的缓冲：①空闲缓冲区；②装满输入数据的缓冲区；③装满输出数据的缓冲区。为了管理上的方便，可将相同类型的缓冲区链成一个队列。B、C、D 属专用缓冲。

9．A

输入井和输出井是在磁盘上开辟的两大存储空间。输入井是模拟脱机输入时的磁盘设备，用于暂存 I/O 设备输入的数据；输出井是模拟脱机输出时的磁盘，用于暂存用户程序的输出数据。为了缓和 CPU，打印结果首先送到位于磁盘固定区域的输出井。

10．A

输入井和输出井是在磁盘上开辟的存储空间，而输入/输出缓冲区则是在内存中开辟的，因为 CPU 速度比 I/O 设备高很多，缓冲池通常在主存中建立。

11．A

采用单缓冲区传送数据时，设备与处理机对缓冲区的操作是串行的，当进行第 i 次读磁盘数据送至缓冲区时，系统再同时读出用户区中第 $i-1$ 次数据进行计算，此两项操作可以并行，并与数据从缓冲区传送到用户区的操作串行进行，所以系统处理一块数据所用的总时间 =MAX(80μs, 30μs)+40μs =120μs。

12．D

若 $T3>T1$，即 CPU 处理数据块比数据传送慢，此时意味着 I/O 设备可连续输入，磁盘将数据传送到缓冲区，再传送到用户区，与 CPU 处理数据可视为并行处理，时间的花费取决于 CPU 最大花费时间，则系统所用总时间为 $T3$。如果 $T3<T1$，即 CPU 处理数据比数据传送快，此时 CPU 不必等待 I/O 设备，磁盘将数据传送到缓冲区，与缓冲区中数据传送到用户区及 CPU 数据处理，两者可视为并行执行，则花费时间取决于磁盘将数据传送到缓冲区所用时间 $T1$。所以选择 D 选项。

13．B

缓冲区主要解决输入/输出速度比 CPU 处理的速度慢而造成数据积压的矛盾。所以当 I/O 花费的时间比 CPU 处理时间短很多，则缓冲区没有必要设置。

14．B

在单缓冲区中，当上一个磁盘块从缓冲区读入用户区完成时，下一磁盘块才能开始读入，也就是当最后一块磁盘块读入用户区完毕时所用时间为 150×10=1500μs，加上处理最后一个磁盘块的时间 50μs，得 1550μs。双缓冲区中，不存在等待磁盘块从缓冲区读入用户区的问题，10 个磁盘块可以连续从外存读入主存缓冲区，加上将最后一个磁盘块从缓冲区送到用户区的传输时间 50μs 以及处理时间 50μs，也就是 100×10+50+50=1100μs。

15．C

在缓冲机制中，无论是单缓冲、多缓冲还是缓冲池，由于缓冲区是一种临界资源，所以在使用缓冲区时都有一个申请和释放（即互斥）的问题需要考虑。

16．D

在鼠标移动时，如果有高优先级的操作产生，为了记录鼠标活动的情况，必须使用缓冲技术，Ⅰ正确。由于磁盘驱动器和目标或源 I/O 设备间的吞吐量不同，必须采用缓冲技术，Ⅱ正确。为了能使数据从用户作业空间传送到磁盘或从磁盘传送到用户作业空间，必须采用缓冲技术，Ⅲ正确。为了便于多幅图形的存取及提高性能，缓冲技术是可以采用的，特别是在显示当前一幅图形又要得到下一幅图形时，应采用双缓冲技术，Ⅳ正确。

综上所述，本题正确答案为 D。

17．D

在单机系统中，最关键的资源就是处理器资源，最大化地提高处理器利用率，就是最大化地提高系统效率。多道程序设计技术是提高处理器利用率的关键技术，其他均为设备和内存的相关技术。

18. C

SPOOLing 技术是操作系统中采用的一种将独占设备改造为共享设备的技术。通过这种技术处理后的设备通常可称为虚拟设备。

19. B

SPOOLing 技术可将独占设备改造为共享设备，其主要目的是提高系统资源/独占设备的利用率。

20. D

SPOOLing 技术需要使用磁盘空间（输入井和输出井）和内存空间（输入/输出缓冲区），不需要外围计算机的支持。

21. A

SPOOLing 系统主要包含三个部分，输入井和输出井、输入缓冲区和输出缓冲区以及输入进程和输出进程。这三个部分由预输入程序、井管理程序和缓输出程序管理，以保证系统正常运行。

22. B

通过 SPOOLing 技术便可将一台物理 I/O 设备虚拟 I/O 设备，同样允许多个用户共享一台物理 I/O 设备。所以在 SPOOLing 并不是将物理设备真的分配给用户进程。

23. D

构成 SPOOLing 系统的基本条件是要有大容量、高速度的外存作为输入井和输出井，因此 A、B 选项不对，同时利用 SPOOLing 技术提高了系统和 I/O 设备的利用率，进程不必等待 I/O 操作的完成，因此 C 选项也不正确。

24. A

因为 SPOOLing 技术是一种典型的虚拟设备技术，它通过将独占设备虚拟成共享设备，使得多个进程共享一个独占设备，从而加快了作业的执行速度，也提高了独占设备的利用率。既然是将独占设备虚拟成共享设备，所以必须先有独占设备才行。

25. A

SPOOLing 技术需有高速大容量且可随机存取的外存支持，通过预输入及缓输出来减少 CPU 等待慢速设备的时间，将独享设备改造成共享设备。

26. C

打印机是独享设备，利用 SPOOLing 技术可以将打印机改造为可供多个用户共享的虚拟设备。

27. D

独占设备采用静态分配方式，而共享设备采用动态分配方式。

28. A

用户的打印数据首先被送到输出井，输出井在磁盘。

二、综合应用题

1. 解答：

用于设备分配的数据结构有系统设备表（SDT）、设备控制表（DCT）、控制器控制表

（COCT）和通道控制表（CHCT）。

SDT 整个系统中只有一张，记录系统中全部设备的情况，是系统范围的数据结构。每个设备有一张 DCT，系统为每一个设备配置一张 DCT，以记录本设备的情况。每个控制器有一张 COCT，系统为每一个控制器都设置一张用于记录本控制器情况的 COCT。系统为每个通道配置一张 CHCT，以记录通道情况。SDT 中有一个 DCT 指针，DCT 中有一个 COCT 指针，COCT 中有一个 CHCT 指针，CHCT 中有一个 COCT 指针。

2．解答：

分析：首先，我们来看这些功能是不是应该由操作系统来完成。操作系统是一个代码相对稳定的软件，它很少发生代码的变化。如果 1）由操作系统完成，那么操作系统就必须记录逻辑块和磁盘细节的映射，操作系统的代码会急剧膨胀，而且对新型介质的支持也会引起代码的变动。如果 2）也由操作系统完成，那么操作系统需要记录不同生产厂商的不同数据，而且后续新厂商和新产品也无法得到支持。

因为 1）和 2）都与具体的磁盘类型有关，因此为了能够让操作系统尽可能多的支持各种不同型号的设备，1）和 2）应该由厂商所编写的设备驱动程序完成。3）涉及到安全与权限问题，应由与设备无关的操作系统完成。4）应该由用户层来完成，因为只有用户知道将二进制整数转换为 ASCII 码的格式（使用二进制还是十进制，有没有特别的分隔符等）。

3．解答：

串行线接收数据的最大速度为 50000B/s，即每 20μs 接收 1B，而轮询例程需 3μs 来执行，因此，最大的安全的轮询时间间隔是 17μs。

4．解答：

1）在单缓冲的情况下，应先从磁盘把一块数据输入到缓冲区，所花费的时间为 T；然后由操作系统将缓冲区的数据传送到用户区，其所花的时间为 M；接下来便由 CPU 对这一块数据进行计算，计算时间为 C。由于 CPU 的计算操作与磁盘的数据输入操作可以并行，因此一块数据的处理时间为 $\max(C, T)+M$。

2）在双缓冲的情况下，应先从磁盘把一块数据输入到第一个缓冲区，当装满第一个缓冲区后，操作系统可以将第一个缓冲区的数据传送到用户区并对第一块数据进行计算，与此同时可以将磁盘输入数据送入第二个缓冲区；当计算完成后，若第二个缓冲区已装满数据，则又可以将第二个缓冲区中的数据传送至用户区并对第二块数据进行计算，与此同时可以将磁盘输入数据送入第一个缓冲区，如此反复交替使用两个缓冲区。当 $C>T$ 时，计算操作比输入操作慢，在此情况下，上一块数据计算完成后，仍需将一个缓冲区中的数据传送到用户区，花费时间为 M，再对这块数据进行计算，花费时间为 C，所以一块数据的处理时间为 $C+M$，即 $\max(C, T)+M$；当 $C<T$ 时，输入操作比计算操作慢，在此情况下，由于 M 远小于 T，故在将磁盘上的一块数据传送到一个磁盘缓冲区期间（花费时间为 T），计算机已完成了将另一个缓冲区中的数据传送到用户区并对这块数据进行计算的工作，所以一块数据的处理时间为 T，即 $\max(C, T)$。

5．解答：

4 个数据块的处理过程如下图所示，总耗时 390μs，每个数据块的平均处理时间=390μs/4=97.5μs。

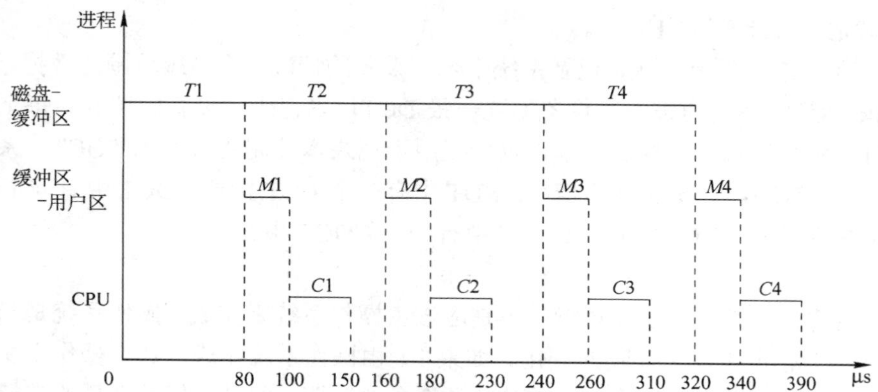

从中看到，处理 n 个数据块的总耗时=(80n+20+50)μs=(80n+70)μs，每个数据块的平均处理时间=(80n+70)/nμs，当 n 较大时，平均时间近似于 MAX(C, T)=80μs。

6．解答：

此系统的示意图如下图所示。

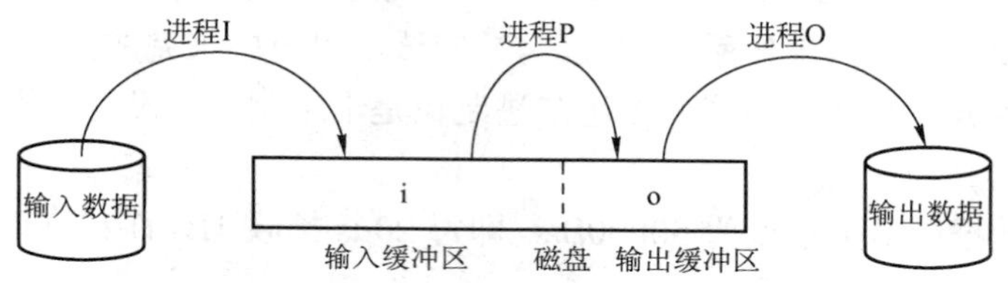

下面找到一种导致该 SPOOLing 系统死锁的情况：

当磁盘上输入数据块总数 i=max 时，那么磁盘上输出数据块总数 o 必然为 0。此时，进程 I 发现输入缓冲区已经满了，所以不能再把输入数据放入到缓冲区中；进程 P 此时有一个处理完的数据，打算把结果数据放入缓冲区，但是也发现没有空闲的空间可以放结果数据，因为 o=0；所以没有输出数据可以输出，于是进程 O 也无事可做。这个时候进程 I、P、O 各自都等待着一个事件的发生，如果没有外力的作用，它们将一直等待下去，这种僵局显然是死锁。只需要修改条件为：i+o≤max，且 i≤max−1；这样就不会再发生死锁。

5.3　本章疑难点

1）分配设备。首先根据 I/O 请求中的物理设备名查找系统设备表（SDT），从中找出该设备的 DCT，再根据 DCT 中的设备状态字段，可知该设备是否正忙。若忙，便将请求 I/O 进程的 PCB 挂在设备队列上；空闲则按照一定算法计算设备分配的安全性，安全则将设备分配给请求进程，否则仍将其 PCB 挂到设备队列。

2）分配控制器。系统把设备分配给请求 I/O 的进程后，再到其 DCT 中找出与该设备连接的控制器的 COCT，从 COCT 中的状态字段中可知该控制器是否忙碌。若忙，便将请求 I/O 进程的 PCB 挂在该控制器的等待队列上；空闲便将控制器分配给进程。

3）分配通道。在该 COCT 中又可找到与该控制器连接的通道的 CHCT，再根据 CHCT 内的状态信息，可知该通道是否忙碌。若忙，便将请求 I/O 的进程挂在该通道的等待队列上；

空闲便将该通道分配给进程。只有在上述三者都分配成功时，这次设备的分配才算成功。然后，便可启动该 I/O 设备进行数据传送。

为使独占设备的分配具有更强的灵活性，提高分配的成功率，还可以从以下两方面对基本的设备分配程序加以改进：

1）增加设备的独立性。进程使用逻辑设备名请求 I/O。这样，系统首先从 SDT 中找出第一个该类设备的 DCT。若该设备忙，又查找第二个该类设备的 DCT。仅当所有该类设备都忙时，才把进程挂在该类设备的等待队列上；只要有一个该类设备可用，系统便进一步计算分配该设备的安全性。

2）考虑多通路情况。为防止 I/O 系统的“瓶颈”现象，通常采用多通路的 I/O 系统结构。此时对控制器和通道的分配同样要经过几次反复，即若设备（控制器）所连接的第一个控制器（通道）忙时，应查看其所连接的第二个控制器（通道），仅当所有的控制器（通道）都忙时，此次的控制器（通道）分配才算失败，才把进程挂在控制器（通道）的等待队列上。而只要有一个控制器（通道）可用，系统便可将它分配给进程。

附录A　王道集训营介绍

经常有人问我们："为什么不做考研培训？这个市场很大"

这里，算作一个简短的回答吧。王道尊重的不是考研，而是考研学生的精神，仅此而已。真正考上名校的学生，往往很少有报辅导班的，踏踏实实复习并结合适当的方法才是王道，辅导班反而影响了复习的效率，成为高分的瓶颈。甚至还有不少人报辅导班只是为了找个安慰，或许考研的决心还不够坚定。

而王道团队也只会专注于计算机这个领域，往其纵深发展，从高端编程培训，到求职推荐，再到IT猎头。从2008年初创办至今，王道创始团队，经历了从本科到考研成功，从硕士到社会历练，积累了不少经验和社会资源，但也走过不少弯路。

计算机是一个靠能力吃饭的专业。和很多现在的你们一样，当年的我们也经历过本科时的迷茫，而无非是自觉能力太弱，以致底气不足。学历只是敲门砖，同样是名校硕士，有人走上正确的方向，如鱼得水，成为Offer帝；有人却始终难入"编程与算法之门"，始终与好Offer无缘，再一次体会就业之痛，最后只能"将就"签约。即便是名校硕士，Offer也有8万、15万、20万、25万……三六九等。考研高分≠Offer高薪，我们更欣赏技术上的牛人。

考研录取后的日子，或许是一段难得的提升编程能力的完整时光，趁着还有时间，也该去弥补本科期间应掌握的能力，也是追赶与那些大牛们的差距的时候了。

下面介绍王道集训营的一些基本要点。

你将从王道集训营获得

编程能力的迅速提升，结合项目实战，逐步帮你打下坚实的编程基础。系统的算法课程，启发式的教学，解决你在算法、编程思维上的不足。也是为未来的深入学习提供方向指导，掌握编程的学习方法，引导进入高端的"编程与算法之门"。

一系列的模拟面试，帮你认识到自身的不足，增强实战经验，并给予专业的建议，让你提前感受名企的面试法则，为你在日后参加名企面试时，能更从容。

将能获得百度/腾讯/阿里/淘宝/新浪/微软等一流IT企业实习和就业的机会。

……

王道集训营和鱼龙混杂的IT培训机构的区别

这里都是王道道友，他们信任王道，乐于分享与交流。

因为都是忠实的王道道友，都曾经历过考研……集训营的住宿、生活都在一起，其乐融融，很快大家也将成为互帮互助的好朋友、好同学。

本科+硕士起点。考研绝非人生的唯一出路。培训机构社招的学员素质层次不齐，专业以非计算机的专科生居多，抽烟、酗酒、游戏……集训营绝不允许这种影响他人的情况存在。而集中式的授课模式，也只能以水平最弱学生的学习能力为基准。

培训机构广告漫天、浮夸严重，部分讲师甚至就是曾经的学员，没有任何开发经验，和他们吹嘘的噱头相差太大。而他们也仅为完成正常工作日时间的教学任务。

而王道团队皆源自名校热心/优秀硕士，兼具多年的名企工作经验。王道人用自己的言行举止、自己的态度、自己的思维去感染集训营的学员，全天候一对一指导大家学习编程、调试，并随时解答大家的疑问……是对道友信任的回报，也是一种责任！

王道集训营，充分利用王道论坛与名校计算机的校友资源，无论是在培训中的学习指导，还是就业推荐方面，都将会助大家一臂之力！

集训营参与条件

1．面向就业

面临就业，但编程能力偏弱的计算机相关专业学生。

大学酱油模式度过，投简历如石沉大海，好不容易有次面试机会，又由于基础薄弱、编程太少，以至于面试时有口无言，面试结果可想而知。开始偿债吧，再不抓住当下，未来或将一片黑暗，逝去了的青春是无法复返的，后悔药我也帮问过药店确定没有。

2．面向硕士

提升能力，刚考上计算机相关专业的准研究生，或在读研究生。

名校研究生已没有什么可以值得骄傲的资本，我们身边所看到的都是名校硕士。同为名校，为什么有人能轻松拿到 MS、百度、腾讯等 offer，年薪 15～30W，发展前景甚好；有人却只能拿 6～10W 年薪的 offer，在房价/物价高企的年代，这点收入就等着月光吧。家中父母可能因有名校研究生的孩子而骄傲，可不知孩子其实在外面过得很辛苦。

王道集训营的主要教材

1．《C++ Primer》：C++编程圣经。

2．《鸟哥的 Linux 私房菜》：Linux 学习宝典。

3．《UNIX 高级环境编程》：UNIX 下开发的经典。

4．《Effective C++》：深入学习 C++必读。

5．《王道程序员求职宝典》王道论坛组编，即将出版。

2013 年王道集训营的核心团队

Bingwei：2001 级哈工大本科，2005 级哈工大硕士。目前就职于穆迪（世界三大评级机构）深圳研发中心，项目 leader，高级程序员。

鹰哥：本科吉大，2008 级哈工大硕士（保研）。腾讯公司 3 年开发经验。

靖难：王道超版，2010 级上海交大硕士，算法高手，Offer 帝。

凡客：王道版主，本科华北电力，2010 级哈工大硕士，多次主导王道系列图书的编写，编程基础扎实，为人热心负责。

周思华：哈工大软件学院应届本科，保研至本校。具有 Microsoft 亚太研发中心实习经验，扎实的编程、Linux 和算法基础，较强的学习能力。

风华：2008 级哈工大硕士，王道论坛站长。

2014 年将会有更多优秀人才加入。

参 考 文 献

[1] 汤子瀛．计算机操作系统[M]．西安：西安电子科技大学出版社，2001．

[2] 李善平．操作系统学习指导和考试指导[M]．杭州：浙江大学出版社，2004．

[3] William Stallings．操作系统:精髓与设计原理[M]．北京：机械工业出版社，2010．

[4] Tanenbaum. A.S．现代操作系统[M]．北京：机械工业出版社，2009．

[5] 本书编写组．计算机专业基础综合考试大纲解析[M]．北京：高等教育出版社，2009．

[6] 李春葆，等．操作系统联考辅导教程[M]．北京：清华大学出版社，2010．

[7] 崔魏，等．计算机学科专业基础综合辅导讲义[M]．北京：原子能出版社，2011．

[8] 翔高教育．计算机学科专业基础综合复习指南[M]．上海：复旦大学出版社，2009．

反侵权盗版声明